职业技能等级认定培训教程

人工智能训练师

（高级）

中国就业培训技术指导中心
人力资源和社会保障部职业技能鉴定中心 组织编写

U0352042

中国劳动社会保障出版社

图书在版编目（CIP）数据

人工智能训练师.高级/中国就业培训技术指导中心，人力资源和社会保障部职业技能鉴定中心组织编写.北京：中国劳动社会保障出版社，2024. --（职业技能等级认定培训教程）. -- ISBN 978-7-5167-6453-4

Ⅰ. TP18

中国国家版本馆 CIP 数据核字第 2024SU9038 号

中国劳动社会保障出版社出版发行

（北京市惠新东街 1 号　邮政编码：100029）

*

北京市科星印刷有限责任公司印刷装订　　新华书店经销

787 毫米 ×1092 毫米　16 开本　20.5 印张　334 千字
2024 年 8 月第 1 版　　2024 年 8 月第 1 次印刷
定价：**58.00** 元

营销中心电话：400-606-6496
出版社网址：http://www.class.com.cn

前　言

为加快建立劳动者终身职业技能培训制度，全面推行职业技能等级制度，推进技能人才评价制度改革，进一步规范培训管理，提高培训质量，中国就业培训技术指导中心、人力资源和社会保障部职业技能鉴定中心组织有关专家在《人工智能训练师国家职业标准（2021年版）》（以下简称《标准》）制定工作基础上，编写了人工智能训练师职业技能等级认定培训教程（以下简称等级教程）。

人工智能训练师等级教程紧贴《标准》要求编写，内容上突出职业能力优先的编写原则，结构上按照职业功能模块分级别编写。该等级教程共包括《人工智能训练师（基础知识）》《人工智能训练师（初级）》《人工智能训练师（中级）》《人工智能训练师（高级）》《人工智能训练师（技师 高级技师）》5本。《人工智能训练师（基础知识）》是各级别人工智能训练师均需掌握的基础知识，其他各级别教程内容分别包括各级别人工智能训练师应掌握的理论知识和操作技能。

本书是人工智能训练师等级教程中的一本，是职业技能等级认定推荐教程，也是职业技能等级认定题库开发的重要依据，适用于职业技能等级认定培训和中短期职业技能培训。

本书在编写过程中得到中国人寿保险股份有限公司、阿里巴巴（中国）有限公司、淘宝（中国）软件有限公司、浙江天猫技术有限公司、阿里巴巴（中国）教育科技有限公司等单位的大力支持与协助，在此一并表示衷心感谢。

中国就业培训技术指导中心

人力资源和社会保障部职业技能鉴定中心

目 录 ■ CONTENTS

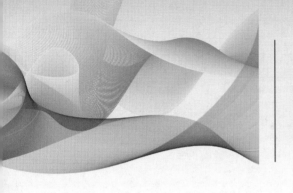

职业模块 ❶

业务分析

培训课程　1

业务流程设计

学习单元 1　业务流程分析

1. 了解业务流程分析的重要性。
2. 掌握业务流程分析的方法。
3. 掌握业务流程设计的方法。
4. 掌握业务流程设计相关内容。

一、业务流程分析的目的

　　流程是指由两个及两个以上的环节完成一个完整行为的过程。具体到各行各业中，业务流程指的就是为达到特定的目标而由不同的部门协作共同完成的一系列活动。这些活动之间存在紧密的联系，每个活动的变化都有可能导致最终的结果不同。所以，梳理清楚流程中的每个环节对业务流程分析有重要的作用。

　　在人工智能训练领域，业务流程分析是指人工智能训练师使用业务分析和数据分析方法来研究和理解组织内部的业务方式，以确定其优化的领域和机会。这个过程，会通过分析数据和流程中的所有元素，包括输入数据、交互、输出数据、支持材料和人工干预等，确定有哪些步骤需要改进以此提高效率和准确性，还可能涉及

3

确定模型的可解释性，以确保模型的决策和结果与实际业务流程的决策和结果一致。

在人工智能领域，业务流程分析的目标通常是为训练人工智能模型提供更好的数据和上下文，以更准确地预测未来的趋势和结果，其主要目的是通过深入了解业务和相关数据，揭示业务中的问题和机会，为企业或组织提供决策支持和优化建议，以实现业务目标和持续增长。以下几点是业务流程分析的具体目的。

1. 了解业务需求

在分析业务流程之前，人工智能训练师需要对企业的需求进行深入了解。这包括企业所拥有的技术和应用场景、想要解决什么样的问题、对训练效果的期望等。

2. 识别业务流程中的问题

在进行业务流程分析时，人工智能训练师需要了解业务流程的每一个环节，对其中存在的问题进行识别，如是否存在低效性、缺乏沟通、信息不透明等。

3. 提高训练效果

人工智能训练师进行业务流程分析的目的之一就是提高训练效果。在了解企业需求和识别业务流程中的问题之后，人工智能训练师需要针对企业的目标和问题来制定训练方案，以实现最终的目标。

4. 降低运营成本

在进行业务流程分析时，人工智能训练师需要识别那些低效或浪费资源的环节，并对其进行改进或删除，从而降低运营成本。

5. 提高客户满意度

客户的满意度是衡量业务流程分析的一个重要标准。在分析业务流程之后，人工智能训练师要根据客户的需求和期望，对人工智能产品进行优化，从而提高客户的满意度。

通过业务流程分析，人工智能训练师可以不断地优化人工智能模型，更加精准地指导人工智能模型的开发与训练，更快改进业务流程和提高运营效率；可以更好地理解企业内部的业务流程和数据，提高其业务适应能力和精度，为企业持续创新和商业价值增长带来贡献；可以通过对业务流程中的数据进行详细研究，以识别支持或反对企业目标的因素，并推荐处理方法。

二、业务流程分析的原则

1. 深入了解业务需求原则

当客户需要使用人工智能解决特定的业务问题时，人工智能训练师需要对业务需求等进行深入了解，以确定最佳的训练流程。具体内容如下：

（1）了解客户的业务需求，包括特定的问题、使用人工智能解决问题的优势以及客户对项目期望的结果。

（2）了解客户的数据，包括现有数据是否有足够的标记以支持人工智能模型训练，以及如何获取新的数据。

（3）对数据进行分析，以了解数据的特点和趋势，从而确定最佳的算法用于设计训练模型。

2. 数据采集和准备原则

数据采集和准备是人工智能项目中的一项关键任务。人工智能训练师需要确定拟采集的数据类型、选择适当的数据源、提高数据质量、转换数据格式以及采集到足够数量的数据，以确保人工智能模型的训练过程顺利进行。在数据采集和准备的过程中，重点是获取足够数量、高质量的数据，并且需要确保数据类型和格式符合算法的要求。以下是数据采集和准备的关键内容。

（1）确定需要采集的数据类型，例如图像、文字、语音、视频等。然后，选择适当的数据源来收集这些数据。具体而言，如果数据源是互联网，人工智能训练师可能需要编写网络爬虫，以获取所需的数据；如果数据源是现有系统或数据库，则需要编写程序来提取数据。

（2）确保收集的数据质量足够高。这涉及数据中的噪声、错误或缺失信息等问题。要解决这些问题，可以通过数据清理、数据预处理等技术来提高数据质量。

（3）将数据类型和格式转换为算法所需的格式。例如，在神经网络的训练中，图像需要转换为张量形式；在文本分类问题中，需要将文本转换为数字向量。因此，人工智能训练师需要使用适当的工具和技术，通过数据转换和处理使其符合算法的要求。

（4）确保采集到足够数量的数据。虽然数据的数量取决于实际情况，但是数据的数量越多往往越有利于算法的训练，从而能训练出更好的模型。

3. 合理选择算法原则

选择合适的算法是人工智能项目中的核心步骤之一，因为能否训练出高质量的模型很大程度上取决于选择的算法是否合适。在合理选择算法的过程中，可以采取以下具体措施。

（1）人工智能训练师需要遵循选择合适算法的原则来完成取舍，即对提供的算法进行评估和对比，从中选择最符合业务需求的算法。例如，在监督学习任务中，需要评估分类准确度和模型复杂度等因素。

（2）根据业务场景和数据特征，进行算法的筛选。不同的算法适用于不同的业务场景，例如，决策树适用于具有大量分类特征的数据，而神经网络适用于大规模的非线性问题。通过对业务场景和数据特征的分析，人工智能训练师可以排除不适合的算法，选择最合适的算法。

（3）合理选择算法需要综合考虑多方面的因素，从中选择最佳的算法来解决业务问题。人工智能训练师需要追求选择最好的算法，但同时也需要遵循实际情况、数据特征和业务需求的分析结果，选取最合适的算法。人工智能训练师还需要谨慎处理趋势算法、新兴算法、商业热点等引人关注但可能不实用的算法，确保模型的训练过程高效、可靠。

4. 高质量的模型优化原则

高质量的模型优化是人工智能项目中的一个重要环节。在优化模型的过程中，需要遵循以下内容。

（1）保证训练集、验证集和测试集分离。分离不同的数据集有助于测试模型的泛化能力。训练集用来训练模型，验证集用来选择最佳的超参数或者优化策略，测试集用来评估模型的泛化能力。

（2）优化模型的泛化能力。为了使模型能够在新数据上有良好表现，需要避免过拟合和欠拟合问题。过拟合指模型已知数据表现良好，但在未知数据上表现较差，欠拟合指模型在已知数据和未知数据上表现都较差。为了解决过拟合问题，可以从以下几个方面入手：调整模型参数、减少模型复杂度、使用正则化等方法。对于欠拟合问题，可以增加模型复杂度、适当放宽正则化限制等。

（3）测试模型的效果并进行调优和实验，包括调整模型参数、尝试不同的优化算法、调整模型复杂度等。持续的模型调优可以帮助人工智能训练师找到最佳模型，同时也可以加强模型的泛化能力。

（4）高质量的模型优化遵循训练集、验证集和测试集分离原则，采取针对性措施优化模型的泛化能力，并持续测试和调优模型，从而训练出更加优秀的人工智能模型。

5. 模型部署和监控原则

模型部署和监控是机器学习应用中不可或缺的环节，涉及模型的发布、集成、测试、监控等过程。在模型部署时，需要针对不同的业务场景选择适当的部署方式。在模型部署完成后，需要确保模型能够与业务系统完美集成，并坚持实时监控模型的执行过程和状态，捕获模型异常和性能问题，以便及时修复模型问题、提高模型的效果和稳定性。在修复模型问题时，需要进行记录数据、定位问题、修复问题等工作，以保证模型长期平稳地工作。

6. 不断迭代优化原则

通过改善数据集、模型调参、利用更好的算法、模型监控以及根据用户反馈进行优化等方式，从模型的精度、稳定性以及运维成本等方面，持续不断地优化人工智能模型，提升模型的应用价值。

三、业务流程分析的角度

从哪些维度才能评判一个业务流程的好坏，它能否覆盖用户的实际操作需求及企业想达到的效果目标呢？可以从以下几个角度去分析。

1. 日常运营分析

想评价业务流程是否可用、好用，最简单、最直接的方法就是从它的日常数据着手进行分析。例如，客户致电保险公司办理理赔业务，这个业务最终能否一次性办理成功，客服人员的专业、态度、客户的投诉倾向及满意度就是最直观反映这个业务流程是否合理的指标。各行各业都有价值评判标准，服务类行业可能更关注的是业务办理成功率、投诉率、满意率等，而零售类行业可能更关注成交量、成本控制、利润额等。各行业在分析自己的业务流程之前，首先要弄清楚所在行业关注的关键指标，再从数据下手，进行分析与挖掘。

2. 终端用户数据反馈

现实中还可能存在一种情况，就是整个业务流程指标数据都非常好看，甚至超过同行业的平均水平，但数据的基数比较小，也就是说企业耗力开发了一个新的业务流程，甚至前期的测试指标数据非常好，但知道或使用这个业务的人很少，那这样的业务流程也是失败的。这个时候就可以尝试对终端用户进行客户画像分析，通过分析使用这个业务的终端用户一些基本信息，如地区、年龄、偏好等，进而了解业务流程的受众群体哪一部分人较多，从而有针对性地对这部分人员提供进一步的流程细化与优化，而针对使用该业务流程较少的那部分人员，也可以再细挖流程中的步骤加以改进。比如发现使用这个业务的老年客户较少时，那就需要反思此前业务流程的设计对老年人是否不够友好，如字号是否易辨识，操作界面等是否简洁明了等。贴近用户群体画像的反馈更有利于找到业务流程的缺陷问题，使得业务流程受众面更广、用户更多，从而实现业务流程的价值。

3. 定期流程审核

当一个版本的业务流程确定下来后，通常认为这部分工作告一段落，但实际并不如此，一个流程的上线并不代表结束，除了需要对日常的数据进行分析外，还需要定期对此流程进行审核。行业大环境并不是一成不变的，规则、受众、偏好等可能都会随着现实环境而改变，此前制定的业务流程可能就不再适用。流程审核的形式可以是面对面访谈、肩并肩观察或资料审核，面对面访谈可以理解为以问答的形式来测试相关人员对流程关键点和流程设计的掌握程度；肩并肩观察是指介入业务流程的现场，以实时监测的方式观察相关人员是否按照标准的业务流程进行处理。无论是哪种形式，业务流程的审核的核心思想都是要保证业务流程设计与执行的一致性，避免因操作原因造成对整个业务指标的负面反馈。

4. 横向对比分析

横向对比指的是业务与业务之间的对比，可以延伸到公司与公司之间的对比。需要关注的是，为什么在基本相同的条件下，其他公司的业务流程或同公司的其他业务流程的指标数据会优于当前正在进行的业务流程，是否在业态形态、需求场景方面做的调研不够深入，竞品公司是否有优点值得引进和学习，这都是需要深入思考和学习的内容。

技能要求

一、掌握业务流程分析方法

业务流程分析有价值链分析法、客户关系分析法、业务场景分析法，掌握业务流程分析方法论，有助于人工智能训练师以高效和准确的方式开展智能项目训练。

1. 价值链分析法

价值链是指企业价值创造过程中一系列不相同但互相关联的价值活动的总和，企业则一般是由研发、设计、生产、营销和辅助活动（人力资源、采购、IT 等）等一系列价值活动组成的集合。也就是说，企业的这些生产经营活动，构成了一个创造价值的动态过程，即价值链。而价值链分析法则是通过价值分析找到整个生产经营活动中的增值活动与非增值活动，通过消除和精简非增值活动或者强化增值活动来达到优化业务流程，形成企业竞争优势的目的。

以保险公司客户服务管理为例，价值链根据业务可以分为以下几个模块：客户服务、内部服务、客户关系营销、增值服务等。客户服务主要涉及面向客户的服务办理型业务，如通过电话、互联网在线、网点等渠道进行各种业务办理；内部服务涉及的是保险公司为自己的员工提供咨询或者业务在内部流转的过程，如客户办理了理赔申请，涉及核保、审批、出单等内部服务；客户关系营销涉及的是在基本业务办理基础上，为客户提供最新资讯的信息服务及个性化咨询，如定制保险计划、预约上门服务等；增值服务涉及的是给客户提供超预期的其他服务型内容，如紧急救援、健康养护、客户节日活动等。

通过以上价值链分析可知，客户服务、内部服务、客户关系营销为保险公司的主要增值内容，可以通过科技数据手段为这些增值性活动提供更高效智能的运营手段，如引进智能在线服务机器人提升服务效率及客户满意度。

2. 客户关系分析法

客户关系分析法主要方向是对企业的客户进行分析，以及关系维护和发展，它的应用主要是结合数据挖掘，从大量的客户画像数据及客户行为数据中挖掘出隐含的、先前未知的、对决策有极大价值的客户需求信息与规则，并能根据已有的信息对未发生的行为进行结果预判，为企业经营决策和市场策划提供依据。客户关系分析可分为客户细分、客户行为分析和市场分析三个方面。

（1）客户细分。客户细分既可以按照客户价值进行分析，也可以按照多维的客户属性进行客户画像分析。按照客户价值分析是将客户销售收入、客户利润、客户业务量、客户信任度及客户忠诚度等几个因素作为划分标准，从而设定相应的客户级别，针对不同的客户群体设定不同的业务流程，提供更个性化的服务；而多维的组合型分析方法主要是结合客户的自然属性，如年龄、性别、收入、职业、教育程度等进行组合分析，快速筛选出对应的客户群体名单，目前多维数据分析法已经较为成熟。

（2）客户行为分析。客户行为分析主要包括客户满意度、忠诚度、响应度及流失预测四个方面。客户满意度越高，越有利于企业推进业务或项目的签约与成交；而客户忠诚度则有助于企业建立一个长久稳定的业务利益关系；客户响应度主要应用于新客户获取阶段，这些客户在前期未曾接触过企业的产品，企业可以利用客户的响应渠道、响应速度、购买方式等方面来分析建立客户数据；流失预测就是在保持新客户加入的情况下，维护老客户的黏度，做好流失预判，是客户关系分析的一个重要方面，企业可以通过分析流失客户的属性、投诉情况、客户购买频率等因素来进行模型预判和流程选择。

（3）市场分析。市场永远是波动变化的，做好市场的变化预判尤为重要，通过及时分析产品类别、销售数据、销售区域信息、竞品发展情况等因素，对市场变化做好实时监控和定位，有利于企业运筹帷幄，规避不必要的风险。

仍以保险公司为例，保险公司为客户提供产品咨询或设计保险方案的时候，并不是没有章法地进行无差别化营销，这样不仅营销成本较高，还不能得到理想的效果。实际上，保险公司一般会先分析客户群体的收入水平、对本保险公司的忠诚度、对风险的承受度和关注度等因素，再依此做出不同的设计方案和流程，这样分析得到的目标客户往往成交机会较高。

3. 业务场景分析法

业务场景分析是人工智能训练师通过流程拆解、流程分析、业务梳理等方法帮助人工智能系统确定一个清晰目标的过程，即明确"建立人工智能系统需要解决什么问题"，围绕该问题而确定解决问题的策略、手段、计划和目标等。通过业务梳理，确定人工智能系统的业务场景，有助于在遇到问题的时候，人工智能训练师可以根据业务梳理的定义来确定问题是否需要解决、解决的优先级和解决的策略方法。例如某企业想设计一款针对旅游服务的人工智能系统，人工智能训练师可通过业务场景分析确定人工智能系统的服务能力，业务场景分析如图 1-1 所示。

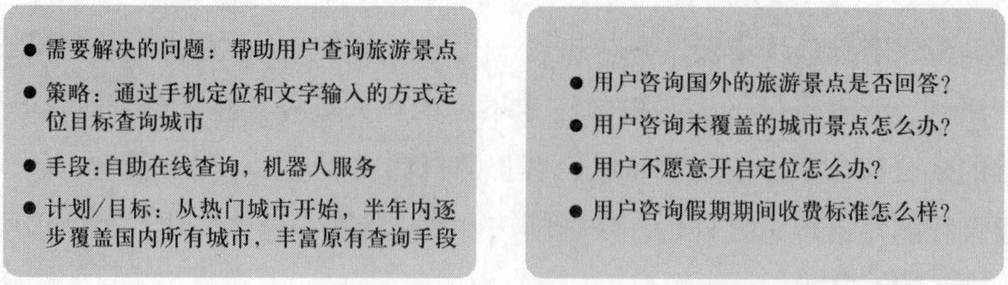

- 需要解决的问题：帮助用户查询旅游景点
- 策略：通过手机定位和文字输入的方式定位目标查询城市
- 手段：自助在线查询，机器人服务
- 计划/目标：从热门城市开始，半年内逐步覆盖国内所有城市，丰富原有查询手段

- 用户咨询国外的旅游景点是否回答？
- 用户咨询未覆盖的城市景点怎么办？
- 用户不愿意开启定位怎么办？
- 用户咨询假期期间收费标准怎么样？

图 1-1　业务场景分析

在进行业务梳理前，需要先和企业的管理者，或者智能系统的项目负责人确定搭建目标和智能系统类型；确定完成后，可以进行业务场景的整理，即业务梳理。下面将以某公司保险服务智能客服系统为例，介绍企业人工智能训练师如何对智能客服系统的业务流程进行梳理与设计。

首先人工智能训练师需要确定智能客服服务范围，如图 1-2 所示，然后搭建智能客服系统的目标和服务类型，如图 1-3 所示。

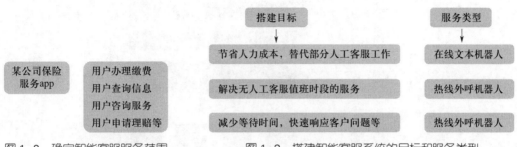

图 1-2　确定智能客服服务范围　　　　图 1-3　搭建智能客服系统的目标和服务类型

（1）确定服务边界，明确目标。首先，要明确企业的所有服务对象，确定服务的边界。将目标清晰、明确地写下来，并在智能客服的搭建、测评、运营过程中时刻关注目标，确保不偏离。如果需要修正目标，需要通过新一轮的业务流程分析后，明确修正的目的和影响面再进行修正。

（2）明确智能客服的定位。智能客服定位，既包含企业或者智能客服本身的品牌理念展现，也包含智能客服的"人格化"特征的建立。通过智能客服的定位打造，有助于建立用户对智能客服的认知。例如某公司服务 app 的产品理念是办事的贴心助理，智能客服的定位可以从交流节奏、印象传达、积极性、声音属性等方面考虑。智能系统定位示例如图 1-4 所示。

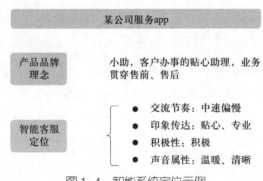

图 1-4　智能系统定位示例

（3）确定智能客服服务能力范围。智能客服服务能力图示如图 1-5 所示。

（4）梳理服务场景图。确定了智能客服的框架之后，还需要梳理框架下的具体内容，明确智能客服服务需要涉及的具体范围。通过梳理业务与用户之间的关系，即梳理服务场景图来实现客服服务范围的确定，梳理服务场景图示例如图 1-6 所示，服务场景图主要有以下两种形式。

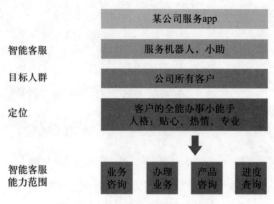

图 1-5　智能客服服务能力图示

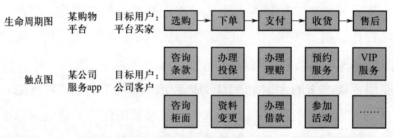

图 1-6　梳理服务场景图示例

1）生命周期图。即用户在业务范围内，动作有明显的先后顺序，这些动作串联成完整的链路图。

2）触点图。如果用户在业务范围内的行为没有明显的先后顺序，可以将业务范围内所有可能跟用户产生接触的点平铺展现出来，即触点图。

用生命周期图串联业务场景，不容易遗漏。建议优先尝试从智能客服的目标用户出发，描绘用户的生命周期图；若确认用户的行为无明显的先后顺序，无法串联时再用触点图。在训练过程中，会出现生命周期图可串联大部分场景，还有部分散落的触点场景的情况，可以将二者灵活结合起来使用。

在搭建好服务场景图的框架之后，还需要向其中填充细分场景，形成完整的服务场景图，细分服务场景图如图 1-7 所示。

注意填充的细分服务场景的颗粒度不要过大也不要过小；不要直接填充实际案例，应该先把细分场景想得尽量全面，而且互相没有重叠，可参考 MECE（mutually exclusive collectively exhaustive，相互独立、完全穷尽）原则。

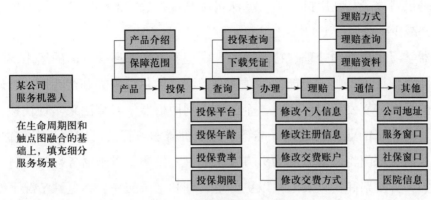

图 1-7　细分服务场景图

二、业务流程设计方法

1. 机器学习方法

机器学习是利用机器学习算法（如决策树、神经网络等）对业务流程的数据进行分析和建模，以提高流程的准确性和效率，可以将机器学习算法应用于业务流程设计。机器学习算法是让机器从大量数据中进行学习，通常由训练和预测两个步骤组成。

机器训练通常包括数据预处理、特征提取、模型选择和训练、模型评估和调整以及模型部署和监控等环节。这些环节让机器学习算法从数据中自动提取特征和规律，以提高分类或预测的准确性和鲁棒性。最终，将训练好的模型部署到生产环境中，并进行监控和维护，以提高模型的稳定性和可靠性。在业务流程设计中，机器学习算法的训练是指使用现有数据集来训练模型，以便找到输入数据与输出结果之间的关系。例如，训练一个分类器来判断一项交易是否应该被审查。一旦训练出一个有效的模型，下一步就是利用这个模型进行预测，即将新的数据输入到模型中，得到预测结果。

当应用机器学习算法来预测业务流程中的某些结果时，它会利用已有的历史数据，并基于这些数据为未来事件进行预测，如交易风险、需求趋势或设备故障。这有助于提前发现潜在问题并采取相应的措施。

机器预测的主要作用有以下三个方面。

一是风险评估：利用历史数据和机器学习算法可以预测交易的风险。这有助于机构更好地评估风险水平，为可能的损失做好准备并采取相应的规避措施。

二是需求预测：利用历史销售数据和机器学习算法可以预测未来的产品需求，并利用这些信息制订生产计划，以更好地满足客户需求并避免过量或过少的生产。

三是设备故障：利用机器学习算法可预测设备故障的可能性，从而更好地维护设备并减少生产线停工的风险。

机器学习在数据预处理、特征提取、模型学习和选择等方面的运用，为对大量数据的有效处理提供了可能性，对于业务流程优化和改进非常有用。当通常难以判断的反馈环境发生了改变时，企业可以利用机器学习算法来实现快速、准确的预测，为未来的业务发展做好准备。比如机器学习算法可以用于对数据分类，如某企业财务部门将发票分类为买方发票和卖方发票。对于财务部门而言，将发票分类为买方发票和卖方发票可以更好地管理和记录交易。在这种情况下，机器学习算法就提供了一种有效的解决方案，实现这个分类过程的方法通常是使用监督学习算法，如支持向量机（support vector machines，SVM）、决策树或随机森林。这些算法可以使用已知分类的数据集来训练模型，让模型学习如何将发票分类为买方发票和卖方发票。然后，使用测试集来验证模型的准确性和鲁棒性。某财务部门应用机器学习方法见表1-1。

表1-1　某财务部门应用机器学习方法

机器学习	内　　容
数据准备	将发票数据集标记为买方和卖方，并将其拆分为训练集和测试集
特征提取	从发票数据中提取出合适的特征，如金额、公司名称等
算法选择和模型训练	选择合适的机器学习算法，然后使用训练数据来训练模型，并调整算法参数以达到更好的分类效果
模型测试和验证	使用测试数据集来验证模型的准确性和效果，并根据测试结果对模型进行修正和改进

分类算法的优劣与最终模型的效果有关。在某些情况下，可以利用多个分类算法来获得最佳分类结果。当模型训练完成后，模型可以应用于未来的数据集，以便更快、更准确地分类数据。

值得注意的是，人工智能技术不是万能的，在应用分类算法时，还需要谨慎处理数据和算法，以确保分类结果的准确性和优越性。机器学习算法可用于检测异常流程，例如在整个仓储和物流过程中检测到异常，这有助于提前发现和纠正潜在的问题，从而保证整个过程的顺利进行。

异常检测（也称为离群值检测）是指利用机器学习算法识别数据集中与预期不同的观测结果的过程。在业务流程中，异常通常被视为流程中的错误和问题，需要及早识别和解决，以便保证业务流程的顺利进行。

使用机器学习算法进行异常检测的方法，通常基于以下内容。

1）数据预处理。处理业务流程的数据，包括数据清理、数据格式转换、数据存储等，以确保数据的准确性和完整性。

2）特征提取。这一步骤需要为业务流程的数据集提取有意义的特征。特征提取可以减少数据的复杂度和大小，并提高机器学习算法的性能。

3）模型训练。在数据预处理和特征提取之后，需要使用训练数据集训练机器学习模型。这里常用的算法有 Anomaly Detection、SVM 和 PCA（principal component analysis）等。

4）异常识别。使用训练好的模型来识别业务流程中的异常数据。在这个过程中，当检测到特定的数据点不符合训练数据集的规律时，就会被判定为异常并被标记为异常值（即离群值）。

实际应用中，需要根据业务流程和数据集选择合适的异常检测方法。继续改善预测模型。通过对数据进行学习和改进，机器学习方法可以帮助企业更好地处理业务流程中的大量数据，提高工作效率和精度。

2. 自动化流程设计方法

自动化流程设计是使用自动化来设计和管理整个业务流程，替代传统的人手设计和管理方式，以降低成本、提高准确度和效率。

该方法把流程拆分成一个个小的业务流程，并对每个小的流程进行分析，根据分析结果选择自动化实现方式。实现方式包括传感器、自动执行机器人和其他自动化技术。这些自动化技术可以在保证准确性和效率的同时，降低流程的成本。

自动化流程设计方法的优势包括：

更高的效率：自动化流程设计方法可以在不需要人工干预的情况下，按照预定流程自动完成任务，从而提高效率。

更高的准确度：由于人为干预的减少，自动化流程设计方法可以消除由于人为因素造成的错误或不准确性。

更低的成本：因为不需要雇用更多的员工来完成流程，避免浪费时间和人力资源，自动化流程设计方法可以降低成本。

3. 基于规则的方法

基于规则的方法是一种使用预定义规则和逻辑来创建和管理业务流程的方法。这种方法的主要优势是可以确保业务流程的一致性和可靠性。

规则是基于先前的经验和知识来确定的，因此可以根据实际情况制定。这样，基于规则的方法可以为不同的业务流程制定不同的规则，以确保业务流程的一致性和可靠性。此外，规则的制定还可以通过更好的机器学习算法进行优化和自动化。

基于规则的方法可应用范围广，如医疗保健、银行业和政府机构等。在医疗保健领域中，规则可以用于指导和管理医疗流程，如病历管理和药物使用。在银行业中，规则可以用于指导和管理贷款流程以及安全和风险控制。在政府机构中，规则可以用于指导和管理招聘和招投标等流程。

基于规则的方法的优势：

易于管理：规则是已定义的预置条件，可以帮助管理人员快速进行决策和操作，从而更好地管理业务流程。

提高一致性和可靠性：规则被定义用于确保一致性和可靠性，使得业务流程在不同的场景中也能保持一致。

提高效率：基于规则的方法可以极大地提高效率，减少处理业务流程所需的时间，这可以让业务流程得到快速高效解决。

基于规则的方法可以使企业更加顺畅地管理和解决业务流程，提高业务流程的一致性和可靠性，确保企业快速高效地运转并能降低管理成本。

4. 深度学习方法

深度学习方法利用深度神经网络等深度学习算法，并从大量的数据中提取特征，从而能够识别或预测潜在问题或异常。利用深度学习技术，可以更好地解决各种领域中的问题，提高模型的准确性和稳定性。深度学习主要涉及以下内容。

（1）常用的深度神经网络（一种由多个层级组成的神经网络）用来识别模式和特征。每个网络层级提取与数据相关的特征，通过这种方式逐层提取更具体和有意义的特征。

（2）大量的训练数据及数据来源。这些数据通常有多种来源，如传感器、摄像机、数据库等。这些数据包含了多种类型的信息，如图像、音频、文本等。

（3）数据的特征及可解释性。这些特征可以表示数据的不同方面，如其形状、颜色、尺寸、纹理等，从而可以更好地识别和预测模型。

（4）模型预测潜在问题或异常。例如，在物流领域中，深度学习技术可以通过对货物流动过程的大量数据分析，识别出异常或不良行为，例如违规交接、运输温度过高等。

5. 智能决策方法

智能决策方法是一种利用数据智能来支持决策制定的方法。它通过收集和分析各种类型的数据，并利用机器学习算法提供对商业场景中的决策方案的推荐。这种方法主要优势是使决策过程更加准确、可靠和可预测。智能决策方法主要涉及以下内容。

（1）智能决策方法依赖于数据分析，该方法从企业系统中收集和分析数据，包括用户行为数据、销售数据、市场数据等。通过对数据进行分析，可以识别新的商业机会和消费趋势，并为业务决策提供支持。

（2）智能决策方法使用机器学习算法，以自动化和标准化的方式为决策提供支持。这些算法将数据分析和模型识别结合起来，以创建自动化的模型来为决策提供预测和推荐。

（3）智能决策方法将机器学习算法的结果与预先确定的利润目标相结合，以提供明确的决策推荐。这些推荐可用于预测销售趋势、预测市场需求、推荐更好的供应商，以及优化生产和运营流程等。

（4）智能决策方法可将决策结果自动化地纳入企业系统，以便更快地落实决策结果并简化决策制定。这种方法还可以对结果进行评估和跟踪以监测决策效果，并根据新的数据变化进行修订。

三、业务流程设计内容

业务流程设计是人工智能系统开发的重要环节之一。它可以帮助理解业务的运行机制，发现相关的数据和要点，为人工智能技术的选择和应用提供参考。

1. 项目理解与分析

（1）明确业务需求和项目目标。明确业务需求和项目目标是人工智能项目中最关键的第一步。主要的方法包括：

1）访谈相关业务人员。这是理解业务需求和确定项目目标的最直接方式。通过深入的沟通交流可以理解业务痛点和需求，明确项目的优先级与目标。

2）问题定义与范围确定。需要将业务需求转化为具体的问题定义或功能定义，明确项目要解决的主要问题或实现的功能点是什么，并确定问题或功能的范围与边界。

3）用例分析与用例图。通过分析不同的使用场景与用例，可以区分项目的主要功能和次要功能。用例图可以直观地展示各功能之间的关系。

4）需求工作坊。通过组织相关人员针对需求进行结构化的讨论可以达成共识并明确需求与项目计划。

5）原型设计与评审。设计初步的方案与原型，通过评审会可以优化方案和梳理需求，解决需求之间的冲突与漏洞。此外，还可以利用业务流程分析、发展策略分析等方式间接理解业务需求和确定项目目标。关键是要从多个角度，与相关人员充分交流与讨论，厘清需求的本质，限定问题的范围，明确项目的目标与解决方案。

（2）分析现有数据资源与环境。分析现有数据资源与环境是继明确项目目标后的另一个重要步骤。它可以评估数据是否足以支撑项目的实现，并且判断是否需要采集更多数据。主要的方法包括：

1）数据资源调研。通过现有记录的相关数据的种类、格式、存储位置和更新频率等相关信息，量化不同数据源的数据量和特征，评估其作为训练集或测试集的潜力。

2）数据样本分析。抽取不同数据源的样本数据进行分析与评估。检查数据的完整性、正确性、一致性等，分析潜在的异常值与噪声，评估特征的表达力与相关性。这可以判断数据是否适合机器学习项目。

3）可视化与统计分析。利用数据可视化与统计学工具，分析数据的分布，发现数据之间的潜在关联，检验不同特征之间的统计显著性。这可发现数据的潜在价值与不足之处。

4）差距分析或差异分析。比较现有数据与项目需求之间的差距，判断哪些数据需补充采集，分析需补充的数据种类、量级和采集难度，为后续的数据采集计划提供参考。

5）采集难度评估。根据项目需求对各类数据进行采集难度评估，考虑数据的采集渠道与成本等因素，为项目进度和资源计划提供依据。

除考虑数据本身外，还需要考虑数据使用与管理方面的环境，包括数据安全、隐私以及数据管理与开发效率等。对环境与流程进行评估与设计，这有助于后续的数据采集与建模。

（3）评估人工智能技术的适用性和难易度。评估人工智能技术的适用性和难易度主要从以下几个方面考虑。

1）数据量和质量。不同的人工智能技术对数据量和质量有不同要求。如深度学习通常需要海量数据，而决策树等技术更适用于数据量少的情况。数据的完备性、正确性、一致性等也影响技术的选择。

2）计算资源。人工智能技术的难易度与计算资源密切相关。如深度学习需要高性能的图形处理器来训练大规模神经网络；而 Logistic 回归等传统机器学习技术对计算资源要求较低。

3）应用场景与实践难度。某些技术与应用场景的契合度更高，实践难度更低。如词向量 + 注意力机制更适用于自然语言处理（natural language processing，NLP）；卷积神经网络更适用于机器视觉（computer vision，CV）。而其他技术的实践难度可能更大。

4）算法理解与调参难度。理解算法原理及调参难易度也影响技术选择。如 SVM、决策树等机器学习算法更易理解和调参；而深度学习等技术算法复杂，调参过程更为困难。

5）结果的可解释性。某些技术结果更易解释，这在需要理解和验证人工智能决策的场景下更为重要。如决策树最易解释；黑盒的深度学习更难理解其决策过程。

评估人工智能技术需同时考虑以上因素。数据和计算资源充裕的情况下，可以选择实践难度更高和结果更难解释但更高效的深度学习技术。数据有限或结果解释性很重要的应用中，可以选择机器学习等技术。理解各技术的理论基础和实践痛点，可以选择难易度适中的技术方案，或混合使用不同技术以发挥各自优势。

2. 方案设计与评估

（1）确定机器学习或深度学习等关键技术。在方案设计过程中，需要确定实施所需的关键技术。这可能包括机器学习算法、深度学习框架、数据处理和存储技术、计算资源和优化方法等。人工智能训练师需要根据项目的需求和目标，选择最适合的技术。

（2）设计项目实施的框架结构和模块。在确定关键技术后，需要设计项目实施的框架结构和模块。这包括项目的整体架构、各个模块的功能和交互、数据流和控制流等。可以使用各种工具和框架来实现这些模块，例如 TensorFlow、PyTorch、Scikit-learn 等工具。

（3）分析不同方案的优缺点并作出决策。在评估不同方案的优缺点时，需要考虑以下因素。

1）性能。不同方案的性能表现如何；哪个方案可以更快地完成任务或达到更高的精度。

2）可扩展性。哪个方案更容易扩展或修改；哪个方案可以更好地适应更复杂的任务或数据集。

3）成本。哪个方案的成本更低；哪个方案管理和维护的成本更低。

4）安全性。哪个方案更安全；哪个方案更适合处理敏感或机密数据。

3. 数据集设计与构建

下面是具体的步骤和建议，可以帮助人工智能训练师设计和构建数据集。

（1）规划数据采集与标注方式

1）确定数据源。需要从哪些数据源中采集数据；数据源是否充足；是否需要进行数据清洗和预处理。

2）确定标注方式。需要如何进行数据标注；是否需要人工标注；标注的效率和准确性如何。

3）确定数据集规模。需要采集和标注多少数据；数据集的规模对模型性能和泛化能力有何影响。

（2）确定数据集（训练集、验证集、测试集）的比例

1）确定任务类型。是否需要进行交叉验证或多任务学习；是否需要在不同数据集上训练和评估模型。

2）确定数据集规模和分类。数据集的大小如何；是否需要将数据集分为训练集、验证集和测试集。

3）确定数据集比例。通常，数据集的比例应该根据任务类型、数据集规模和模型类型等因素进行考虑。例如，在图像分类任务中，可以将数据集分为训练集、验证集和测试集，其中训练集占比一般为 80% 左右，验证集占比一般为 10% 左右，测试集占比一般为 10% 左右。

（3）采集和整理初始数据集，评估质量并不断优化

1）采集和整理数据集。需要采集和整理数据集，以确保数据集的质量。数据采集可以通过手动采集或使用自动化工具进行。数据整理包括数据清洗、数据转换和数据归一化等步骤。

2）评估数据集质量。需要评估数据集的质量，以确保数据集没有噪声、错误或偏差。可以通过计算各种指标，例如准确率、召回率、F1 值等来评估数据集质量。

3）不断优化数据集。需要不断优化数据集，以提高模型性能和泛化能力。可

以通过增加数据量、调整数据预处理步骤、增强数据集的多样性等方式来优化数据集。

4. 模型开发与评估

（1）选择并调整算法超参数

1）确定任务类型。主要考虑需要完成什么样的任务以及需要进行什么样的交叉验证或多任务学习。

2）选择算法。主要考虑需要选择什么样的算法以及需要使用什么样的深度学习算法。

3）确定超参数。主要考虑算法的超参数如何设置以及如何对超参数进行调整才能优化模型性能。

4）调整超参数。需要通过实验和调优来调整超参数，以获得最佳模型性能。可以使用网格搜索、随机搜索等技术来寻找最佳超参数组合。

（2）训练多个模型并比较评估指标

1）确定评估指标。需要评估模型的什么性能；如何计算评估指标。

2）训练模型。需要评估使用多少数据进行训练；是否需要进行数据增强。

3）比较模型。需要将多个模型进行比较，以确定哪个模型性能更好。可以使用评估指标，例如准确率、召回率、F1 值等来比较模型性能。

（3）对最优模型进行解释性分析，了解其工作机制

1）确定最优模型。如何确定哪个模型是最优的；是否需要进行交叉验证或测试集评估。

2）解释模型。需要解释模型的工作机制，以便了解模型是如何工作的。

3）分析模型缺陷。需要分析模型的缺陷，以便确定如何改进模型。

4）改进模型：通过调整模型参数、改进模型架构或增加数据量等方式来改进模型性能。

5. 项目部署与维护

（1）模型服务化部署

1）构建应用程序编程接口（application programming interface，API）或全球广域网 Web（world wide web）应用。

2）确定部署方式。需要将模型部署到服务器上还是云平台上；是否需要进行容器化部署。

3）选择部署方案。需要选择什么部署方案；是否需要进行负载均衡和缓存

优化。

4）构建 API 接口或 Web 应用。需要构建什么 API 接口或 Web 应用；如何设计 API 接口或 Web 应用；是否需要进行安全性和可靠性优化。

（2）监控在线模型效果，定期评估模型性能

1）确定监控指标。需要监控模型的什么性能指标；如何计算监控指标。

2）监控模型效果。需要对模型进行监控，以确保模型能够达到预期效果。可以使用 API 接口监控模型性能，例如准确率、召回率、F1 值等。

3）定期评估模型性能。需要定期评估模型性能，以确定模型是否仍然符合业务需求。可以使用监控数据和历史数据进行比较，以确定模型性能的变化。

（3）根据业务需求不断优化和更新模型

1）确定业务需求。需要考虑模型满足哪些业务以及如何评估模型性能。

2）优化模型性能。需要对模型进行优化，以提高模型性能和响应速度。可以使用深度学习框架、数据增强、模型压缩等技术来优化模型。

3）更新模型。需要更新模型，以满足新的业务需求或改进模型性能。可以使用新数据集、新算法、新超参数等方式来更新模型。

按照上述的业务流程设计内容，以客服中心智能问答机器人为例，了解如何进行业务流程设计，并通过选择合适的深度学习技术及不断优化模型和数据，最终实现一个自动高效解答客户常见问题的智能机器人系统。

首先，明确项目目标是开发一个智能客服机器人，自动回答客户常见的问题与咨询。

项目理解与分析。通过访问客服中心，发现有较大比例的常见问题可以利用机器自动解决。目标是为客户快速自动回答常见问题，提高工作效率和提升客户体验。现有数据包括过往人工客服聊天记录及反馈，但规模有限且内容不够全面。

其次，设计方案。方案 1 基于序列到序列模型（sequence to sequence，Seq2Seq）的聊天机器人模型；方案 2 基于预训练的语言表征模型（bidirectional encoder representation from transformers，BERT）的问答模型；方案 3 融合上述两种方法，利用聊天模型初步回答，由问答模型补充更准确的回复。

评估后选择方案 3，可以快速提高自动解决问题的覆盖面，且利于后续获取更多数据，提高模型精度。

数据集构建。采集更多用户问题数据，并添加人工客服的回复作为标签，构

建数据集。按 7∶2∶1 的比例切分为训练集、验证集和测试集。检查问题与回复的匹配情况，不断优化数据采集与标注流程。

模型开发与评估选择门控循环单元（gated recurrent unit，GRU）的 Seq2Seq 模型与 BERT 的问答模型。调整参数训练多个模型，比对验证集上的性能。选出最优模型，分析其在验证集上较易回答错误的问题类型。

项目部署构建 API，接收客户问题并返回回复内容与置信度。监控接口性能和在线模型的回复质量。发现有些复杂问题的回复准确度下降，定期使用最新数据和测试集更新模型，并上线以提高性能。根据客户反馈不断提高模型对复杂问题的理解能力。

学习单元 2   业务数据采集流程设计

1. 了解业务数据的特点和性质。
2. 了解业务数据采集的目的和意义。
3. 掌握业务数据采集的流程和步骤。
4. 掌握业务数据采集的质量控制。

一、业务数据的特点和分类

随着大数据时代的深度发展，要想深入透析和研究大数据与人工智能及相关内容，就需要首先对其基础——数据进行学习探索。

1. 数据的特点

随着移动互联网和物联网的飞速发展，人类社会产生的数据以惊人的速度增长。人工智能训练师在面对海量数据时，如何高效地对这些数据进行采集、存储、处理，并从中发掘到有价值的信息，是数据分析处理需要解决的问题。

（1）数据来源具有广泛性。数据可以来自不同的渠道，如物联网、移动互联网、车联网、手机、计算机以及各种传感器等。不同来源的数据可能有不同的格式和取值范围，需要做好数据集成和数据清洗。

（2）数据规模具有海量性。业务数据通常以大规模的数据集形式存在，需要借助分布式计算和存储技术来处理海量数据。同时，需要考虑如何高效地获取和存储数据。

（3）数据具有质量不均衡性。业务数据可能存在一些错误、重复、缺失或不一致的问题，需要进行数据清洗和验证来保证数据的质量。此外还需要考虑隐私保护和数据安全的问题。

（4）数据具有时序性。业务数据通常是时序数据，即包含时间戳的数据。可以使用时间序列分析来研究数据的趋势、周期性和相关性等特征。

（5）数据具有复杂性。业务数据可能含有结构化、半结构化和非结构化数据，需要使用不同的技术和工具来处理这些数据。

（6）数据具有价值性。业务数据可以为企业提供洞察业务、优化决策和创造价值的机会。需要做好数据分析和挖掘，发现数据中的价值。

2. 数据的类型

当前随着多媒体技术的发展和应用，计算机处理媒体数据的技术和工具都已经比较完善、实用。从人机交互数据类型来看，人工智能数据主要分为文本数据、图像数据、语音数据、视频数据几大类。

（1）文本数据。文本数据是以文字形式呈现的数据，是不能参与算术运算的字符集合，也称字符型数据，包括文字、符号、标点等。文本数据的特点是信息量大、内容丰富，可以进行情感分析、主题提取、机器翻译等操作。

文本数据一般分为两个类型。

1）字符（char）：char 类型的数据用来表示单个符号，它以 0~65 535 的数的形式存储。人们采用一些标准的方式给这些字符提供标准值，其中常用的就是国际标准码 Unicode。1 个字符占 1 个字节。

2）字符串（string）：string 类型用于表示字符串数据，它存储的是一个字符序列。在程序代码中，使用一对用英文双引号括起来的一串字符或汉字来表示一个字符串。

（2）图像数据。图像数据是以图像形式呈现的数据，是用数值表示的各像素

（pixel）的灰度值的集合。通俗来说，一张图片（图像）经过数字化处理后，就形成了可以存储、编辑和传输的图像数据。经过处理的数字化图像的内容信息，对于计算机而言，即是一连串代表每个像素位置和颜色的数字列，也就是图像数据，包括图片、图标、图表等。图片数据的特点是直观、信息量较大，可应用的领域包括图像识别、对象检测、人脸识别、表情识别、体感识别等。

（3）语音数据。在人与人、人机交互中，语言是最有效、最常用和最方便的信息交流形式。语言在实际生活中，主要是以语音的形式进行使用和传递，于是构成了语音数据。可以按照以下几种方式对语音数据进行分类。

按照语种分类：世界上有 5 000 多种语言，目前语音数据主要包括使用人数较多的语种，如汉语、英语、德语等。实际上，随着智能语音技术的普及与发展，各种语言的相关数据集都需要去开发、设计，这显然是个浩大的工程。

按照语音属性分类：语音按照属性可以分为朗读语音、引导语音、自然对话、情感语音等。根据发音人的年龄，可以分为低幼、儿童、成人、老人；根据环境音是否有噪声，可以分为安静环境语音和噪声环境语音。

上述各种视角的语音数据，在实际呈现的数据中往往会多维度结合交错，构成大量的语音数据种类。语音数据可应用的领域包括语音合成、语音识别、情感识别、音乐检索、智能家居、车载终端等。

（4）视频数据。视频数据是复合多媒体数据，可以包含图像、声音（语音、音乐等）、文本等多媒体信息。通过连续的场景和多种媒体的复合运用，视频可表达复杂的场景、意境和故事。现阶段，通常讲的视频数据一般单指视频中的连续的图像序列数据，并且划分为帧（frame）、镜头（shot）、场景（scene）和故事单元（story unit）。视频数据的特点是直观、信息量较大，可以进行视频识别、物体检测、人脸识别等操作。

数据的类型、特点及应用场景见表 1-2。

表 1-2　数据的类型、特点及应用场景

数据类型	特点	应用场景
文本数据	信息量大、内容丰富	情感分析、主题提取、机器翻译
图像数据	直观、信息量较大	图像识别、对象检测、人脸识别
语音数据	直观、感染力强	语音识别、音乐分析、情感分析
视频数据	直观、信息量较大	视频识别、物体检测、人脸识别

3. 数据的类别

为了使数据可以被更好地理解和处理，同时也可以更好地满足不同应用领域的需求，将数据分为四个类别，每个类别及其特性如下。

（1）结构化数据。结构化数据是指被整理和组织成一定结构形式的数据，如数据库中的表格数据、XML 文档等。结构化数据通常具有较高的可靠性和可读性，适合进行数据分析和挖掘。

（2）非结构化数据。非结构化数据是指没有被整理和组织成一定结构形式的数据，如文本、图像、音频、视频等。非结构化数据通常具有较强的灵活性和多样性，适合进行数据挖掘和机器学习。

（3）时间序列数据。时间序列数据是指按照时间顺序记录的数据，例如股票价格、气温变化等。时间序列数据通常具有较强的周期性和趋势性，适合进行时间序列分析和预测。

（4）空间数据。空间数据是指按照空间位置记录的数据，例如地图、卫星图像等。空间数据通常具有较强的空间相关性和几何特征，适合进行空间分析和建模。

二、业务数据采集的目的和意义

数据采集是人工智能训练中非常重要的步骤，它决定了训练模型将如何处理输入数据，以及模型将如何生成输出。在数据采集过程中，数据通常需要被清洗、处理、归一化和标准化，以确保数据质量和可用性。收集和准备数据的目的是确保数据的一致性和可重复性，从而消除数据中的错误、噪声和异常值。

清洗数据是数据采集过程中的第一步，也是最重要的一步。数据清洗可以去除数据中的错误、噪声和异常值，确保数据的质量和准确性。数据清洗的步骤包括数据去重、数据缺失值的填充、数据异常值的处理等。

接下来，需要创建一个测试数据集，用于验证模型的准确性和性能。测试数据集可以帮助确定模型是否在处理输入数据时表现出色，并且可以帮助确定模型是否需要进行修改或优化。在训练模型的过程中，数据集可以帮助提高模型的准确性和性能，使其更适应特定的任务和环境。

训练模型是数据采集的另一个重要目的。训练模型可以基于数据集中的数据进行学习，并生成预测结果。训练模型的过程可以提高模型的准确性和性能，使其更适应特定的任务和环境。同时，数据采集还可以帮助确定模型是否需要进行修改或优化。

最后，数据采集可以帮助部署模型。部署模型可以将其应用于实际任务和环境，以提供预测结果和服务。在这个过程中，数据集可以帮助模型不断学习和适应新的任务和环境。

三、数据采集的方法和工具

1. 数据采集的方法

数据采集，又称数据获取，指的是利用某种装置从系统外部采集数据并输入系统内部。

数据采集是数据生成的第一关。人工智能领域必须对采集的数据进行严格把关，才能有效提高后续数据质量。当前通用的手机端采集语音图像、专用的远场语音设备采集、无人车平台采集等，这些采集平台和工具缺乏智能化，采集的数据依靠后期人工进行质检，工作量大，采集成本高。一些深度学习或者自动化技术，通过"云""端"的配合，将人工智能芯片设计到采集设备中，提高数据采集数量。数据采集的方法主要有六种：互联网数据采集、数据众包采集、数据行业合作、传感器数据采集、有偿数据采集与利用公开的数据集。

2. 数据采集的工具

数据采集工具是一种用于收集互联网上数据的常见工具。它可以帮助用户从各种来源（如网站、应用程序、传感器等）收集数据，并将其存储在本地或云端数据库中。数据采集工具通常具有灵活的采集设置，可以根据不同的采集需求进行自定义设置。人工智能训练师可以根据自己的需求选择适合自己的工具，常见的数据采集工具主要有：Python（pythonic programming）、BeautifulSoup、Fluentd、Logstash、Kafka、R（a language and environment for statistical computing）、Excel、爬虫技术等。

数据采集的方法、数据采集的工具在职业技能等级认定培训教程《人工智能训练师（初级）》已有详细介绍，此处不再赘述。

技能要求

一、业务数据采集的流程和步骤

1. 确定数据采集的目的和需求

在进行数据采集之前，需要明确数据采集的目的和需求。这将有助于确定需要收集哪些数据、如何收集数据以及数据的质量要求。

2. 确定数据采集的范围和来源

确定数据采集的范围和来源包括确定需要收集哪些行业、哪些业务领域、哪些数据类型的数据。可以根据不同的业务需求，选择不同的数据采集来源，如官方网站、社交媒体、交易记录等。

3. 进行数据清洗和预处理

数据清洗和预处理是数据采集过程中非常重要的一步。数据清洗可以去除数据中的错误、噪声和异常值，确保数据的质量和准确性。数据预处理可以帮助将数据转化为适合模型训练的形式，如数据归一化、特征提取等。

4. 数据可视化和探索

在进行数据清洗和预处理后，可以对数据进行可视化和探索，以了解数据的分布、相关性和趋势。这有助于确定数据中的潜在关系和模式，为后续的模型训练做好准备。

5. 构建数据采集系统

为了高效地收集和处理数据，需要构建一个数据采集系统。数据采集系统可以包括数据收集工具、数据存储和管理工具、数据清洗和预处理工具等。

6. 数据训练和模型优化

一旦把数据集准备好，就可以开始训练模型。在训练模型的过程中，需要进行模型优化，以提高模型的准确性和性能。这可以通过调整模型超参数、使用交叉验证等方法来实现。

7. 模型评估和部署

在模型训练完成后，需要对模型进行评估和测试，以确保模型的准确性和可靠性。然后，可以将模型部署到生产环境中，以提供预测和决策支持。

二、数据采集的质量控制

1. 数据采集质量的重要性

良好的数据采集是构建一个高质量模型的关键。数据采集的质量会影响到模型的准确性和鲁棒性。如果数据采集不准确，模型可能会产生错误或鲁棒性差的结果。因此，必须确保数据采集过程遵循最佳实践，以确保数据的质量。

2. 数据采集的质量标准

数据采集的质量标准应该与应用场景和目标相一致。例如，在医疗领域中，数据质量可能包括准确性、完整性、可靠性和可追溯性等方面的要求。而在金融领域中，数据质量可能包括合规性、可靠性和准确性等方面的要求。

3. 数据采集的质量控制方法

数据采集的质量控制需要采用多种方法，以确保数据的质量。以下是一些常用的方法。

（1）数据清洗。数据清洗是数据采集过程中非常重要的一步，它可以去除错误、重复和不完整的数据，确保数据的质量和准确性。

（2）数据标注。数据标注是另一个重要的步骤，它可以帮助模型学习和识别数据中的模式和特征。标注的准确性和完整性对于模型的性能有着重要的影响。

（3）数据集成。数据集成可以将多个数据源整合到一个数据集中，从而增加数据的多样性和准确性。

（4）数据质量管理。数据质量管理是一个全面的过程，旨在确保数据的质量、可靠性和一致性。它包括监测和评估数据采集、处理和存储过程中的错误和缺陷，并采取必要的措施来解决这些问题。

三、数据采集的安全和隐私保护

1. 数据采集安全的重要性

数据采集过程中可能会涉及用户的个人隐私信息，例如姓名、地址、电话号码、电子邮件等，这些信息如果被泄露或滥用，可能会对用户造成严重的影响。因此，数据采集的安全和隐私保护是非常重要的。

（1）保护用户隐私。数据采集过程中，必须确保用户的隐私信息不被泄露或滥用。否则，可能会给用户造成不可估量的损失。

（2）保证数据质量。数据采集过程中，必须确保数据的质量。如果数据质量差，模型的准确性会受到影响，从而影响整个系统的性能。

（3）确保数据合法性。数据采集过程中，必须确保数据的来源和收集方式符合法律法规和道德规范。否则，可能会涉及法律和道德问题。

2. 数据采集的安全措施

为了确保数据采集的安全，可以采取以下措施。

（1）数据加密。对于敏感数据，使用数据加密技术来保证数据的机密性。例如，可以使用 SSL/TLS 协议来加密网络通信，使用哈希算法来加密数据等。

（2）访问控制。对于敏感数据，必须采取访问控制措施来限制未经授权的用户访问数据。例如，使用权限管理系统、访问令牌等来限制用户访问数据。

（3）数据备份和恢复。对于采集到的数据，必须进行备份和恢复，以防止数据丢失或损坏。同时，备份数据应该存储在安全的地方，如云存储等。

（4）安全审计。应该定期进行安全审计，以确保数据采集和使用过程符合规范和标准。安全审计可以帮助发现潜在的安全漏洞和问题，并及时采取措施加以解决。

3. 数据采集的隐私保护方法

（1）数据去识别化。在数据采集过程中，应该尽可能去识别化，即去除数据中的身份标识，例如姓名、地址等。这样，即使数据被泄露，也不会给用户造成损失。

（2）数据匿名化。在数据收集和使用过程中，应该尽可能实施数据匿名化，即将数据去标识化，以防止用户的个人信息被泄露。例如，可以使用随机生成的标识符来代替用户的真实身份标识。

（3）数据共享控制。在数据采集过程中，应该实施数据共享控制，限制数据被共享给特定的用户或组织，例如，使用权限管理系统来限制用户访问数据。权限管理系统可以授予用户不同的访问权限，比如完全访问、查看、编辑或删除数据等。用户可以通过这些访问权限来控制数据共享的范围。

四、数据采集案例分析

如某智能客服人工智能训练师想了解客户对服务的满意情况，需要进行客户服务满意度数据采集，可以采用以下步骤。

人工智能训练师需要确定数据采集目的和范围，如了解客户对服务的真实反馈、客户对服务的满意情况等。此外，还需要确定采集数据的范围，通常可以是真实发生的服务聊天对话、提问记录、客户和服务人员的聊天等素材，例如在线人工客服和客户的聊天文本、热线人工客服和客户的聊天录音、机器人客服的服务日志、客户满意度评价、服务记录、客户调查等。数据类型包括语音、图文、文本。

人工智能训练师需要选择合适的数据采集工具，例如可以使用自身服务软件或客服机器人来收集数据。通过这些工具自动收集或手动收集客户对服务的响应与评价。针对不同类型的数据，原始数据的来源及获取方法主要有以下几种（表1–3）。

人工智能训练师需要确定数据采集的计划和时间表，制订一个数据采集计划及数据采集时间表，以便在规定的时间内完成数据采集任务和跟踪数据采集的进展。

人工智能训练师使用客服软件或客服机器人实施数据采集时，需要确保数据的安全性和隐私性，例如使用数据加密和访问控制等技术。

表 1–3　原始数据来源及获取

服务记录	工单服务	文本对话服务	语音对话服务
获取内容	用户提问记录和对应的服务答复内容	文本聊天记录	语音聊天记录（录音）
获取方法	1. 从数据管理负责人处获取 2. 通过数据提取工具（SQL 等）进行提取 3. 从现成的数据报表中进行提取		

　　人工智能训练师在采集到数据后要对数据进行分析和可视化，以便了解客户对服务的反馈和客户服务情况。例如，可以使用数据可视化工具来创建客户反馈图表、服务记录图表和客户调查图表等。

　　人工智能训练师在完成数据分析和可视化后，可以将数据报告给管理人员，以便制定相关服务决策，最终达到提高客户满意度的目的。

学习单元 3　业务数据处理流程设计

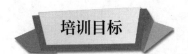

1. 了解业务数据预处理的内容。

2. 掌握业务数据处理流程设计的方法。

3. 了解业务数据处理流程设计的工具。

　　通过各种数据采集方法采集到的数据通常包含不必要的数据或者不完整、不一致的数据，是无法直接使用的，需要对其进行预处理。数据预处理是指在对数据进行数据挖掘和存储之前，先对原始数据进行必要的清洗、集成、转换、离散和规约等一系列工作，达到使用数据挖掘算法进行知识获取研究要求的最低规范和标准。

数据预处理的基本任务主要包括数据清洗、数据集成、数据规约和数据转换，如图 1-8 所示。

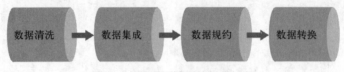

图 1-8　数据预处理的基本任务

一、数据清洗内容

数据清洗主要是将不同来源、不同数据格式或不同模式的数据按照一定的规则发现并纠正数据文件中可被识别发现的错误，包括缺失值、重复值、异常值和错误标记的情况等，并对这些无效数据进行处理的一个过程。数据清洗可以有效提高数据集的质量和准确性，从而确保后续数据分析的准确性和可靠性。

1. 数据清洗类型

需要数据清洗的数据类型主要有缺失数据、错误数据、重复数据三大类。

2. 数据清洗流程

在进行数据清洗时，可以按照明确错误类型→识别错误实例→纠正发现的错误→干净数据回流的具体流程展开。

3. 常见数据清洗工具

常见的数据清洗工具主要有 Excel 数据清洗、Python 数据清洗等。

二、数据集成内容

数据集成是将不同来源、格式、特点的数据在逻辑上或物理上有机地整合在一个数据集中，形成一致的数据存储的过程。通过综合数据源，将拥有不同结构、不同属性的数据整合在一起，对外提供统一的访问接口，实现数据共享。通用数据集成架构如图 1-9 所示。

例如，很多应用软件（如餐饮、住房、交通票务、酒店、购物等服务软件）就是将不同数据源的数据进行有效集成，对外提供统一的访问服务。

1. 数据源的差异性

数据集成要解决的首要问题是清楚各个数据源之间的差异性。数据差异性表现见表 1-4。

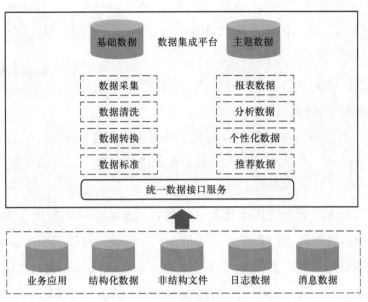

图 1-9　通用数据集成架构

表 1-4　数据差异性表现

数据内容	差异性表现
数据来源	如需要将来源于 MySQL 数据库和 SQL Server 数据库的数据进行集成
数据模式	如使用二维表格模式或者网状数据模式等
数据类型	如文本、图片、音频、视频等不同类型的数据
数据颗粒	数据源可能具有不同的数据粒度，有些数据可能是汇总数据，有些数据是实时数据
数据独立性	数据源可能具有不同的数据独立性，有些数据源是独立的，有些数据源是关联的
数据语义	例如两个数据源中都有相同的字段名，但在不同的数据源里面表示的意思不同

2. 数据集成模式

数据集成的模式主要有 3 种，分别是联邦数据库（federated database）、数据仓库（data warehousing）、中介者（mediation）。

（1）联邦数据库。联邦数据库是一种分布式数据库系统，它允许多个节点共享数据。这些节点可以是服务器、虚拟机或容器，它们可以通过网络连接共享数据。各个数据节点源使用的数据模 式相互不受影响。联邦数据库模式如图 1-10 所示。

联邦数据库是简单的数据集成模式。它需要 软件在每对数据源之间创建映射和转换。该软件 称为包装器。当很多的数据源在少数几个数据源之间进行集成时，联邦数据是比较适宜的集成模式。但如涉及在很多数据源中进行集成，需要建立很多包装器时，工作量就会非常大。

（2）数据仓库。数据仓库是比较常见的数据集成模式。数据仓库的集成模式是将各个不同的数据源中的数据进行拷贝，经过转换，存储到一个目标数据库中。各数据源的数据汇集后，数据会通过 ETL 完成数据集成，并进入数据仓库进行存储，提供查询。ETL 是 extact（抽取）、transform（转换）、load（装载）首字母的大写组合。数据仓库模式图如图 1-11 所示。

抽取：将数据从原始的数据业务中读取出来。

转换：按照事先设计好的格式将抽取出来的数据进行清洗、转换等处理，将有差异的数据统一处理，保证数据的一致性。

装载：将转换完成的数据视情况部分或全部导入数据仓库。

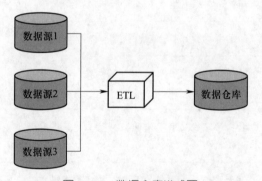

图 1-11 数据仓库模式图

选择数据仓库集成模式要注意各个数据源之间的差异性和不一致性。同时，数据会被复制两份，一份在数据源，一份在数据仓库。

（3）中介者。中介者本身不提供数据存储，数据仍保存在数据源。中介者只是数据源的虚拟视图，主要是把各个数据源的数据模式组合起来。当查询需求发起，查询就会转换成对各数据源的若干查询，由各个数据源执行并返回查询结果，经合并后，输出给最终用户。中介者模式图如图 1-12 所示。

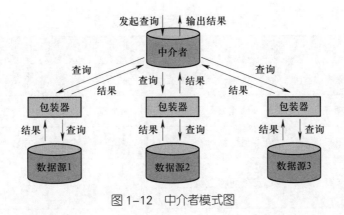

图 1–12　中介者模式图

三、数据规约方式

数据规约（data reduction）是指在数据处理过程中，通过对数据进行筛选、提取、合并等方式，减少数据量，帮助从原来庞大数据集中获得一个精简的数据集合，提高数据处理效率和精度的过程。数据规约的目的是减少数据冗余，提高数据可分析性，提高计算效率。在尽可能保持数据原貌的前提下，最大限度地精简数据，并获得相同的分析结果。数据规约的主要方法见表 1–5。

表 1–5　数据规约主要方法

方法	目　　的
数量规约	通过对数据进行简化、归纳、合并等方式，减少数据量
维度规约	减少所需自变量的个数，通过删除不相干的额外属性和维数减少数据量
格式规约	通过数据编码或变换数据格式，压缩原始数据。例如视频、音频、字符串等数据

四、数据转换方式

数据转换是将数据转换或归并构成一个适合数据挖掘的描述形式，可以理解为将一种类型的数据转换为另一种类型的数据。例如，一个 Java 应用程序可能需要将数据转换为 JSON 格式，以便在网络上传输，或者将数据转换为 XML 格式以供另一个应用程序使用；或者将属性数据按比例缩放等。数据转换包括对数据进行规范化、离散化、稀疏化处理，数据转换的一般方法见表 1–6。

表 1-6　数据转换的一般方法

方法	说　明	示　例
去重	删除重复的数据，保留唯一数据	从客户数据中删除重复的客户记录
矫正	检测并更正数据中的偏差或异常值	根据阈值修正客户年龄数据中的异常值
融合	将不同源系统的同类型数据融合	融合来自 CRM 和 ERP 的客户数据
映射	根据规则将某些数据值转换成规范值	将性别字段中的"男"和"女"映射为"1"和"2"
分类	根据规则或模型将数据分配到不同类别	根据客户特征将客户分为高、中、低价值客户
归一化	将数据按比例缩放至 0 到 1 范围内	用于提高数据模型的稳定性和分类的性能

技能要求

一、业务数据处理流程设计的方法

当人工智能训练师进行业务数据处理流程设计时，可以遵循以下步骤，如图 1-13 所示。

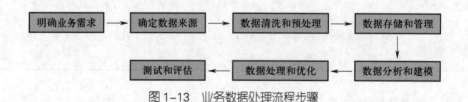

图 1-13　业务数据处理流程步骤

1. 明确业务需求

人工智能训练师需要先了解业务需求，包括数据处理的目的、数据类型、数据量、数据处理的算法等。这可以帮助他们更好地理解业务场景和数据特点，从而更好地设计数据处理流程。

2. 确定数据来源

根据业务需求，人工智能训练师需要确定数据的来源，包括数据采集的渠道、数据存储的位置等。这可以更好地控制数据的源头，保证数据的准确性和可靠性。

3. 数据清洗和预处理

在确定数据来源后，人工智能训练师需要对数据进行清洗和预处理，包括去重、缺失值填充、异常值处理等。这可以保证数据的质量和一致性，从而更好地进行数据处理和分析。

4. 数据存储和管理

人工智能训练师需要选择合适的数据存储和管理工具，包括关系型数据库、文档型数据库、图数据库等，以实现数据的高效存储和管理。

5. 数据分析和建模

在数据清洗和预处理后，人工智能训练师需要进行数据分析和建模，包括数据可视化、统计分析、机器学习等。这可以帮助他们更好地理解数据，从而更好地设计数据处理流程和算法模型。

6. 数据处理和优化

在数据分析和建模后，人工智能训练师需要对算法模型进行优化，包括调整参数、改进算法等。这有助于更好地优化算法模型，提高模型的准确性和可靠性。

7. 测试和评估

最后，人工智能训练师需要对算法模型进行测试和评估，包括性能测试、精度测试等。这有助于更好地评估算法模型的效果，并为后续的数据处理流程设计提供参考。

二、业务数据处理流程设计的工具

业务处理流程涉及数据预处理、工作流程图、需求管理、数据集成、代码开发等工具。设计工具有很多，人工智能训练师要根据数据需要选择相应的处理工具。常见业务数据处理流程设计工具见表 1-7。

表 1-7　常见业务数据处理流程设计工具

涉及内容	工具名称
数据预处理	常见的数据清洗工具有 Microsoft Excel、Kettle、OpenRefine、DataWrangler 等
工作流程图	如 Visio、OmniGraffle
需求管理	常用的有 Jira、Rally 等
数据集成	常用的有 Informatica、Talend 等
代码开发	如 Eclipse、PyCharm 等

三、业务数据处理流程设计案例

人工智能训练师希望开发一个智能客服机器人来自动回答客户的常见问题与业务咨询。以下是人工智能训练师进行数据处理的全过程。

1. 明确业务需求

人工智能训练师需了解开发智能客服机器人的需求，包括回答客户常见问题，客户的大量历史对话数据，需要 NLP 与深度学习技术等。

2. 确定数据来源

根据需求，人工智能训练师确定从客服系统采集的历史人工对话数据、服务记录、通话录音等作为数据来源。

3. 数据清洗和预处理

人工智能训练师对采集的数据进行格式统一、去重、空值填充等预处理，提高数据质量与一致性，进行后续处理与分析。

4. 数据存储和管理

人工智能训练师选择基于分布式文件存储的数据库 MongoDB 等文档数据库高效存储处理后的数据，便于数据的管理与调用。

5. 数据分析和建模

人工智能训练师对数据进行统计与可视化分析，理解客服对话的特征，然后使用循环神经网络（recurrent neural network，RNN）与 Seq2Seq 等模型进行数据集建模，作为机器人的训练集。

6. 数据处理和优化

人工智能训练师调整模型超参数，如学习率、隐层单元数等，改进训练算法，提高模型的准确性。

7. 测试和评估

人工智能训练师使用验证集对机器人模型进行性能测试，评估其在理解用户提问与作出恰当回复上的精度。不断优化并最终评估模型效果，作为后续改进的参考。

学习单元 4　业务数据审核流程设计

1. 了解业务数据审核的目的。
2. 掌握业务数据审核流程的要点。
3. 掌握业务数据审核流程的内容。

一、业务数据审核的目的

人工智能训练师的重要工作就是采集、处理和分析数据，以训练高质量的 AI 模型。在这个工作过程中，数据的质量直接影响最终模型的性能，因此严格的数据审核就成为必不可少的一步。

数据审核的首要目的在于全面验证数据处理结果的质量，包括数据的完整性、准确性、一致性与唯一性等。只有高质量的数据才能成为 AI 训练的可靠输入与基础。同时，数据审核也可以评估数据处理方法的效果，检查采集清洗规则、转换结果等的准确性，发现并纠正数据集中的误导信息与遗漏值。这都有助于指导后续工作的改进与优化。在审核的过程中，人工智能训练师会对数据来源和处理流程进行检查，提出数据质量监控与报告的要求，并汇总反馈意见，以不断优化数据采集与管理机制。同时，满足行业的法规要求，也需要通过严密的数据审核来实现。

二、业务数据审核要点

首先要明确业务数据审核的目的，选择匹配的审核策略和标准。其次要关注业务流程和规则，审核业务数据的完整性、准确性、一致性和唯一性。再要选择熟悉业务的专业人员，设计全面系统的审核流程。最后要利用业务数据质量检测工具，记录审核过程并持续优化。

在目的选择上，人工智能训练师需要验证业务数据是否满足下游模型的需求，评估业务处理流程的效果，发现业务数据的异常值与遗漏信息等。选择的审核策略要考虑业务数据特点，综合全面审核与抽样审核。审核标准要针对业务数据属性设定，如及时性、业务含义的准确表达等。

在流程和规则认知上，人工智能训练师必须熟练掌握业务整体流程和各节点的数据映射与转换规则，理解业务数据之间的依存关系，才能在审核中发现问题。审核重点在于检查业务数据的完整性、准确度与一致性，是否满足业务处理的要求。发现的任何问题都可能导致下游业务处理与决策的失效。

在人员选择上，人工智能训练师要优先考虑对相关业务非常熟悉的专业人员，如业务分析师、数据分析师等。熟悉业务的人员能在审核中发现更多深层次的问题。设计的审核流程也需要充分考虑业务的数据特性和流转路径。

在工具使用上，人工智能训练师要选择针对业务数据开发的质量检测工具，监控并自动发现问题。数据可视化工具也能辅助人工审核，发现业务数据的异常及其原因。所有发现的问题和改进建议都要记录在案，以持续优化业务数据的采集、整理、处理等流程。

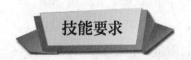

技能要求

一、业务数据审核流程设计

1. 数据审核流程设计

数据审核需要全面系统的设计与安排。首先要明确审核的目的、范围，制定量化的审核标准与抽样策略。选择熟悉业务的审核人员，选用数据质量检测与可视化的辅助工具。流程上主要包括数据抽取、审核执行、问题记录、不合格处理、报告推送等步骤。全面记录审核的过程与结果，并签署书面报告。只有在问题修正与流程修改后，才能完成本轮数据审核。

数据审核流程的设计是一个系统工程，需要考虑诸多因素。人工智能训练师在设计数据审核流程时，应该包含以下几部分内容。

（1）审核目的。明确进行数据审核的目的，是为了验证数据质量与准确性还是评估数据处理的效果等。审核目的影响审核的范围与标准。

（2）审核范围。确定审核的数据范围，是原始数据、清洗后的数据还是建模的数据等。审核不同范围的数据需要采取不同的方式与方法。

（3）审核标准。制定数据审核的标准与指标，可以参考行业标准或根据业务需求制定。标准需要具体、量化并且易于操作。

（4）审核策略。确定审核的策略，是全面审核还是抽样审核，抽样方式如何选择等。审核策略影响着审核的效率与质量。

（5）审核人员。选择审核数据的人员，可以是业务人员、技术人员或第三方机构等。审核人员的专业水平会影响审核的效果。

（6）审核流程。设计详细的审核工作流程，包括数据提取、审核执行、问题记录、不符合项处理、报告生成等步骤及其逻辑顺序。

（7）审核工具。选择合适的工具辅助数据审核的流程与任务。如数据质量检测工具、数据可视化工具等。工具的选择会影响工作效率和质量。

（8）审核记录。全面记录审核的过程与结果，包括审核的数据、发现的问题、处理方案与结论等。审核记录可支持结果的复核与追踪。

（9）后续优化。根据审核结果并结合用户反馈不断优化数据处理流程与方法。持续优化可以提高业务的整体水平。

2. 数据审核基本流程

数据审核过程是一个循环迭代的过程，业务数据审核流程如图 1-14 所示。

二、业务数据质量管理

随着数据类型、数据来源的不断丰富以及数据量的飞速增长，人工智能训练师面临的数据质量问题概率也会显著增加。所以数据质量管理是数据审核流程中非常重要的一环。数据质量通常是多种因素综合作用的结果，解决数据质量问题要从机制、制度、流程、工具、管理等多方面综合考虑，设计相关流程。

1. 什么是数据质量

ISO9000 标准对质量的定义为"产品固有特性满足要求的程度"，不准确、不完整、不一致的数据，很可能导致业务流程的失效和决策的失误。数据是企业管理和决策的基础，高质量的数据可以最大限度地发挥其价值，支撑业务运行与发展；质量差的数据会误导决策，导致机会损失和资源浪费，降低数据资产的价值。如客户关系管理系统（customer relationship management，CRM）中的"脏"数据，会导致企业无法准确定位目标客户；商业智能系统（business intelligence system）基于错误的数据产生的报告，可能会误导企业战略决策。这些失误的结果会造成

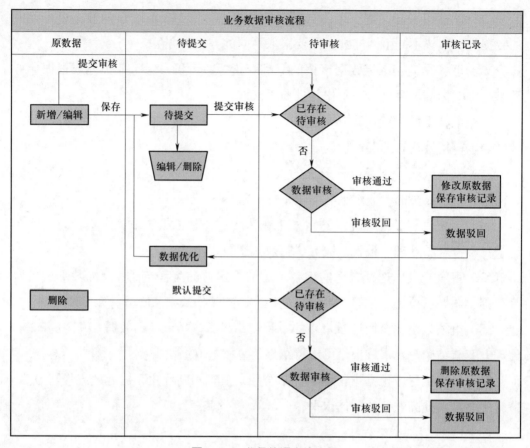

图 1-14 业务数据审核流程

机会损失和无谓的资源浪费。要避免这些损失，需要通过数据质量控制，最大限度地减少不良数据的产生与遗留。

数据质量不是追求 100% "合格"，而是从数据使用者的角度定义，满足业务、用户需要的数据即为 "合格" 数据。数据质量具有以下特性。

（1）准确性。数据的值应正确，如客户名称、联系方式、订单金额等信息应真实可靠。准确性直接决定数据的可信度与实用性。

（2）完整性。数据应包含全部必要的信息，不存在遗漏或缺失部分。如客户资料不缺少联系方式，订单信息不缺少总金额等。数据的完整性影响其运用范围和效果。

（3）一致性。不同来源但表示同一意义信息的数据不存在矛盾或冲突。如来自CRM 和数据仓库的客户名称拼写一致。数据一致性决定多源数据的关联与融合效果。

（4）及时性。数据应及时收集并更新，反映对象的最新状态。如商品价格、库存数据要及时更新。数据的及时性直接影响业务系统与决策的时效性。

（5）唯一性。指统一数据只能有唯一的标识符。体现在一个数据集中，一个实体只出现一次，并且每个唯一实体有一个键值且该键值只指向该实体。如员工有且仅有一个有效工号。

（6）合法性。数据的采集、存储和使用应符合法律法规与伦理道德。如必须经用户同意才能收集个人隐私信息。数据合法性关系企业的法律风险与社会信任度。

（7）可理解性。数据应以易于理解和阅读的方式呈现，包含充分的语义信息。如字段命名要规范，单位表示要统一。数据可理解性决定其可操作性与扩展性。

（8）可访问性。数据应容易被查询、检索和调用。如非结构化数据难以查询。数据的可访问性影响其实际应用和价值发挥效果。

日常管理中，会有人工智能训练师疑问数据质量和流程质量有什么区别。流程质量是基于流程结果评估业务执行的好坏，数据质量更关注业务对象、业务规则、业务过程、业务结果等数据是否得到及时的处理。以某客户服务联络中心为例，客服人员接到客户投诉电话，客服人员在系统中查询不到该客户的完整信息，无法进一步处理和解决问题，这属于数据质量的问题，需要检查数据采集和更新规则。若在系统可以查到客户信息，但反复转接未能在规定时限内解决问题，导致客户不满，这属于流程质量的问题，需要优化服务流程和控制转接时效。

2. 数据质量监控

数据只要涉及人为干预，难免会存在质量方面的问题，为了避免问题数据被用于业务分析与决策而产生失误，应能及时发现数据质量问题、制定解决方案、采取行动，因此，数据质量监控环节必不可少。以下内容围绕异常数据的数据质量监控展开。

（1）数据质量规则。数据质量问题是判断数据是否符合数据质量要求的逻辑约束。在整个数据质量监控过程中，数据质量规则的好坏直接影响监控效果，因为分析总结数据质量问题是数据管理的前提。

依据数据结构和数据间的依赖关系两个维度，设计如下四类数据质量问题。

1）单列数据质量规则：同一列（字段）内非依赖关系数据项的质量问题。

2）跨列数据质量规则：跨字段的依赖关系或规则造成的质量问题。

3）跨行数据质量规则：同一表内跨记录的依赖关系或规则造成的质量问题。

4）跨表数据质量规则：跨表之间的参照完整性或业务规则造成的质量问题。

根据数据在结构化存储介质（如关系数据库）中的行列组织形式，将数据质量问题分类为单列（字段）、跨列（列与列之间）、跨行（同一表的多条记录）和跨表（多个表之间）等类型。这是从数据存储和组织的角度进行分类。

不同的数据项或表之间往往存在依赖关系或业务规则，如主外键约束、列值范围约束、行聚合计算约束等。如果这些依赖关系或规则没有在数据中很好体现，则会产生质量问题。故从数据项之间的依赖关系考量，也可以将数据质量问题分类为单列、跨列、跨行和跨表类型。数据质量规则分类内容及示例见表 1-8。

表 1-8　数据质量规则分类内容及示例

业务对象落地	质量特性	规则类型	类型描述	示例
单列	完整性	不可为空类	属性不允许或在满足某种条件下不允许出现空值	员工工号不可为空
	有效性	语法约束类	属性值满足数据语法规范取值约束	手机号需满足有效格式，身份证号满足国家标准
	有效性	格式规范类	属性值须满足展现格式约束	日期有多重格式，对于同一属性指定同一类格式
	有效性	长度约束类	属性值需满足约定的长度范围	密码格式要求，例如密码长度、英文、大小写等
	有效性	值域约束类	属性值必须满足已定义的枚举值列的约束	合同的合同主类型及子类型必须是合同类型基础数据中定义的枚举值
	准确性	事实参照标准类	存在事实数据或者事实参考标准数据，与该事实或事实参照标准对比一致的约束	涉及监管法律法规必须与司法部颁发的条文信息保持一致
跨列	完整性	应为空值类	属性满足某种条件下不能维护值	敏感站点不允许维护经纬度信息
	一致性	单表等值一致约束类	某一属性值与本实质其他属性计算值相等的约束	合同的人民币签约金额必须等于美元签约金额与汇率的乘积
	一致性	单表逻辑一致约束类	某一属性值与本实体其他属性满足逻辑关系约束（大于或小于）	合同的关闭日期不能早于注册日期
	及时性	入库及时类	数据进入系统的及时性约束，通常要包括数据原材料获取时间和入库时间才能进行规则设计	员工的入职日期和系统创建日期判断员工入职信息维护及时性
跨行	唯一性	记录唯一类	记录不重复，存在可识别的业务主键进行唯一性判断，是对数据集内部是否存在相似或重复记录的约束规则	法人客户某单位只能存在唯一一笔
	一致性	层级结构一致约束类	存在层级结构的属性，同层级属性结构一致	所有子网类型的客户，满足总部—分部—子网的三层结构

续表

业务 对象落地	质量特性	规则类型	类型描述	示例
跨表	一致性	外关联约束类	引用其他业务对象属性时，所维护的属性值必须在其他业务对象中存在的约束	合同的签约客户必须为客户主数据中定义的法人客户
	一致性	跨表等值一致约束类	某一属性值与其他实体的一个或多个属性值的函数计算结果相等的约束	合同的金额与合同按产品折分后的金额之和一致
	一致性	跨表逻辑一致约束类	某一属性值满足其他实体的一个或多个属性值的函数关系的约束（大于或小于）	员工的任命日期早于员工的到岗日期

注：摘自《华为数据之道》华为公司数据管理部著。

当发现某个数据格的数据异常时，往往会考虑这一列其他的数据格是否也存在同样的问题，是否应该对这一列的其他数据格进行检查。因此，数据质量规则一般以业务属性（即数据列）为对象，数据质量规则类型为颗粒度进行设计和应用。这样既方便获取业务属性的整体数据质量状况，又可清晰定位异常数据、识别问题、制定方案。

（2）异常数据监控。数据异常监控需要构建全面而自动化的监控体系。这需要选择适当的监控指标，设定合理的阈值，建立实时数据采集与分析机制，实现监控自动化。一旦监测到超出阈值的异常数据，要能够实时产生预警通知，提示相关人员注意并采取人工排查。定期对监控结果进行汇总，评估数据质量和监控效果，发现的问题要及时分析并制订纠正计划。

通过持续监控与分析，优化监控规则设置与迭代监控机制。逐步实现监控的精细化、智能化和预警的自动化。要在数据异常监控的全过程中，贯彻以数据与智能技术为基础，以业务需求为导向的原则。

构建与业务深度融合的数据治理机制。高效的数据异常监控体系需要具有各个环节的良性互动与协同作用。监控指标的选取要依据业务数据特征和关键指标；阈值的设置要综合考虑数据变动规律、业务容忍度和监控敏感性；监控频度与监控维度要适应业务变化的速率和广度。一旦产生预警，相关人员的反应速度和处理效果直接影响纠正成本与效果。

优化迭代是数据异常监控能力不断提高的关键。通过总结问题案例，分析解决方案的效果，不断优化预警规则与监控机制。实现监控的个性化定制和预警的精准定位。监控人员也需要系统学习与培养，具备数据驱动与技术感知能力。

数据异常监控需要各机构、团队和人员的通力合作与配合。数据治理部门负责监控框架与规则设定；业务部门提供需求定义和效果评估；监控人员实施具体监测与预警；IT团队确保数据、网络与系统的稳定性。只有各方协同作用，才能实现数据异常监控的高效运行与持续优化。

3. 数据质量改进

质量改进的步骤本身就是一个PDCA循环。质量活动通常分为两类，即维持和改善。维持是指维持现有的数据质量水平，其方法是数据质量控制；改善是指改进目前的数据质量，其方法是主动采取措施，使数据质量在原有的基础上有突破性的提高，即数据质量改进。

从结果的角度来说，数据质量控制的目的是维持某一特定的质量水平，控制系统的偶发性缺陷；而数据质量改进则是对某一特定的数据质量水平进行"突破性"的提升，使其在较长时间内保持在更高的水平。

质量控制是质量改进的前提，控制就意味着维持以前的质量水平，是PDCA改进循环中保证质量水平不下降的重要内容。

数据质量控制聚焦于现状，通过监控、规则与流程保证数据质量符合既定标准与要求。它防止质量出现较大幅度波动，减少意外错误或失误导致的偏差。而数据质量改进则需要对现有的质量管理体系及数据资产进行重新审视甚至重构，采取更为根本和持久的解决方案提高质量。这需要优化技术手段、业务流程、管理规则、组织机制等。控制与改进并不矛盾，两者交替进行，相辅相成。数据质量改进流程如图1-15所示。

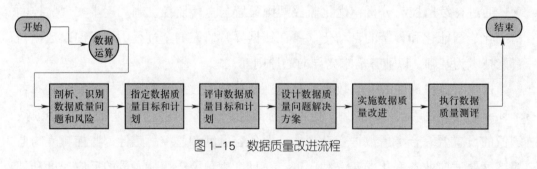

图1-15 数据质量改进流程

培训课程 **2**

业务模块效果优化

学习单元 1　业务模块分析

培训目标

1. 了解业务模块相关知识。
2. 了解业务模块分析方法。
3. 掌握业务模块分析流程。

知识要求

一、业务模块的构成及规划与调整方法

1. 了解业务模块的概念和组成

业务模块是指企业业务中一个相对独立的功能模块，通常包含有关联的业务流程和相关的数据。它通常用于一些跨部门合作或业务流程中的各个环节之间沟通和协调。一个业务模块可能由一个或多个子模块组成。

2. 分析和评估业务模块规划和建设

在规划和建设业务模块之前，需要进行一系列的分析和评估工作，以确保其在各个方面都能够满足企业的需求和业务流程的要求。这些分析和评估工作包括识别业务模块的功能，确定模块的组成部分，规划与其他模块之间的数据流程，设计模块中的业务流程等。

3. 根据企业需求做出相应的调整和优化

在实际的业务模块建设中，也需要根据企业实际需要对其进行相应的调整和优化。这些调整和优化可能包括增加或删除一些功能，或调整组成部分的比例，或改善数据流程和业务流程等。

在规划和建设企业业务模块时，需要深入了解业务模块的概念和组成结构，掌握分析和评估方法，同时也要灵活应变，根据企业实际需要做出相应的调整和优化，以使业务模块在企业业务中发挥更好的作用。

二、业务模块分析方法

业务模块分析需要从流程、数据、组织、客户和企业目标多个维度进行考量。人工智能培训师应熟练掌握各种分析方法的理论基础和实施步骤，并根据具体业务与项目的实际情况进行必要的选择和组合。在模型分析的全过程中，保持系统思维、整体规划与模块化设计相结合。

业务模块分析的主要方法有以下几种。

1. 流程分析法

流程分析法是一种行之有效的业务模块分析方法。通过调研分析业务的工作流程和活动流程，识别流程中包含的主要业务模块和职能部门。该方法可以了解业务模块之间的依赖关系，为模块划分提供依据。其主要步骤如下。

（1）调研业务流程。通过访谈业务人员，查询历史资料等方式收集业务流程信息。要理解流程活动的输入、输出、责任人和规则等，掌握业务流程的全貌。

（2）构建流程图。将调研信息进行可视化，绘制业务流程图或活动关系图。要表示流程中各活动之间的顺序，输入、输出与责任部门等关键信息。这有助于人工智能训练师分析流程的逻辑和识别模块。

（3）识别子流程。复杂的业务流程往往包含多个子流程，需要识别出主流程和各个子流程。子流程有时对应于一个业务模块，这能为人工智能训练师提供模块划分的线索。

（4）分析责任部门。在每个子流程或活动中，确定具体的职能部门和岗位，理解其主要职责与作用，这可以帮助人工智能训练师界定模块的边界。部门与模块往往存在一一对应的关系。

（5）确认模块。根据流程分析的结果，考虑输入、输出、子流程和责任部门等因素，确认能够独立运行并满足一定业务目标的功能模块。

（6）设计模块接口。每个功能模块既相对独立，又需要与其他模块交互。人工智能训练师需要设计模块接口，使模块可以在满足一定规则的前提下独立运作。这为模块化的业务系统架构提供基础。

2. 数据流分析法

数据流分析法提供了一种全新的业务模块分析视角。数据流分析法是跟踪业务过程中关键数据的采集、传输、处理、存储和使用流程，识别在这些流程中起主导作用的业务模块。该方法更注重模块之间的数据交互，可以为系统接口设计与数据安全提供参考。其主要步骤如下。

（1）识别关键业务数据。确定驱动业务运转和决策的主要数据，如客户信息、产品数据、订单数据、财务数据等。这些数据的流转状况可以反映业务的运行情况。

（2）研究数据采集流程。调研各关键业务数据的来源及采集流程，理解数据采集的方式、周期、责任部门等，获取数据流入业务系统的全貌。这为人工智能训练师识别模块流入口提供依据。

（3）分析数据处理流程。跟踪各业务数据在系统内部的转换、计算、汇总、分析等处理流程，理解处理方式和责任部门，为识别内部模块与接口提供参考。

（4）研究数据存储情况。调研业务数据最终的存储手段，如关系型数据库、大数据平台、云存储等。理解数据在不同介质之间的迁移与共享情况，为人工智能训练师确认数据出口模块与安全策略提供依据。

（5）分析数据使用情况。研究各业务数据被哪些业务流程、应用系统或决策活动使用，以及使用方式和频率。使用最密切的流程或系统往往对应于一个业务模块。这为人工智能训练师确认数据使用模块提供依据。

（6）确认主要模块。根据数据流转研究的结果，考虑数据采集、处理、存储和使用情况，识别在数据流程中起关键作用的业务模块。

3. 职能分析法

职能分析法从组织与职能的角度对业务范围进行模块化，易于管理和业务考核。根据不同的业务职能，如营销、研发、生产、财务等部门的主要工作职责与目标，确定相应的业务模块。具体步骤如下。

（1）识别主要业务职能部门。识别关键的业务职能部门，如营销部、研发部、生产部、财务部等，理解各部门的工作重点和业务目标。

（2）分析部门主要工作。调研各业务部门的工作内容、业务流程、数据处理等情况，理解其业务范围和职责，为识别模块提供依据。

（3）界定部门业务范围。根据各部门的主要工作，界定其面向的主要业务流程、业务数据和业务对象等，作为模块划分的参考。要考虑部门工作的互补性，合理划定业务范围。

（4）确认业务目标。厘清各部门为实现企业战略目标所提供的主要业务支持，确认各部门的核心业务目标。这为功能模块的设计指明方向。

（5）划定相关模块。根据对部门工作与目标的理解，考虑可以独立完成某业务目标的业务单元，划定相应的功能模块。模块要包含实现目标所必要的流程与信息处理。模块内相关密切，模块之间相关较松。

4. 矩阵分析法

矩阵分析法是将业务流程（或数据流）和业务职能（组织机构）两种分析维度结合，构建成矩阵的方法。在矩阵的交叉点可以识别关键的业务模块。矩阵的构建步骤如下。

（1）选择分析维度。选择业务流程与业务职能等两种分析维度作为矩阵的两轴。常用的维度组合是业务流程与组织机构，或数据流与组织机构等。

（2）界定第一轴要素。如选择业务流程与组织机构，则在第一轴上确定主要业务流程，可以将其划分为流程级别相对统一的若干子流程。这提供矩阵的行要素。

（3）界定第二轴要素。在第二轴上确定关键的业务职能部门或岗位，这提供矩阵的列要素。职能的划分要与企业现有的组织结构相对应。

（4）构建矩阵框架。将第一轴和第二轴上的要素相结合，构建成矩阵形态的框架。行表示业务流程或子流程，列表示业务职能或部门。单元格在交叉点。

（5）分析单元格内业务。分析每个单元格所处的业务流程与职能部门的交点处所包含的业务内容，确认其主要工作重点和业务目标，这为识别功能模块提供依据。简单的矩阵分析法示例见表1-9。

表1-9　简单的矩阵分析法示例

业务流程	组织机构（职能）
市场策划	营销部
产品开发	研发部
订单处理	售后服务部
生产制造	生产部
质量管理	质检部

5. 客户需求分析法

客户需求分析法是通过研究主要客户群的业务需求，来识别相关产品与服务所对应的业务模块。其主要步骤如下。

（1）识别目标客户群。确定企业主要面向和依赖的客户群体，理解不同客户群的属性、规模与业务特点。这为人工智能训练师提供客户需求研究的方向和范围。

（2）调研客户业务需求。通过访谈客户、发放调查问卷、查询历史服务记录等方式，全面调研主要客户群的业务需求和痛点。要理解客户的工作流程、数据处理和决策需求等。

（3）分析客户需求点。在调研信息的基础上，分析客户业务中无法充分满足或存在瓶颈的需求点，这些需求点对应客户最需要解决的业务问题或工作难点。这为人工智能训练师提供产品或服务设计的参考目标。

（4）设计解决方案。针对客户的关键需求点，人工智能训练师需要设计相应的解决方案或功能设计方案。方案内容可以是一种产品、服务或业务流程的设计与应用。方案设计需要考虑客户的业务模式与技术运用水平。

（5）确定功能模块。结合客户需求点及相应的解决方案设计，考虑可以相对独立完成一项产品、服务或业务流程的功能单元，将其划定为一个功能模块。模块要充分满足客户需求并具备一定独立性。

（6）添加新模块。随着客户需求的演变，人工智能训练师需要持续地调研新客户与新需求，在此基础上设计新增模块或增强现有模块，实现产品与服务不断丰富、完善的目的。

6. 目标分解分析法

目标分解分析法是根据企业总体战略目标，对各业务部门和岗位工作目标进行逐级分解，在此基础上确定关键业务模块。其主要步骤如下。

（1）理解企业战略目标。通过了解企业的发展战略和中长期发展规划，厘清企业总体的战略目标和工作重点。这为功能模块的划分指明方向与原则。

（2）分解部门工作目标。根据企业战略目标，结合各业务部门的职责与能力，分解并明确部门实现战略目标的具体工作目标。工作目标要具备一定的独立性和可操作性。

（3）细化岗位工作目标。在部门工作目标的基础上，结合各个岗位的职责与专业要求，将部门工作目标进一步分解为各对应岗位的具体工作目标。岗位目标要与实际工作职责密切对应。

（4）分析工作目标实现路径。结合部门与岗位的工作目标，分析其实现路径，理解涉及的主要业务流程、业务数据和业务对象等。路径分析需要考虑目标之间的逻辑关系与实现次序。这为后续的模块划分提供参考依据。

（5）确定功能模块。考虑可以相对独立完成某一工作目标或目标实现路径的业务范围，将其划为一个功能模块。模块包含实现工作目标所必需的业务流程和信息处理活动等。

以上六种方法，从组织与流程、市场与客户以及企业战略等不同角度出发，对企业业务范围进行深入系统的剖析，以识别关键业务模块。几种方法各具优势，又相互补充。

技能要求

一、业务模块分析流程

1. 确定分析目标与方法

根据企业的管理模式、业务类型和市场环境等确定分析目标，选择最适用的分析方法，作为模块识别的手段与路径。常用的有职能分析法、矩阵分析法、客户需求分析法和目标分解分析法等。

2. 理解企业战略与目标

通过分析企业的发展战略、中长期规划和总体目标，理解企业未来业务发展的方向与重点。这为后续的模块设计明确原则。

3. 选取分析维度

根据选择的分析方法，确定两种或多种分析维度，如业务流程、数据流向、组织机构、客户需求等。这些维度上要素的划分为模块识别提供了参考依据。

4. 界定分析要素

在选取的各分析维度上确认主要要素，如主要业务流程、关键数据主题、重要组织部门、主要客户群等。要素界定需要考虑其内部一致性与外部独立性。

5. 构建分析框架

根据要素之间的关联，构建矩阵、树形结构或表格形式的分析框架。框架的构建为后续模块确认与接口设计提供直观参考。

6. 分析要素关联

分析各要素之间在业务、信息和资源等方面的密切关联，同时也考虑其相对独立完成功能的可能性。这为后续模块的划定提供判断依据。

7. 确认功能模块

在要素分析的基础上，考虑可以相对独立完成某一业务目标或功能的业务范围，将其划为一个功能模块。模块内部相关性强但是外部依赖相对较弱。

8. 设计模块接口

根据模块划分结果，设计各模块之间的接口与交互规范，使模块可以基于这些接口相对独立运行。接口设计需要考虑接口使用方的业务与技术要求。

9. 优化与迭代

在模块开发与实施后，需要根据用户反馈与模块运行指标进行优化，调整模块范围、模块接口和业务规则等，使模块设计更加合理高效。这需要持续监测与分析，实现不断迭代。

10. 添加新模块

随着企业战略与市场环境的变化，需要持续进行业务调研与新需求分析，在此基础上设计新增模块或增强现有模块，实现业务范围的丰富与完善。

二、业务模块分析案例

结合以上分析流程，以客服中心人工智能培训师进行业务模块分析为例，实践如下。

1. 分析目标

识别智能客服系统的关键业务模块，为知识体系构建和课程设计提供依据。以职能分析法和矩阵分析法为主要方法。

2. 理解企业目标

通过分析企业对智能客服的发展规划，确定提高客户体验和服务效率是主要目标。这指明了模块设计的方向。

3. 选取分析维度

选择业务流程、技能要素和组织架构等维度。业务流程包含语音交互、文字交互、信息检索等；技能要素包含语音识别、自然语言理解、知识图谱等；组织架构对应开发和运维团队。

4. 界定分析要素

在各维度上确定要素，如主要业务流程、关键技能和重要团队，作为矩阵分析的行列要素。

5. 构建分析框架

以业务流程为行，技能要素为列构建矩阵。各单元格代表流程与技能的交叉，包含具体业务内容。以此识别功能模块。

6. 分析要素关联

分析各单元格所代表的业务流程与技能要素之间的密切关联，以及实现某一业务目标的可能性。这为模块划定提供依据。

7. 确认功能模块

考虑可以相对独立完成知识体系构建和课程开发的单元格，将其划为功能模块，如语音交互模块、文字交互模块和知识检索模块等。

8. 设计模块接口

根据模块划分，设计各模块之间的数据和功能接口。接口设计需要考虑不同模块开发团队的需求。

9. 优化与迭代

在模块开发和课程实施后，根据学习效果和客户反馈进行优化。调整模块范围、接口和业务规则，持续监测与分析，实现迭代更新。

10. 添加新模块

随着技术革新和客户需求变化，需要持续调研新增业务与功能，设计新模块以丰富知识体系和课程，如增强机器人动作模块等。

以上案例阐述了如何从智能客服训练师的角度，采用职能分析法和矩阵分析法识别系统的业务模块，并在此基础上进行功能设计、接口规划和持续优化。

学习单元2　业务模块优化

培训目标

1. 了解业务模块效果优化的作用。
2. 了解业务模块效果优化的原则。
3. 掌握业务模块效果优化的方法。
4. 了解业务模块效果优化的内容。

知识要求

一、业务模块优化的重要性

业务模块效果优化是指企业对其现有的业务模块进行优化，以提高业务流程的效率和准确性，同时降低企业运营成本，增强企业竞争力以及满足客户需求。业务模块效果优化通常包括利用技术手段、调整流程和提高员工素质等多种措施来实现。

业务模块效果优化的目的不仅在于提高企业竞争力，而且可以直接影响企业的盈利能力。通过对业务模块进行分析和优化，企业可以更好地理解市场需求和客户行为，提高销售能力和服务质量。同时，优化业务模块可以提高企业内部的协调性，有效减少流程的重复和浪费。

此外，业务模块效果优化的理念可以使企业更加灵活，适应变化的市场环境，提高企业抵御风险的能力。优化后的业务流程可以更快地响应市场变化，提高企业在市场竞争中的反应速度和灵活性。

二、业务模块优化的原则

1. 业务模块效果优化的几项原则

从客户需求出发：优化业务模块的核心在于提高客户满意度，因此必须了解客户需求。面向用户的方法可以帮助企业理解客户需求，并提供相应的解决方案。

（1）统筹兼顾，分而治之。业务模块效果优化必须考虑整体效益，不能仅仅追求某一个环节的效率提升，而是要在各个业务流程中进行整体优化。

（2）利用科技创新。企业需要借助信息技术来提高业务流程的效率和准确性，如使用智能化的业务流程管理系统、人工智能等技术手段。

（3）建立协同机制。企业需要建立有机的组织结构和流程设计，让各岗位相互关联、合理分工并加强合作性。

（4）持续不断地监控和优化。

业务模块效果优化应该持续不断地进行，通过对数据进行分析，及时发现工作中的瓶颈，进行调整和优化，并建立良好的反馈机制，不断提高整体业务模块效率。

2. 常见的业务模块效果优化工具

利用流程图和流程管理工具对业务流程进行可视化管理，有助于优化业务模块并减少不必要的环节。商业智能（business intelligence，BI）系统是企业最常用的数据分析工具之一，可以从不同的数据源中获取数据并将其转化为有用的信息以支持企业的决策制定。商业智能系统帮助企业管理层更好地理解业务绩效、趋势和风险，从而更好地做出战略性的决策。

三、业务模块优化必备知识和能力

1. 掌握机器学习人工智能算法知识

人工智能训练师需要对机器学习算法深入了解并熟练掌握，能够根据不同的业务场景选择和应用不同的算法。当涉及高级人工智能训练时，机器学习算法是一个非常重要的领域。具备熟练掌握机器学习算法的能力，可以帮助人工智能训练师在不同的应用场景中选择合适的算法，并将其应用于问题的解决。这可以大大提高人工智能训练的效率和准确性。因此，掌握机器学习算法是高级人工智能训练师必不可少的能力之一。

2. 数据分析和处理能力

当涉及人工智能训练时，数据分析和处理能力尤其关键。训练人工智能模型需要大量的数据，且这些数据必须被有效地格式化和组织，以便模型能够从中学习并做出准确的决策。在此过程中，人工智能训练师可能需要经常使用许多数据处理工具和技术，例如 Python 编程语言中的 Pandas 和 Numpy 库。掌握这些技术和工具可以帮助人工智能训练师对数据进行数据清洗、转换、提取等操作，以准备数据用于训练机器学习和深度学习算法。同时，人工智能训练师需要能够识别数据中的噪声，处理缺失数据，并采取适当的措施来确保数据集不偏斜或过拟合。数据分析和处理是人工智能训练师必备的重要技能，在人工智能训练的过程中发挥着至关重要的作用。

3. 编程能力

编程是人工智能训练师必须掌握的重要技能。优秀的人工智能训练师，必须能够运用编程知识和技能，设计和实施人工智能解决方案。编程能力对于实现深度学习算法，加速计算过程以及进行数据操作和可视化非常关键。人工智能训练师需要具备写出高效运行代码的能力，这包括基本的编程知识和算法技能，如掌握常用的数据结构和算法，以及如何使用这些技术来优化代码性能。此外，人工智能训练师需要能够理解并实现各种人工智能模型，包括但不限于卷积神经网络、循环神经网络等，这需要熟悉底层的编程概念。

4. 业务理解和解决问题的能力

人工智能训练师需要了解不同行业和应用领域的业务场景，并能针对具体问题制定解决方案和优化策略。这是因为人工智能模型必须在实际业务中做出准确的决策，才能发挥其价值。

人工智能训练师需要与业务团队合作，了解他们所面临的挑战、需求和目标，从而开发出最适合业务需求的机器学习模型。人工智能训练师需要对数据进行评估，并对模型的组成部分（例如特征、算法和超参数）进行优化，以确保最好的性能。此外，人工智能训练师还需要以一种能够解释过程和解释结果的方式与业务人员进行沟通。人工智能训练师需要对业务团队的需求有深入的了解，同时也需要向他们解释模型的结果以及预测，帮助团队做出更好的业务决策。

5. 团队协作和沟通能力

人工智能训练师需要与团队中的其他成员紧密合作，以确保项目按计划完成，并达到预期的目标。在团队中，人工智能训练师需要扮演协作和合作的角色。他们需要敏锐地察觉其他队员的需求和优势，寻求合作机会，组合出最优的人工智能解决方案。沟通也是人工智能训练师的一项重要技能。人工智能训练师要能与客户和利益相关者沟通，并理解他们的需求。此外，还需要成为一个良好的演讲者，以便向团队成员、客户和业务人员传达其想法，并确保对外部团队的信息进行共享和协调。

技能要求

一、设计业务模块优化方案

能够根据企业的具体情况和需求，制定行之有效的业务模块优化方案，并能展示和演示这些方案。以下是制定优化方案时应考虑的关键内容。

1. 根据企业的具体情况和需求制定目标

在制定业务模块优化方案时，需要了解企业的现状，确定目标和目标优先级。这涉及诸如优化的重点、需要解决的业务瓶颈、优化的时间和成本限制等问题。

2. 分析现有业务模块

在制定业务模块优化方案时，需要对现有的业务模块进行详细分析，以确定它的组成结构、功能、流程和数据流程等，以便从中找到可以改进和优化的空间和瓶颈。

3. 制定具体的优化方案

详细分析现有的业务模块之后，就可以根据目标和现状，提出代价—效益平衡的优化方案。这些方案可以包括调整模块的组成部分，改进模块的业务流程，优化模块的数据流程，或者增加和减少某些功能的方式等。

4. 展示和演示优化方案

为了使该方案能够顺利通过评估和评审，需要展示和演示该优化方案。可能需要创建幻灯片、流程图、原型等方式来合理地展示方案，进而使方案得到认可并实施。

二、业务模块优化方法

1. 业务模块效果优化的方法

（1）PDCA法。PDCA法是一种闭环的循环管理方法，一个业务流程的完善通常不是一次循环就能找到根本原因并解决的，可能需要经过多重的嵌套循环才能最终定位和优化。

P（plan）——计划，确定方针和目标，确定活动计划。

D（do）——执行，实地去做，实现计划中的内容。

C（check）——检查：评估执行计划的结果，明确效果，找出问题。

A（action）——行动，对检查的结果进行处理，对成功的经验加以肯定并适当推广、标准化；对失败的教训加以总结，以免重现。对未解决的问题放到下一个PDCA循环。

PDCA法在日常的质量管理和业务改善中是一种常见的方法，如今天计划制定一个人工智能业务流程，同时按照这个计划去开展实施，在实施过程完成后通过自测和分析发现流程中的问题，再针对此问题进行改善，当改善完成后再次按此思路去执行流程，如未发现问题则对次改善的经验加以总结，形成方案供学习参考；如发现问题，则继续按照PDCA法进行循环改善。

（2）七步分析法。麦肯锡七步分析法是根据大量的案例总结出的一套商业机遇的分析方法，在实际运用中对业务分析和改善都是一种很重要的方法。

第一步，需要定位及陈述问题，找到目前业务流程的问题节点所在。

第二步，问题分解，即把造成这个问题的因素以逻辑树或者鱼骨图的方式罗列出来。

第三步，去掉非关键的影响因素，用于上一步的问题分解可能会分解出大大小小的问题，并按照问题的重要程度进行优先级排序。

第四步，在明确根本原因后，对明确后的问题制订出改善计划和解决计划。

第五步，根据制订的计划日程，实施改善方案。

第六步，需要对改善方案的执行结果进行结果分析，明确这个方案的执行对业务流程的优化作用是否明显，相关指标是否有明显改变。

第七步，将结果与方案相结合，形成一套完整的、有数据和理论支撑的解决方案，用于说服听众，并把它应用到实际的业务流程中。

以保险公司最常见的智能语音导航常见问题来分析，客户通过电话渠道进行业务咨询或者业务办理，通过机器人的引导或直接答复完成整个流程，保险公司在分析日程数据时发现，机器人的整体交互感很差，想通过七步分析方法进行相关的改善。

第一步，人工智能训练师需要分析通话数据，找到可能影响转人工率的因素包括：语义识别差、语音识别率低、线路系统不稳定等。

第二步，对上述确定的因素做细分，语义识别差的原因可能包括知识库加工不充分，对业务知识考虑不全，算法模型不够智能等；语音识别率低的原因可能包括客户口音较重、识别率模型未做优化、环境噪声影响等，线路系统不稳定的因素则可能包括网关的不稳定性、网络的不稳定性、系统的不稳定性等。

第三步，通过对对话数据进行分析与标注，发现影响占比最大的还是语义识别差，而其他相关因素占比较小，这是可以把语义识别差定为主因。

第四步，在语义识别差的原因中，排查出来最根本的原因是人员加工的知识库不充分，导致最基础问题都答不出来，这时需要对知识库加工做重新的梳理和排期，制订加工计划。

第五步，根据上述安排，组织相关人员进行知识库收集、编写等工作。

第六步，对上述优化后的知识库再次开展测试工作，标注对应的准确率指标，对比改善前是否有明显的提高。

第七步，将此次优化过程梳理成有条理的运营方案，以项目分享的形式提供相关人员学习与参考。

（3）DMAIC 法。DMAIC 即 define（定义）、measure（测量）、analyze（分析）、

improve（改善）、control（控制）。

1）define：明确客户真实需求，定义准确业务流程，这是业务流程制定的基础和方向。当明确客户需求后，需对此需求做大致的分类，明白客户要实现的目标。

2）measure：通过工具和方法，模拟在不同输入项的情况下，输出结果会有何不同的变化，从而帮助人工智能训练师找到影响到结果最关键的因子。

3）analyze：分析和测量一般是交互重叠进行的，两者的基本思路一致，不再赘述。除了上述提到的测量工具，分析工具还包括鱼骨图、散点图、佩瑞多图等。

4）improve：根据测量和分析的结果，找到影响业务流程最主要的一个甚至多个关键因素，下一步则是针对这些关键因素作出改善方案并进行效果跟踪。

5）control：当明确了改善方案，也确定了方案有效果，也不代表这个改善过程得到了闭环的管理，还应该持续对此改善措施进行管控和跟踪，确保相关人员定期按规章、按制度来进行执行，这样才能保证效果的一致性和固定性。

仍以上述案例进行分析，整体思路是类似的。

首先需要明确客户需要改善的是哪方面的数据，如客户需要提升的是交互感，则不能误解成客户想提升接通率，否则整体方向就错了。

明确需求问题后，先分析出影响问题的主要因素为语义识别差、语音识别率低、线路系统不稳定三方面，这时可以采用控制变量法，分别测试在其他两个条件相同的情况下，改变其中一个因素对最终指标的影响，从而确定出主要因素。

当确定出主要因素为知识库不充分时，针对此因素作出改善计划并跟踪测试效果。

完成以上改善并确认改善方案有用后，还需要定期对结果进行跟踪，确保不是偶发性的改良，而且需要保证从业人员定期按照规定来进行业务流程的抽查，进行周期性的运营和分析，从而保证效果的稳定和持久。

2. 业务模块优化相关知识

（1）质量管理知识。包括质量管理的基本理念、质量管理工具与方法等。

（2）问题识别与解决技巧。识别问题的方法和技巧，特别是在问题复杂或影响范围广时，如何高效和系统地解决问题。

（3）统计学知识。了解关于数据分析的基本概念和统计学方法，如变异性、偏态分布、中心位置的度量、假设检验等统计技巧。

（4）测量和度量技术。能够根据实际情况设计和实施符合标准的测试和评估方法。

（5）项目管理技巧。熟悉项目管理三要素：范围、进度和成本。了解如何计划、跟踪、监控和评估项目的进展。

（6）计算机科学知识。必须熟悉各种数据处理软件，例如：Excel、Minitab、SPSS 等，以及专用的数据可视化软件或者编程语言，如 R、Python 等。

以上是掌握基于 PDCA 法、七步分析法和 DMAIC 法的应用所必备的基本知识。学习这些知识，有助于提高分析决策与实际解决问题的能力和水平。

三、业务模块优化的内容

1. 交互设计的优化

包括对用户界面、导航流程、交互效果等的设计与改进，使得用户在使用产品的过程中更加顺畅，更加自然。需要注意用户的习惯和心理，聆听并分析用户需求，提供更贴切的交互体验。交互设计要点见表 1-10。

表 1-10　交互设计要点

类别	描述
用户界面设计优化	改进颜色、字体、图标和按钮等，使其更加现代和美观，吸引用户的目光，并且能够帮助用户更快地定位所需的信息或功能
改进导航和菜单设计	优化导航菜单、选项卡、面包屑等，以改进信息的组织、分类和查找，从而帮助用户更轻松地找到所需的内容
交互体验设计	改进搜索、表单、选项卡、轮播、扫描、拖放等交互方式，以便用户能够更轻松地参与互动，并且可以更顺畅地完成任务
用户期望设计	关注用户期望，以确保产品的功能和设计在调整后仍然满足这些需求，并使用户生成满意感
可用性测试	通过测试，收集和分析产品的实际使用情况和用户反馈，以便能及时调整并优化产品的设计和交互效果

2. 功能优化

对产品的功能进行改进，加入新的功能或者优化已有的功能，以满足用户和市场需求。需要深入了解用户习惯和行为，通过不断收集和分析数据，不断优化产品的功能和特性。功能设计要点见表 1-11。

表 1-11　功能设计要点

要点	描　　述
确定目标用户	了解目标用户的需求和痛点，设计出更贴近用户需要的功能
分析竞争对手	了解竞争对手的功能设计和产品特点，可以帮助设计师更好地了解自己的产品优势和不足
用户研究	通过用户调研、用户反馈、用户行为数据等，了解用户的需求和行为，帮助设计师设计出更好的功能
优化功能结构	对产品功能进行梳理、整合，使得各功能之间更加协调和相互支持，提高功能的使用效率
简化操作流程	通过简化操作流程、优化界面设计等方式，提高用户的使用体验和效率
优化界面设计	界面设计是用户感知产品的一个重要方面，通过优化界面设计，提高用户的易用感和视觉效果
提高性能	优化产品的性能，包括响应速度、加载速度、兼容性等，提高用户的满意度和信任度
数据分析	通过数据分析的方法，了解用户使用行为和反馈，帮助设计师更好地优化功能设计
持续改进	功能优化是持续的过程，需要不断地根据用户反馈和市场变化进行改进和优化

3. 安全性优化

在产品中加入合适的安全性措施，防止黑客攻击等，以确保用户的数据和隐私不受侵犯。需要深入了解各种安全问题的解决方案，掌握安全性设计原则，及时更新安全性措施。安全性优化要点见表 1-12。

表 1-12　安全性优化要点

类别	描　　述
数据备份和数据恢复	确保相应产品实现安全稳定地在线或半在线驻留，双备份策略保障用户的数据和隐私免受损失
访问控制和用户验证	在产品中引入双认证或同步认证的功能，以确保用户登录安全，同时采用终端和数据加密技术，确保云端和本地数据均得到双重加密程序保护，保障出入口安全
安全管理和监控	为产品添加有效的安全管理和监控机制，以确保能够及时感知、防范相关安全事件的发生，且可以及时处理
漏洞识别、漏洞修复	建立持续的漏洞识别和漏洞修复机制，使用固件加密、升级，以保证系统始终处于最佳安全状态
形成安全意识	通过对开发团队、产品用户和维护人员的安全培训和教育来建立安全意识，将安全性置于产品设计和运营的关键地位

4. 性能优化

对产品的性能进行复盘，对性能瓶颈进行深入的分析，定位性能问题。通过技术手段、代码优化等方式优化产品在运行效率方面的表现。关注产品的响应速度、稳定性、并发量等多个维度的指标。性能优化要点见表 1-13。

表 1-13 性能优化要点

类别	描 述
收集和分析数据	需要收集与产品性能相关的数据，包括响应时间、页面加载时间、数据库查询时间、CPU 和内存使用等指标。然后，需要对这些数据进行分析，以了解哪些指标需要优化
定位性能问题	在收集和分析数据的过程中，可以根据数据分析结果定位性能瓶颈，这些瓶颈可能包括网络延迟、服务器负载、数据库响应速度等
剖析代码	为了确定哪些代码可能造成性能瓶颈，需要剖析代码。这通常涉及检查代码中的循环、递归、多线程、内存使用等
优化代码	通过使用技术手段，如缓存、压缩、分布式部署等方式来优化代码

5. 数据分析和用户反馈

通过使用分析工具，跟踪访问量、用户转化率、用户停留时间、受欢迎的功能等，从而获得产品的整体性能，发现和解决用户的问题和痛点，同时也可以通过用户调查和测试，获取和分析用户反馈，以识别和实现改进的机会。善于使用数据进行决策，与团队密切合作，共同完善产品。数据分析和用户反馈要点见表 1-14。

表 1-14 数据分析和用户反馈要点

类别	描 述
用户行为跟踪	通过跟踪用户行为，如用户如何使用产品、搜索的信息、翻译的数据、用户请求的训练语句等，评估和改进产品
用户调查和测试	进行用户调查和测试，收集和分析用户反馈，以理解他们需要哪些功能，了解他们对产品的看法和愿望
对测试数据进行评估	评估测试数据，如问卷调查、焦点小组、用户反馈、市场调查等，以识别与用户体验相关的更改机会

四、业务模块效果优化的实践

人工智能训练师可以利用业务模块优化的工具和方法进行实际操作，独立进行业务模块优化工作。业务模块效果优化的最佳实践基于成功案例和经验教训，以下是一些关键要素和经验证明的实践建议。

1. 定义目标和指标

在优化业务模块前，必须明确想要达到的目标和指标。这可以帮助更好地了解业务需求，制定相关策略和方案。评估收入增长、转化率、流量、接触率等指标。

2. 分析数据

对现有数据进行分析可以明确什么有效或需要改进。以仪表板或报表的形式显示数据可以帮助发现问题并快速解决问题，从而提高整体业务效率。

3. 优化复杂的过程

优化复杂过程需考虑的因素、维度很多，如页面的布局、文字的大小、颜色以及呈现方式对流量的影响等。为了使业务模块更容易使用和更好地满足客户需求，需要仔细评估和优化整个流程，而不仅仅是一个单独的页面或组件。

4. 优化用户体验

提供出色的用户体验是优化业务模块效果的关键。这一点包括确保页面的可用性、响应速度优化、设计美学，以及沟通通畅等各个层面。

5. 持续测试

持续测试是优化业务模块过程中很重要的一环，这有助于确定哪些优化措施是成功的，哪些是不行的，并做出进一步的改进取舍。

6. 鼓励反馈

建立一个开放式的反馈机制，不断听取用户使用后的反馈。这可以改变经验，优化模块，进一步提高使用体验。

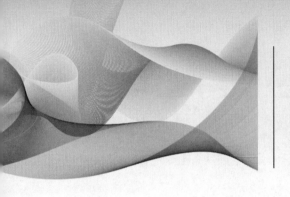

职业模块 ②

智能训练

培训课程 ① 数据处理规范制定

学习单元 1　智能训练数据清洗的方法

1. 掌握探索性数据分析。
2. 掌握数据清洗的基本流程和方法。
3. 掌握特征工程。

一、探索性数据分析简介

探索性数据分析（exploratory data analysis，EDA）是使用统计学方法和可视化方法去理解数据的过程，它是模型训练中数据处理流程的重要组成部分，是人工智能训练师必须掌握的技能之一。该过程可以帮助人工智能训练师更好地理解数据的特征和规律，为后续的模型训练和预测提供指导。

探索性数据分析的主要工作包括数据预处理、描述性统计分析、数据可视化、探索性模型分析。

数据预处理包括数据清洗、缺失值处理、异常值处理等操作，用以保证数据的质量和完整性。

描述性统计分析是对数据的基本统计量进行计算和分析，比如均值、中位数、标准差等，以便了解数据的分布和变异性。

数据可视化是通过绘制直方图、散点图、箱线图等图表，将数据以可视化图表的形式展现出来，以便更好地观察和理解数据的规律和变化趋势。

探索性模型分析是通过建立简单模型来理解数据基本规律的分析方法，例如线性回归模型、聚类模型等。

通过探索性数据分析，可以更好地理解数据的特征、分布、异常值等信息，发现数据中隐含的规律和趋势，为后续的训练和测试工作提供指导和帮助。例如，通过发现与目标变量相关性更高的特征变量，筛选出高价值特征用于建模。通过探索性数据分析还可以发现异常值，后续进行针对性处理，以提高模型精度。

通过可视化方式将数据呈现出来，探索性数据分析在使数据易于理解和解释的同时，还有助于共享和协作，将数据分析结果更好地与团队成员共享和交流。

通过探索性数据分析可以更好地了解数据的分布和特征，进而选择适合的建模技术（分类、聚类、回归等），保证预测效果和分析质量。

另外，探索性数据分析可用于确定需要使用哪些数据预处理技术，例如缺失值处理、特征选择、特征缩放等，使数据更好地用于后续建模和分析。

二、探索性数据分析的内容

探索性数据分析可以分成"变量识别"和"变量分析"两部分。

1. 变量识别

在识别变量之前，需要明确常用的变量划分方法。根据用途的不同，数据字段被分为"输入变量"和"输出变量"（"输入变量"常被叫作"特征"，"输出变量"常被叫作"标签"或"目标变量"）；根据字段值是否连续，可以将数据字段分成"连续型变量"和"类别型变量"；根据数据字段值类型的不同，数据字段又被划分为"字符型变量"和"数值型变量"。

在充分理解业务场景，明确训练任务和训练目标的基础上，应确认数据中各个字段的含义和类型，明确目标变量，识别潜在的高价值特征变量，判断整体数据量是否足以支撑模型训练，分析数据是否需要降维，这些前置操作是模型质量的重要保证。

2. 变量分析

对于不同类型的变量，需要使用不同的探查分析方法。其中，单变量分析和多变量分析是两种常用的分析方法。

（1）单变量分析。单变量分析主要用于分析变量的分布情况。对于连续型变量，主要分析数据的中心分布趋势和变量分布。对于类别型变量，主要分析每个类别变量的分布情况。由于某些训练算法以特定分布假设为前提，所以判断变量分布是一项重要工作。判断变量分布的工具包括直方图、Q-Q 图、KDE（kernel density estimation，核概率密度估计）分布图、线性回归关系图、相关性热力图（以热力图的形式展现特征之间的相关性）等。

1）直方图。直方图是将数据分布情况呈现为一个柱状图，其中每个柱代表一定区间内的数据频率或数量。直方图可以帮助模型训练人员更好地理解数据的分布规律，比如数据的集中程度、偏移方向、峰度、偏度等。通过直方图，还可以发现不符合正常分布的数据，这些数据会对数据分析和建模造成影响，需要后续进行特定处理。

本教程使用 PyCharm 作为代码运行和演示环境，如图 2-1 所示，在 PyCharm 中，使用如下 Python 代码和基于 Python 的 Pandas 数据分析支持库，可以绘制直方图。

图 2-1　Python 代码运行环境

```
# 导入 Python 工具库
import pandas as pd
# 创建数据集
data = pd.DataFrame({'A': [1, 2, 2, 3, 4, 5], 'B': [6, 7, 7, 7, 8, 10]})
```

```
# 计算每个变量的基本统计特征
print(data['A'].describe())
print(data['B'].describe())
# 绘制每个变量的直方图
import matplotlib.pyplot as plt
data.hist(column=['A', 'B'])
plt.show()
```

上述代码创建了 data 数据集，并使用 describe 函数计算每个变量的统计特征，包括记录数量、均值、标准差、最小值、25% 分位数、中位数、75% 分位数和最大值。最后，使用 hist 函数绘制每个变量的直方图，结果如图 2-2 所示。

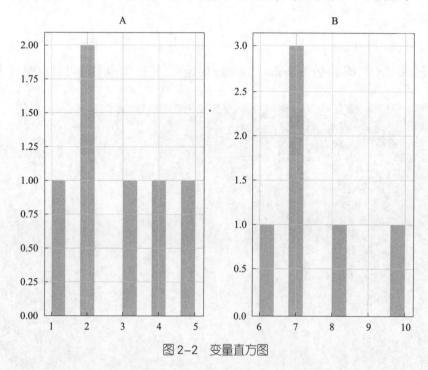

图 2-2　变量直方图

注：Pandas 是一个基于 Python 的数据分析支持库，提供了高性能、易用的数据结构和数据分析工具。Matplotlib 是一个 Python 的绘图库，可以方便地将数据图形化，并提供多样化的输出格式。

2）Q-Q 图。Q-Q 图（Quantile-Quantile Plot）用于检验数据是否符合某个具体理论分布。具体来说，Q-Q 图绘制两个分布之间的分位数关系，其中一个分布是需要检验的分布，比如正态分布，另一个分布是观测数据的分布。如果这两个分布是相似的，那么点将沿着 45 度线分布，即实际观测值与理论分布之间的分布差异较小；如果这两个分布不同，那么点将偏离 45 度线分布，即实际观测值与理论分布之间的分布差异较大。通过观察 Q–Q 图上的点的分布情况，可以判断数据是否符合某个理论分布，从而确定是否需要对数据进行变换或选择其他算法。

此外，Q–Q 图还可用于评估模型的拟合程度。如果模型的预测值与实际观测值的分布在 Q–Q 图上较接近，即点分布接近 45 度线，说明模型的拟合程度较好。反之，如果模型的预测值与实际观测值的分布偏离 45 度线较远，则说明模型的拟合程度较差，需要进一步调整模型或优化数据。

在 Python 环境下，可以使用 Statsmodels 库的 qqplot 函数绘制 Q–Q 图。

```python
# 导入 Python 工具库
import numpy as np
import statsmodels.api as sm
import scipy.stats as stats
import matplotlib.pyplot as plt
# 生成两个数据集
data1 = np.random.normal(size=1000)
data2 = np.random.uniform(size=1000)
# 绘制 Q-Q 图
fig, ax = plt.subplots()
sm.qqplot(data1,dist= stats.norm, ax=ax)
sm.qqplot(data2,dist= stats.norm, ax=ax, line='45')
ax.set_title('Q-Q plot')
plt.show()
```

上述代码检验观测数据是否符合正态分布。首先生成两个数据集 data1 和 data2。其中 data1 数据集符合正态分布，data2 数据集符合均匀分布。之后使用 Statsmodels 库的 qqplot 函数绘制了这两个数据集的 Q–Q 图，并使用 line='45' 参数设置了参考线的角度为 45 度。正态分布数据集沿着 45 度线分布，而均匀分布数据集则偏离了 45 度线。Q–Q 图如图 2–3 所示。

注：Numpy（Numerical Python）是 Python 语言的一个扩展程序库，支持大量的维度数组与矩阵运算，针对数组运算提供了大量的数学函数库。statsmodels 是一个 python 库，用于拟合多种统计模型，执行统计测试以及数据探索和可视化。scipy 是一个开源的 Python 算法库和数学工具包。

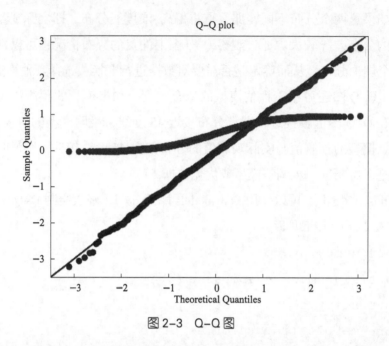

图2-3　Q-Q图

3）KDE 分布图。KDE 分布图可以展示连续变量的分布情况，探索特征之间的关系，选取合适的特征进行建模。

KDE 分布图通过在每个数据点周围的区域内放置一个内核（kernel）函数，来估计连续变量的概率密度函数，之后，将这些内核函数的值叠加起来，并进行归一化，得到一个平滑的密度估计函数，从而呈现变量的分布情况。

KDE 分布图是一条连续的曲线，可以用来比较不同变量的分布情况，或者同一变量在不同数据子集中的分布情况。

在模型训练中，KDE 分布图可以用来探索特征之间的相关性和分布情况。通过绘制两个变量的 KDE 分布图，可以判断它们是否呈现线性关系，它们之间的相关性强弱。KDE 分布图可以帮助选择合适的特征进行建模，比如选择具有高区分度（在不同标签记录上的分布显著不同）和较小相关性的特征。KDE 分布图的一个常用场景是比较特征变量在训练集和测试集中的分布情况，当某个字段在训练集和测试集的数据分布存在明显差异时，这个字段就不适用于模型训练，应予以删除。

在 Python 环境下，可以使用 Seaborn 库的 kdeplot 函数绘制 KDE 分布图，具体代码如下：

```
# 导入工具库
import seaborn as sns
import numpy as np
```

```
# 生成随机数据
data = np.random.normal(size=1000)
# 绘制 KDE 图
sns.kdeplot(data)
```

上述代码生成了包含 1 000 个随机数的正态分布 data 数据集，然后，使用 Seaborn 库的 kdeplot 函数绘制了 KDE 分布图，结果如图 2-4 所示。

注：Seaborn 是一个 python 库，主要用于数据可视化分析。相比 Matplotlib，Seaborn 进行了更高级的 API 封装，使得作图更容易，图形更漂亮。

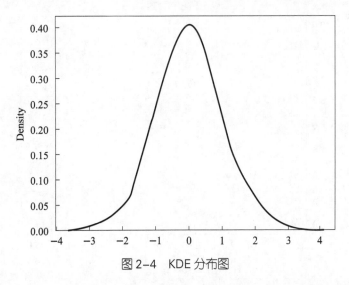

图 2-4　KDE 分布图

（2）双变量分析。双变量分析主要分析两个变量之间的关系，当两个变量均是连续型变量时，使用散点图和计算皮尔逊相关系数可以分析两个变量之间的线性关系；当两个变量均是类别型变量时，可以使用卡方检验、柱状图和双向表进行双变量分析。在分析类别型变量和连续型变量之间的关系时，可以通过绘制小提琴图，直观展示不同类别下，连续型变量的分布情况。下面是一个双变量分析的 Python 代码示例：

```
# 导入工具库
import pandas as pd
# 创建数据集
data = pd.DataFrame({'A': [1, 2, 3, 4, 5], 'B': [6, 7, 8,
9, 10]})
# 计算每个变量之间的相关系数
```

```
print(data.corr())
# 绘制两个变量的散点图
import matplotlib.pyplot as plt
plt.scatter(data['A'], data['B'])
plt.show()
```

上述代码首先创建了数据集 data，然后使用 corr 函数计算变量之间的相关系数。最后，使用 scatter 函数绘制两个变量的散点图，从散点图（见图 2-5）可以看出，变量 A 和变量 B 呈现明显的线性正相关关系。

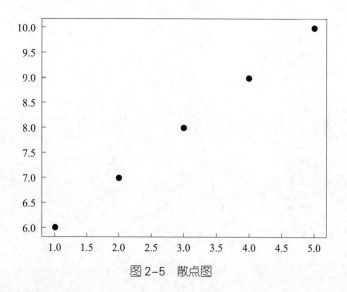

图 2-5　散点图

一、数据预处理

1. 缺失值处理

缺失值是指在数据收集过程中，某些观测值或属性值无法获得或没有被记录下来，或者数据中存在异常和错误，使得这些数据不可用或缺失。

产生缺失值的原因可能有多种，例如：

（1）人为因素。数据记录员或调查员的疏忽、错误导致数据缺失。

（2）技术问题。数据收集设备或系统故障导致数据缺失。

（3）自然因素：天气或其他自然因素导致数据缺失。

（4）缺乏必要信息：某些信息敏感而难以获得（如刻意隐瞒年龄、体重等信息）导致数据缺失。

缺失值会影响模型的训练和预测结果，需要进行特定处理。在模型训练前需要判断数据集中字段是否存在缺失数据，如有缺失，缺失率是多少。对于缺失率特别高的字段，包含的信息很少，对模型训练帮助不大，还会在建模中产生偏差，可以考虑直接删除，有成列删除和成对删除两种删除方式。对于缺失率较低的字段，可以考虑使用平均数、众数和中位数填充，一般情况下，连续值可以使用中位数填充，离散值使用众数填充，此外，在某些条件下还可通过建立预测模型填充缺失值。

2. 重复数据处理

对于数据集中的重复值通常采用删除的处理方式。

3. 异常值识别和处理

异常值（outliers）是指与其他观测值显著不同的数据点，这些数据点严重偏离样本总体的观测值。产生异常值的原因包括输入错误、测量误差、采样误差等。异常值会增加错误方差，降低模型的拟合能力，影响统计模型的基本假设，最终导致模型的性能和准确性下降，因此识别和处理异常值非常重要。

（1）异常值识别方法。识别异常值的方法包括基于统计学的异常值识别、基于可视化的异常值识别和基于聚类的异常值识别。

1）基于统计学的异常值识别。基于统计学的异常值识别是利用数据的统计学性质（例如均值、方差等）识别异常值。常用方法包括 Z-score 方法和 IQR 方法。Z-score 方法使用标准差来衡量数据偏离均值的程度，IQR 方法使用四分位距来衡量数据偏离中位数的程度。如果一个数据观测的 Z-score 或 IQR 值大于某个阈值，便可被认为是异常值，比如，统计学上经常把超过 1.5 倍四分位距的数据当作异常值。下面是使用 Z-score 方法进行异常值识别的 Python 代码：

```
# 导入工具库
import pandas as pd
# 创建数据集
data = pd.DataFrame({'A': [1, 2, 3, 4, 5], 'B': [6, 7, 8, 9, 10]})
# 计算数据集均值和标准差
mean = data.mean()
```

```
std = data.std()
# 计算异常值阈值
threshold = mean + 3 * std
# 找到所有异常值
outliers = data[(data > threshold).any(axis=1)]
```

上述代码创建了 data 数据集，计算出了数据集的均值和标准差，并根据三算原则确定了异常值阈值。最后，使用 any 方法找到了所有包含异常值的行。

2）基于可视化的异常值识别。基于可视化的异常值识别是指使用散点图、箱线图等可视化图表识别异常值，在图表中异常值往往是孤立的数据点，不符合其他数据点的分布模式。

3）基于聚类的异常值识别。基于聚类的异常值识别是将数据集中的数据点进行聚类，识别出与其他数据点聚类结果不同的数据点，这些数据点被判定为异常值。常见的基于聚类的异常值识别算法包括 DBSCAN、LOF 等。

下面是使用 DBSCAN 进行异常值识别的 Python 代码：

```
# 导入工具库
from sklearn.cluster import DBSCAN
import pandas as pd
# 创建数据集
data = pd.DataFrame({'A': [1, 2, 3, 4, 5], 'B': [6, 7, 8, 9, 30]})
# 创建 DBSCAN 对象
dbscan = DBSCAN(eps=3, min_samples=2)
# 对数据进行聚类
dbscan.fit(data)
# 找到所有异常值
outliers = data[dbscan.labels_ == -1]
```

上述代码先后创建了 data 数据集，DBSCAN 对象，最终使用 fit 方法对数据进行聚类并找出了所有被标记为异常值的数据点。

注：sklearn 是一个 python 库，全称 Scikit-learn。作为一个开源的机器学习工具包，它通过 NumPy，SciPy 和 Matplotlib 等 Python 数值计算库高效实现算法应用，涵盖了主流机器学习算法，包括分类、回归、聚类、降维、模型选择、数据预处

理等核心模块。

（2）异常值处理方法。异常值处理方法包括删除法、替换法和调整法，具体使用哪种处理方法取决于数据特性和分析目的。

1）删除法操作简单，但该方法会造成数据丢失，应谨慎使用。

2）替换法使用其他数据点的值来代替异常值。常见替换方式包括使用均值替换、使用中位数替换、使用上四分位数替换、使用下四分位数替换。下面是使用中位数替换异常值的 Python 代码：

```
import numpy as np
def replace_outliers_iqr(data):
        q1, q3 = np.percentile(data, [25, 75])
        iqr = q3 - q1
        lower_bound = q1 - 1.5 * iqr
        upper_bound = q3 + 1.5 * iqr
        median = np.median(data)
        data_out = np.where(np.logical_or(data < lower_
bound, data > upper_bound), median, data)
        return data_out
```

上述代码首先计算所有数据的四分位距（IQR），然后将大于 q3（上四分位数）+1.5iqr 或小于 q1（下四分位数）–1.5iqr 的值（被认为是异常值）替换为中位数。其中，data 数据集是需要进行异常值替换处理的数据集，np.percentile 函数用于计算数据的四分位数，np.logical_or 函数用于判断哪些数据是异常值，np.where 函数用于将异常值替换为中位数。通过调用 replace_outliers_iqr 函数，即可实现将异常值替换为中位数。

3）调整法是通过调整异常值的值或权重，使其更接近于其他数据点。比如使用回归模型来预测异常值的替换值或使用对数变换减少异常值对模型的影响。

4. 数据标准化

数据集中不同字段的值可能具有不同的比例范围（量纲），这种差异会导致部分算法的性能下降，需要进行标准化处理。

数据标准化将数据字段转换到同一量纲下从而消除量纲影响，使特征之间具有可比性，该处理方法还可加快梯度下降的收敛速度，进而加快模型的训练速度。

常见的数据标准化方法有 Z-score 标准化、基于范围的标准化和最小 – 最大值标准化。

（1）Z-score 标准化。Z-score 标准化将数据特征的值减去该特征的均值，然后除以该特征的标准差。具体公式如下：

$$z=（x-mean）/std$$

其中，x 表示原数据，mean 表示特征的均值，std 表示特征的标准差，z 表示标准化后的值。处理过后的数据均值为 0，标准差为 1。使用 sklearn 库中的 StandardScaler 类可以实现 Z-score 标准化，代码如下：

```
from sklearn.preprocessing import StandardScaler
scaler = StandardScaler()
X_scaled = scaler.fit_transform(X)
```

（2）基于范围的标准化。基于范围的标准化将数据特征的值缩放到任意范围内。具体公式如下：

$$x\_scaled=（x-min）/（max-min）×（new\_max-new\_min）+new\_min$$

其中，x 表示原始数据，min 表示该特征的最小值，max 表示该特征的最大值，new_min 和 new_max 表示新范围的最小值和最大值，x_scaled 表示缩放后的值。

（3）最小 – 最大值标准化。最小 – 最大值标准化是基于范围的标准化的一个特例，它将每个数据特征的值缩放到 0 至 1 之间。具体公式如下：

$$x\_scaled=（x-min）/（max-min）$$

其中，x 表示原始数据，min 表示该特征的最小值，max 表示该特征的最大值，x_scaled 表示缩放后的值。可以使用 sklearn 库的 MinMaxScaler 类实现最小 – 最大值标准化，代码如下：

```
from sklearn.preprocessing import MinMaxScaler
scaler = MinMaxScaler()
X_scaled = scaler.fit_transform(X)
```

二、特征工程

特征工程是指通过工程化方法生成"好特征"（可以很好地描述数据，具有代表性），去掉冗余特征和无用特征的过程，包括特征提取、特征衍生和特征选择等。

1. 特征提取

特征提取从原始数据中提取有用的数据特征，以便用于算法学习。例如，对于图像数据，可以使用卷积神经网络（CNN）等技术从图像中提取特征；对于文本数据，可以使用词袋模型或 TF-IDF 等技术从文本中提取特征。

2. 特征衍生

特征衍生通过对原始特征进行变换和组合，生成新的特征。其目的是通过加入新特征来提高模型的表现和预测能力。特征衍生的常用方法包括对数变换、分箱、类别特征编码、特征交叉组合和数据增强。

（1）对数变换。对数变换通过对原始特征取对数得到新的特征。该处理可以缩小特征值的范围，提高模型的鲁棒性。对于具有右倾分布特点的变量，对变量取对数可以改变变量的分布形状，使变量分布更加对称（注意对数变换不适用于包含零或负值的变量）。下面的 Python 代码使用 Numpy 库的 log 方法实现了变量的对数变换。

```
import numpy as np
X = np.array([1, 2, 3])
X_log = np.log(X)
print(X_log)
```

输出结果：

```
[0.  0.69314718 1.09861229]
```

（2）分箱。分箱是指将连续特征离散划分。将原始定量特征的区间映射为单一的值。常见的分箱方法包括等宽分箱、等频分箱、信息熵分箱、基于决策树分箱、卡方分箱等。分箱可以提升模型的训练和迭代速度，增强模型鲁棒性，提升模型的泛化能力，并且离散化后的特征更便于衍生新特征。

（3）类别特征编码。数据集中常存在类别型变量，该类型变量在有限选项内取值。例如，性别可以是男或女，颜色可以是红、绿或蓝等。部分算法要求输入变量必须是连续型数值，此时，需要对类别型变量进行编码。独热编码（one-hot encoding），是最常用的编码方法，它将每个类别映射到一个二进制向量中，其中只有一个元素是 1，其余元素均为 0。例如，对于颜色变量，可以使用独热编码方法将红、绿和蓝编码为以下三个向量：

红：[1, 0, 0]

绿：[0, 1, 0]

蓝：[0, 0, 1]

通过独热编码将类别型数据特征转换为连续型数据特征，可以让算法更好地学习数据的同时，也避免了类别之间的顺序问题。例如，若将颜色红、绿、蓝编码为 1、2、3，算法很可能将颜色之间的顺序差异理解为实际的意义。在对类别变量独热编码处理后，算法会将每个类别视为互相独立的，不会考虑它们之间的顺序含义。

综上所述，独热编码有助于算法更好地理解类别型数据，提升模型精度和模型结果的可解释性。以回归模型为例，在训练回归模型时，每一个哑变量都能得到一个回归系数，模型结果更容易解释，更具实际意义。使用 sklearn 库中的 OneHotEncoder 对象可以对类别型变量进行 One-Hot 编码处理，Python 代码如下：

```
# 导入工具库
from sklearn.preprocessing import OneHotEncoder
import pandas as pd
# 创建数据集
data = pd.DataFrame({'Color': ['Red', 'Blue', 'Blue', 'Green', 'Red']})
# 创建 OneHotEncoder 对象
enc = OneHotEncoder()
# 对数据进行 One-Hot 编码
enc.fit_transform(data[['Color']])
```

上述代码创建了包含颜色变量的 data 数据集和 OneHotEncoder 对象，并使用 fit_transform 方法对数据进行 One-Hot 编码处理。

（4）特征交叉组合。特征交叉组合将不同特征的值进行组合和计算，得到新的特征，这些新特征可能与目标变量相关性更强，更有助于模型训练。特征交叉组合可分为两类：数值交叉特征和类别交叉特征。数值交叉特征是将数值型特征进行交叉，例如将两个数值特征的乘积当作新特征；而类别交叉特征是将类别型特征进行交叉，例如将两个类别特征的组合当作新特征。常用的交叉组合特征生成方法包括多项式特征生成、特征交叉和 One-Hot 编码特征交叉。需要注意的是，特征衍生过程中需要对特征进行归一化处理。

1）多项式特征生成通过将原始特征进行组合，生成非线性的特征，提高模型的复杂度，进而提升预测性能。多项式特征生成方法可使用 sklearn 库的 PolynomialFeatures 类实现。

```
# 导入工具类
from sklearn.preprocessing import PolynomialFeatures
```

```
import numpy as np
X = np.array([[1, 2], [3, 4]])
poly = PolynomialFeatures(2)
X_poly = poly.fit_transform(X)
print(X_poly)
```

输出结果：

```
[[ 1.  1.  2.  1.  2.  4.]
 [ 1.  3.  4.  9. 12. 16.]]
```

2）特征交叉方法，可使用 Numpy 中的 meshgrid 方法实现，代码如下：

```
import numpy as np
# 定义两个特征 x1 和 x2
x1 = np.array([1, 2, 3, 4])
x2 = np.array([5, 6, 7])
# 进行特征交叉生成新特征
xx1, xx2 = np.meshgrid(x1, x2)
x_cross = np.concatenate([xx1.reshape(-1, 1), xx2.
reshape(-1, 1)], axis=1)
```

3）One-Hot 编码特征交叉针对类别型特征进行交叉组合，实现代码如下：

```
from sklearn.preprocessing import OneHotEncoder
# 定义两个类别特征
x1 = np.array([1, 2, 3, 4]).reshape(-1, 1)
x2 = np.array([1, 2, 3]).reshape(-1, 1)
# 进行 OneHot 编码
enc = OneHotEncoder()
x1_enc = enc.fit_transform(x1).toarray()
x2_enc = enc.fit_transform(x2).toarray()
# 进行特征交叉生成新特征
x_cross = np.concatenate([x1_enc, x2_enc], axis=1)
```

（5）数据增强。数据增强通过增加数据集的多样性来提高模型的泛化能力。例如，在图像分类中，可以通过随机旋转、随机裁剪、随机增加噪声等方式扩充数据集。

1）随机旋转（RandRotation）是一种简单而有效的数据增强技术，可以在角度范围内对图像进行旋转。使用 OpenCV 库实现随机旋转的 Python 代码如下：

```python
import cv2
import numpy as np
from matplotlib import pyplot as plt
def rand_rotation(image):
        # 随机选择角度
        angle = np.random.randint(-30, 30)
        # 计算旋转矩阵
        w, h = image.shape[:2]
        center =(w//2, h//2)
        M = cv2.getRotationMatrix2D(center, angle, 1.0)
        # 进行旋转并返回
        rotated = cv2.warpAffine(image, M, (w, h),
flags=cv2.INTER_CUBIC, borderMode=cv2.BORDER_REPLICATE)
        return rotated
# 读取并显示一张图像
img = cv2.imread('img.jpg')
plt.imshow(cv2.cvtColor(img, cv2.COLOR_BGR2RGB))
plt.show()
# 对图像进行随机旋转并显示结果
rotated = rand_rotation(img)
plt.imshow(cv2.cvtColor(rotated, cv2.COLOR_BGR2RGB))
plt.show()
```

注：OpenCV（Open Source Computer Vision Library）是一个开源的计算机视觉库，有着强大的图片处理功能，实现了图像处理和计算机视觉方面的很多通用算法。

2）随机裁剪（RandCrop）通过随机选取图像的一部分来增强数据。使用 Pillow 库实现随机裁剪的 Python 代码如下：

```python
import random
from PIL import Image
```

```
from matplotlib import pyplot as plt
    def rand_crop(image):
        # 获得图像大小并随机采样一部分
        w, h = image.size
        scale = np.random.uniform(0.5, 0.9)
        new_w, new_h = int(scale*w), int(scale*h)
        x1 = random.randint(0, w-new_w)
        y1 = random.randint(0, h-new_h)
        x2, y2 = x1+new_w, y1+new_h
        # 进行裁剪并返回
        cropped = image.crop((x1, y1, x2, y2))
        return cropped
# 读取并显示一张图像
image = Image.open('img.jpg')
plt.imshow(image)
plt.show()
# 对图像进行随机裁剪并显示结果
cropped = rand_crop(image)
plt.imshow(cropped)
plt.show()
```

注：Pillow 是一个常用的 python 图像处理库。

3）随机增加噪声（RandNoise）是通过随机添加噪声来增强数据，例如高斯噪声（Gaussian Noise）、椒盐噪声（Salt and Pepper Noise）等。以下是使用 OpenCV 库实现随机增加高斯噪声的 Python 代码。

```
import cv2
import numpy as np
from matplotlib import pyplot as plt
    def rand_noise(image):
        # 随机设置噪声参数
        mean = 0
        var = np.random.randint(0, 150)
```

```
        sigma = var **  0.5
        # 增加噪声并返回
        noise = np.random.normal(mean, sigma, image.shape)
        noisy_img = image + noise
        noisy_img = np.clip(noisy_img, 0, 255).astype
(np.uint8)
        return noisy_img
    # 读取并显示一张图像
    image = cv2.imread('img.jpg')
    plt.imshow(cv2.cvtColor(image, cv2.COLOR_BGR2RGB))
    plt.show()
    # 对图像进行随机增加高斯噪声并显示结果
    noisy_image = rand_noise(image)
    plt.imshow(cv2.cvtColor(noisy_image,cv2.COLOR_BGR2RGB))
    plt.show()
```

3. 特征选择

特征选择是从特征集中选择最具预测能力特征的过程，是模型训练过程中至关重要的一步，特征选择做得好，可以显著提高模型的准确性和泛化能力。

特征选择遵循两个简单原则：

第一，优先选择与目标变量相关性高的特征和自身比较发散的特征。

第二，删除与既有特征强相关的冗余特征。

在实际应用中，需要结合具体业务和数据特点精巧确定特征选择方法，对于非深度学习方法，选取的特征要有具体的"业务"意义，能够多方面阐述业务内容。特征越好，灵活性越强，训练出的模型越简单，模型性能越出色。

特征选择方法可以分为三类：过滤型方法、包裹型方法和嵌入型方法。

（1）过滤型方法。过滤型方法基于统计学原理进行特征选择，通过计算每个特征与目标变量之间的相关性和特征的发散度来评估特征的重要性，选择相关性强和发散度高的特征用于模型训练。过滤型方法包括方差选择法、相关系数法和卡方检验法。

1）方差选择法。方差小的特征不发散，对于样本的区分作用不明显，不利于算法学习，因此，方差选择法通过删除方差较小的特征降低特征维度，实现特征选择。具体步骤如下：

第一步，计算每个特征的方差。

第二步，按照方差的大小对特征进行排序。

第三步，选择方差较大的前 n 个特征作为模型输入。

2）相关系数法。相关系数法通过计算特征之间的相关系数，选出与目标变量相关性强的特征。具体步骤如下：

第一步，计算每个特征与目标变量之间的相关系数。

第二步，将特征按照相关系数的大小进行排序。

第三步，选择与目标变量相关性较强的前 n 个特征作为算法输入。

3）卡方检验法。卡方检验法通过计算特征和目标变量之间的卡方值，选出与目标变量相关性较强的特征。具体步骤如下：

第一步，构建特征和目标变量之间的列联表。

第二步，计算每个特征与目标变量之间的卡方值。

第三步，选择卡方值较大的前 n 个特征作为模型输入，这些特征与目标变量相关性较强，可以更好地预测目标值。

（2）包裹型方法。包裹型方法的典型代表是递归特征消除法。递归特征消除法通过反复训练模型，每次删除少量特征，最终选出性能最好的特征子集。

第一步，选择一个基础模型和特征子集。

第二步，计算特征子集的重要性。

第三步，删除重要性较低的特征，并重新训练模型。重复第二步和第三步，直到选择的特征子集达到预定的数量。

sklearn 库中的 RFE 对象实现了基于包裹型方法的特征选择，Python 代码如下：

```python
from sklearn.feature_selection import RFE
from sklearn.linear_model import LogisticRegression
from sklearn.datasets import load_iris
# 加载数据集
iris = load_iris()
X = iris.data
y = iris.target
# 创建逻辑回归模型
```

```
model = LogisticRegression()
# 创建 RFE 对象，选择两个最佳特征
rfe = RFE(model, 2)
# 训练模型并获取最佳特征子集
fit = rfe.fit(X, y)
# 输出特征排名
print("特征排名: ", fit.ranking_)
# 输出选择的特征
print("选择的特征: ", iris.feature_names[fit.support_])
```

上述代码使用 sklearn 库中的 load_iris 函数加载鸢尾花数据集（一个常用的分类实验数据集），并将其切分为输入特征向量和标签。之后创建了一个逻辑回归模型和一个 RFE 对象，该对象将使用逻辑回归模型选出两个最佳特征。最后，使用 RFE 对象的 fit 方法训练模型并获取最佳特征子集，并输出特征排名和选择的特征。

（3）嵌入型方法。嵌入式特征选择是将特征选择和模型训练结合起来的特征选择方法。它在模型训练过程中自动选择最优的特征，而不是在模型训练之前或训练之后单独选择特征。实现方法包括基于惩罚项的特征选择和基于树的特征选择。

1）基于惩罚项的特征选择。基于惩罚项的特征选择方法包括 Lasso 回归方法、Ridge 回归方法和 ElasticNet（弹性网络）等。

Lasso 回归方法通过 L1 正则化，使得一些特征系数为 0，从而实现特征选择。该方法首先构建 Lasso 回归模型，之后计算每个特征的系数，并按照系数的大小排序，最终选择系数较大的前 n 个特征作为模型输入。应用 Lasso 回归进行特征选择的 Python 代码如下：

```
from sklearn.linear_model import Lasso
from sklearn.datasets import load_iris
from sklearn.preprocessing import StandardScaler
# 加载数据并进行标准化处理
data = load_iris()
X = data.data
y = data.target
```

```
scaler = StandardScaler()
X = scaler.fit_transform(X)
# 构造 Lasso 回归模型并训练
lasso = Lasso(alpha=0.1)
lasso.fit(X, y)
# 输出特征系数
coef = lasso.coef_
print(coef)
```

Ridge 回归利用 L2 正则化进行特征选择，它通过缩小某些特征的系数，将一些无关紧要的特征的系数变得很小甚至为 0，从而实现特征选择。Python 代码如下：

```
from sklearn.linear_model import Ridge
from sklearn.datasets import load_iris
from sklearn.preprocessing import StandardScaler
# 加载数据并进行标准化处理
data = load_iris()
X = data.data
y = data.target
scaler = StandardScaler()
X = scaler.fit_transform(X)
# 构造 Ridge 回归模型并训练
ridge = Ridge(alpha=0.1)
ridge.fit(X, y)
# 输出特征系数
coef = ridge.coef_
print(coef)
```

基于弹性网络的特征选择方法同时结合了 L1 正则化和 L2 正则化，通过对特征系数进行惩罚来进行特征选择。在弹性网络中，L1 正则项可以使得某些特征的系数变为 0，L2 正则项可以减小系数的大小。

基于弹性网络的特征选择 Python 代码如下：

```
from sklearn.linear_model import ElasticNetCV
from sklearn.datasets import load_iris
```

```
from sklearn.preprocessing import StandardScaler
# 加载数据并进行标准化处理
data = load_iris()
X = data.data
y = data.target
scaler = StandardScaler()
X = scaler.fit_transform(X)
# 构造弹性网络模型并训练
elastic_net=ElasticNetCV(l1_ratio=[.1, .5, .7, .9, .95,
.99, 1], cv=10, random_state=0)
elastic_net.fit(X, y)
# 输出特征系数
coef = elastic_net.coef_
print(coef)
```

上述代码首先对数据进行了标准化处理，避免不同特征之间的数值差异对结果产生影响。在构造弹性网络模型时，使用了多个不同的正则化参数，以得到最优的结果。最后输出了特征系数，系数越大表示该特征对模型的贡献越大。

注意：弹性网络需要选择合适的正则化参数以得到最优的结果，在实际应用中需要进行参数调整和结果分析。

2）基于树的特征选择。基于树的特征选择使用决策树或随机森林等算法进行特征选择。通过计算树或森林中各个特征的重要性分值，来确定哪些特征更加重要，从而实现特征选择。

基于随机森林进行特征选择的 Python 代码如下：

```
from sklearn.ensemble import RandomForestClassifier
from sklearn.datasets import load_iris
# 加载数据
data = load_iris()
X = data.data
y = data.target
# 构建随机森林模型
rfc = RandomForestClassifier(n_estimators=100, random_
```

```
state=0, n_jobs=-1)
    rfc.fit(X, y)
    importances = rfc.feature_importances_
    # 输出特征重要性排序结果
    indices = np.argsort(importances)[::-1]
    features = data.feature_names
    print("Feature ranking:")
    for f in range(X.shape[1]):
    print("%d. feature %s (%f)" % (f + 1, features[indices[f]],
importances[indices[f]]))
```

上述代码在加载数据后构建了一个包含 100 棵树的随机森林模型。使用 fit 方法拟合模型后，通过 feature_importances_ 属性获取各个特征的重要性分值，并对其进行排序。最后输出特征重要性排序的结果，特征重要性分值越大表示该特征对模型的贡献越大。随机森林本身就是一种带有特征选择功能的算法，可以直接通过模型自身的特征重要性来进行特征选择。对于其他的决策树模型，特征重要性的计算方法可能会有所不同，需要根据具体情况进行调整。

4. 特征降维

当训练数据特征非常多（成千上万）时，模型训练过程中容易出现维度灾难，这时需要对特征进行降维处理。特征降维可以提高模型的效率，同时发现数据的内在结构和关系。特征降维方法主要包括主成分分析（PCA）、线性判别分析（LDA）、t 分布随机近邻嵌入（t-SNE）等。

（1）主成分分析（PCA）。主成分分析是一种常用的无监督降维方法，该方法将高维数据映射到低维空间，去除冗余信息，在降低数据维度的同时，保留数据中的最大信息量，主成分分析的具体操作步骤如下：

第一步，对原始数据进行中心化。

第二步，计算协方差矩阵。

第三步，对协方差矩阵进行特征值分解。

第四步，按照特征值大小排序，选择前 n 个特征向量。

第五步，将数据投影到所选的特征向量构成的空间中。

在 Python 环境下，可以通过 sklearn 库中的 PCA 模块实现主成分分析，代码如下：

```
from sklearn.decomposition import PCA
from sklearn.datasets import load_iris
# 加载数据
data = load_iris()
X = data.data
# 构建 PCA 对象
pca = PCA(n_components=2)
# 对数据进行降维并输出结果
new_X = pca.fit_transform(X)
print(new_X)
```

上述代码加载数据后使用 sklearn 库中的 PCA 模块创建一个 PCA 对象，将 n_components 参数置为 2，表示将数据降到 2 维，最后使用 fit_transform（）方法将数据转换为相应维度的新数据，并将结果存储在 new_X 中。

注意：PCA 基于数据的协方差矩阵进行计算，在进行 PCA 之前需要对数据进行标准化处理，避免不同特征之间的数值差异对结果的影响。

（2）线性判别分析（LDA）。线性判别分析将高维数据映射到低维空间，通过最大化类间距离和最小化类内距离实现分类。操作步骤如下：

第一步，对原始数据进行中心化。

第二步，计算每个类别的均值向量。

第三步，计算类内散度矩阵和类间散度矩阵。

第四步，对类间散度矩阵进行特征值分解。

第五步，按照特征值大小排序，选择前 n 个特征向量。

第六步，将数据投影到所选的特征向量构成的空间中。

在 Python 环境下，可以使用 sklearn 库的 LDA 模块实现基于线性判别分析的降维操作，代码如下：

```
from sklearn.discriminant_analysis import LinearDiscrimi
nantAnalysis
from sklearn.datasets import load_iris
# 加载数据
data = load_iris()
X = data.data
```

```
y = data.target
# 构建 LDA 对象
lda = LinearDiscriminantAnalysis(n_components=2)
# 对数据进行降维并输出结果
new_X = lda.fit_transform(X, y)
print(new_X)
```

上述代码加载数据后通过 sklearn 库中的 LDA 模块创建了一个 LDA 对象，将 n_components 参数置为 2，表示将数据降到 2 维。使用 fit_transform（）方法将数据转换为相应维度的新数据，并将结果存储在 new_X 中。

（3）t 分布随机近邻嵌入（t-SNE）。t 分布随机近邻嵌入通过保留数据的局部结构，将高维数据映射到低维空间。操作步骤如下：

第一步，对原始数据进行随机初始化。

第二步，计算相似度矩阵（高维数据之间的距离）和条件概率分布（低维数据之间的概率分布）。

第三步，根据条件概率分布计算 KL 散度（衡量高维数据和低维数据之间的相似度）。

第四步，通过梯度下降法更新低维数据的位置，最小化 KL 散度。

第五步，循环迭代，直到低维数据的位置稳定。

在 Python 中，可以使用 sklearn 库中的 TSNE 模块实现基于 t-SNE 的降维操作，代码如下：

```
from sklearn.manifold import TSNE
from sklearn.datasets import load_iris
# 加载数据
data = load_iris()
X = data.data
# 构建 t-SNE 对象
tsne = TSNE(n_components=2, perplexity=30, n_iter=1000)
# 对数据进行降维并输出结果
new_X = tsne.fit_transform(X)
print(new_X)
```

上述代码加载数据后使用 sklearn 库的 TSNE 模块创建一个 TSNE 对象。将 n_

components 参数置为 2，表示将数据降到 2 维；perplexity 参数用于控制局部结构的重要性；n_iter 参数表示迭代次数。最后使用 fit_transform（）方法将数据转换为相应维度的新数据，并将结果存储在 new_X 中。

学习单元 2　智能训练数据标注管理

1. 掌握数据标注项目管理相关知识。
2. 掌握数据标注质量管理的方法。
3. 掌握制定数据标注规范的方法。
4. 掌握制定数据标注流程的方法。

一、数据标注项目管理

数据标注即通过人工为文字、语音、图片、视频等数据进行分类、打标签、做标记、注释、画框等，标记出对象的特征，以其作为机器学习的基础素材。数据标注得越准确、数量越多，模型的精度越高、效果越好，产品的智能水平、使用体验就越好。下面对高级工需要掌握的基本标注项目管理知识、标注流程的制定方法、标注规范的制定方法、数据标注的质检方法等技能要求进行介绍。

1. 数据标注环境要求

数据标注对专业性、准确度和安全性的要求很高，因此需要严格的环境要求，以确保数据标注的质量、效率和安全。

（1）有区隔的标注空间。需要根据标注项目的特点和要求，有区别地设置标注区域。部分标注项目，尤其是语音标注，要眼耳并用，注意力要高度集中，需要在相对封闭的隔音环境中进行。而标框标注等入门级的标注可能更多地由实习人员或者外包团队进行标注，沟通、指导用时较多，需要适当放宽对环境安静程度的要求及对独立办公的要求。对于涉密的项目，需要有专属、独立的办公区，进出需要进行权限管控和安全检查，并且非涉密项目人员禁止进入涉密项目区。

（2）安全的网络环境。为保护标注数据的安全，建议用于标注的计算机只能连接局域网服务器，并且禁止通过 U 盘、移动硬盘等外接设备对文件进行拷贝，禁止通过邮件等形式将数据发送至外网。

（3）稳定的网络环境。为避免因网络延迟和卡顿影响标注的速度和效率，需要确保网络的稳定性、速度及足够的带宽。

（4）适合的桌椅和计算机工具。通常标注员需要长时间久坐，舒适的桌椅非常重要。图像、视频等标注项目对计算机的性能要求也很高，满足标注项目需要的计算机硬件、标注软件、高清晰度的显示器等工具是项目顺利进行的基础。

（5）良好光线环境。标注员在标注的过程中需要长时间用眼，而且需要清晰地看到图像、文本、视频等材料的细节信息，以保证标注的准确性。因此，要综合考虑环境光线的颜色、亮度和稳定性等因素，尽量使用光照均匀、亮度适中、接近自然日光、频闪较小的灯光。

2. 数据标注人员管理

数据标注是一项耗时耗力的任务，需要大量的人员参与，需要积极有效的管理和监督，以确保标注项目的有效推进，保障标注数据的质量和准确度。通常根据数据标注的类型对人员进行分组管理，分组后每个标注小组设置组长，再根据不同的标注项目，在组长下设置项目负责人，对标注量较大的项目，还需要在项目负责人下面设置项目小组长，通常可以由项目负责人或项目小组长担任质检员。数据标注管理架构如图 2-6 所示。

3. 数据标注项目控制

数据标注项目是指根据需求方的个性化需求进行数据的采集并对数据进行加工处理、标注后，将标准化的数据输出给需求方，使需求方得到符合其要求的可用数据的项目。高级人工智能训练师通常需要承担数据标注总负责人、标注组组长或项目负责人的工作，需要具备标注项目评估、标注工具管理、标注流程管理、标注规则制定、标注任务管理、标注验收等能力。

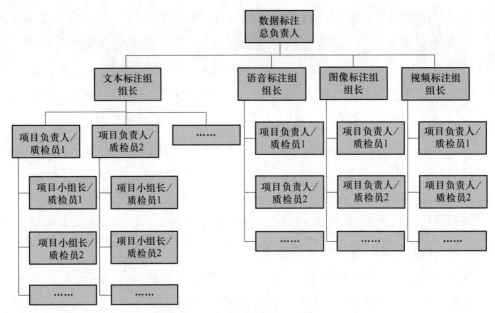

图 2-6　数据标注管理架构

（1）标注项目评估。接到数据标注项目后，第一步需要对标注项目的验收标准进行沟通确认；第二步组织熟练的标注员对数据进行试标，并按照验收标准进行试标的质量检验和验收；第三步根据试标的耗时情况、对标注员业务能力的要求等评估数据标注项目的难易程度；第四步根据标注项目所需要标注的数据总量和交付时间，结合试标的耗时，计算所需标注人员、质检人员数量。

（2）标注工具管理。为标注任务选择适合的标注工具，建立标注任务的模板。如果客户使用自己的系统进行标注，还需要对客户的系统进行熟悉。标注工具的选择应注意以下几点：

1）功能完整性。选择的标注平台或工具最好具备标注团队管理、任务管理、任务分发、数据标注、质量审核等模块，且将所有的标注环节工具化、可视化。

2）易操作性。标注工具应易于操作，尽可能降低标注员的操作难度和培训成本。

3）规范性。标注工具的数据导出格式，需要满足或可转换到需求方所需要的格式。

4）高效性。标注工具应保证标注任务的完成效率。

（3）标注流程管理。数据标注的流程涉及需求方、管理方、执行方、质量控制方，标注流程如图 2-7 所示。针对不同类型标注任务的具体实施流程将在技能要求中进行详细讲解。

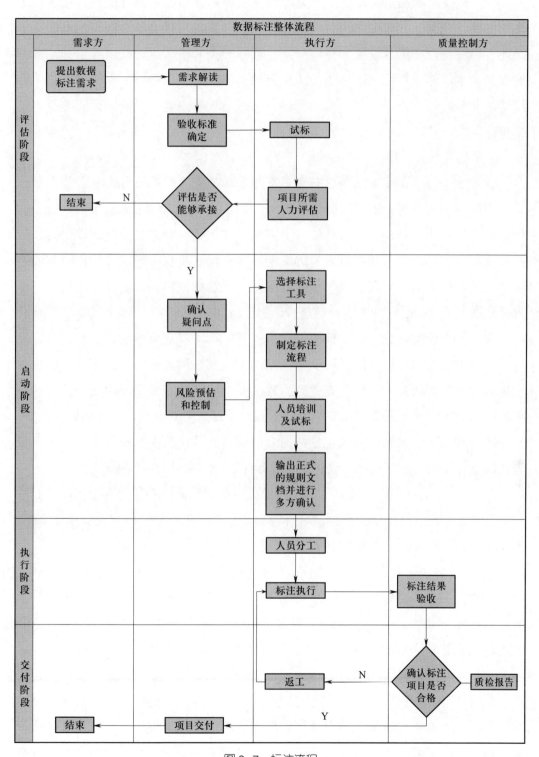

图 2-7　标注流程

（4）标注规则制定。在标注任务的启动阶段需要根据需求方的具体需求制定详细的标注规则，并向多方进行确认，应包括标注的项目背景、版本信息、任务描述、标注流程和工具说明、标注方法、标注类型和格式、标注内容、标注标记的含义、术语体系规范化、标注的质量要求、标注的约束条件和限制、与其他标注体系的兼容性、正确示例、常见错误、保密要求等内容，以确保标注的执行结果符合需求。

（5）标注任务管理

1）标注成员配置。根据标注任务的要求和难易程度配置相应的标注成员。

按照标注的参与人数可以分为单人标注和多人标注。单人标注指对于较小的数据集或特定的任务，由一名标注人员完成标注工作。此方法虽然简单快捷，但是可能会存在标注误差和主观因素的影响。多人标注指在大规模数据集或需要高度准确性的任务中，多名标注人员相互验证和校验标注结果，确保标注质量。多人标注需要更多的时间和资源，但是可以提升标注的准确性，降低误差。

按照人力模式可分为自建标注团队、第三方标注、众包标注、校企和地方政府共建等方式。自建标注团队的安全性较高、沟通协调效率较高，标注人员相对稳定且业务能力较强，适合对业务熟悉程度要求较高且需要及时沟通反馈的标注任务；第三方标注更适合对业务能力要求相对较低或有专业资质要求的标注任务，任务的管理成本相对较低；众包标注适合时间紧、数据量大且对保密和隐私要求较低的标注任务；校企和地方政府共建适合针对特定项目的标注任务。

2）标注人员培训。标注人员培训是保质保量完成标注工作的重要保障。标注任务开始执行前，至少应对数据集和标注要求、标注工具的使用方法、标注流程、标注标准、标注规则、道德和法律教育等进行培训。

3）标注任务分配。标注任务需要安排适合的标注人员以保证标注质量和效率。通常由项目负责人根据标注人员的熟练程度和业务需求进行任务分配。标注人员水平差异不大的情况下，也可以采取随机分配的方式。系统支持的前提下，也可以根据标注人员的技能水平、经验等因素，将任务自动分配给适合的标注人员。

4）标注进度管理。标注进度安排总体来说分为需求承接、项目启动、试标、量产、验收和交付6阶段。需求承接阶段需要对需求、验收标准进行初步确认和简单试标，大概需要2~7天；项目启动阶段需要制订管理计划、进行平台的开发或选择等，通常需要5~10天；项目试标阶段需要进行需求的进一步沟通，小范围生产以及进一步确定验收标准等，通常需要 7 天；量产阶段需要反复对需求进行沟通、批量生产、质检员质检等，时间根据具体数据量和人员情况确定；验收阶段需要确认验收比例，进行验收和反馈等，通常需要 3～5 天；交付阶段需要确认交付格式、交付方式等并进行数据交付，通常需要 1～7 天。

（6）标注验收和数据交付

1）标注项目实时质检。标注任务实施过程中应进行实时质检，以及时发现和纠正问题。通常采用抽样质检的方式，抽样方法可以选择等比抽样、随机抽样、分层抽样、系统抽样等。

2）标注项目验收。标注任务完成后需要对标注结果进行检查和测试，验证标注结果的准确性和质量是否符合验收标准。标注项目的验收通常包括收集标注结果，评估标注的准确率、一致性、遗漏率、误判率等指标，得出标注验收结论是否符合交付要求，如有需要还要改进标注结果，出具验收报告等。

3）标注数据导出与归档。标注项目验收通过后，需要将标注完成的数据集导出为可读取的文件格式，并归档存储于安全的位置，以备后续重复利用。导出的文件格式通常为 CSV、JSON、XML 等，具体格式取决于需求方的需求。导出表述数据时，要特别注意保证数据的格式、结构、内容、元数据等信息的完整性，并注意检查数据的准确性和质量，以确保数据可以使用。同时，在归档标注数据时，需要制定合理的数据存储方案，如分类存储、分层备份、多重存储等，以保证数据的安全性，同时需要保持数据的可访问性和可重复使用，以提升标注数据的价值。

二、制定数据标注规范的原则

数据标注的规范为保证数据标注的质量和数据的可靠性提供了重要的指导意义，"规则不明、返工常态""质量为先、规则为王"充分说明了数据标注规范的重要性。需求方是数据标注规范的制定者，标注团队是数据标注规范的承接者，标注员是数据标注规范的执行者。在制定数据标注规范的时候，应把握以下原则：

1. 一致性原则

数据标注规范不管简单还是复杂，都只能有一个，数据标注规范也可以演进，但是只要保持了一致性，那么向前或向后兼容就都比较容易。数据标注规范具有一致性，才能够保证标注人员间的一致，不同的标注人员对同一组数据进行标注，才能得到相同的结果。

2. 可靠性原则

为确保数据标注的质量，数据标注规范需要尽可能准确和细化。对一些场景非常复杂且主观判断元素多的项目，可以先对数据进行试标注，在试标的过程中不断发现问题并改进数据标注规范，最终形成精细且严谨的标注规范。

3. 需求优先原则

虽然依据一些通用的数据标注规范，标注团队已经可以对大部分的项目进行标注，但是不同需求方的标注需求可能不一样，就会出现通用规范不适用的情况，那么就应该遵循需求优先原则，按照需求方的要求来制定数据标注规范。例如在对用户意图进行标注的时候，有的用户意图表达的并不明确，需求方不需要标注员猜测用户意图强行标注，可以直接按照无效处理，这时应按照需求方的要求来制定标注规范。

三、数据标注的质量检验

1. 数据标注质量检验的重要性

数据标注质量检验是保证标注数据质量的关键环节，是机器学习和人工智能成功实现的重要保证。

（1）数据标注质量检验是机器学习和人工智能算法准确性的重要保证。标注数据作为训练数据输入机器学习算法中，标注数据的质量就会直接影响机器学习算法的准确性和智能化程度。标注质量检验可以确保标注数据的准确性和一致性，提高机器学习和人工智能算法的准确性。

（2）数据标注质量检验可以降低错误率和成本。标注质量检验可以有效降低标注数据的错误率，降低错误率在一定程度上可以起到减少中途更正和调整的成本，同时保证项目的顺利进行。

（3）数据标注质量检验能够提高标注效率，减少重复标注和更正标注的时间，保证标注人员的时间效益。

（4）数据标注质量检验能够提升数据可靠性。经过标注质量检验后的标注数据，质量相对更加可靠，能够被更广泛、更多领域的数据科学家和研究人员使用，最大化发挥数据的价值。

（5）数据标注质量检验能够评估标注人员的水平。标注质量检验可以评估标注人员的标注水平，及时发现标注人员的弱点和不足，为标注人员提供更好的标注能力训练和提高的机会。

2. 数据标注质量检验标准

（1）数据标注质量检验标准包括准确性、一致性、完整性和标注效率。这些指标可以评估标注数据的质量，并进一步优化数据标注过程，提高标注数据的质量和效率。

1）准确性。标注数据的准确性是评估标注数据质量的主要指标之一。准确性通常需要根据标准答案或专家标注结果进行评估，判断标注结果是否正确。通常通过计算准确率、召回率、F1 值等指标评价数据标注质量。

2）一致性。标注数据的一致性是评估标注数据质量的另一重要指标。一致性通常是指多个标注人员对同一数据进行标注的结果是否一致。一致性可以采用Kappa 系数、Fleiss′ Kappa 系数等指标来进行评价。

3）完整性。标注数据的完整性是指标注数据是否涵盖了所有需要标注的实体或事件。对于一些需要完整标注的数据，如标注新闻报道中所有人物、地点和事件，完整性是一个很重要的指标。

4）标注效率。标注效率是指在标注一组数据的标注时间内，标注人员标注的数量和标注的质量。检验标注效率的指标可以是标注速度、错误率、一次标注所需时间等。

（2）可以根据不同的标注项目和标注需求，明确详细的质检点，以下质检点和质检标准仅供参考，具体标注中应根据标注任务需求和数据集特点确定。

1）文本数据标注常见的质检点见表 2-1。

表 2-1　文本数据标注常见的质检点

标注项目	标注类型	质检点	质检标准
实体识别	命名实体识别	实体边界	实体边界与文本语义一致
		实体类别	实体类别正确，符合任务要求
		实体重叠	实体不重叠，或重叠部分标注一致
关系抽取	关系类型识别	关系类型	关系类型正确，符合任务要求
		实体关系	实体关系一致，符合文本语义
事件抽取	事件类型识别	事件类型	事件类型正确，符合任务要求
		触发词识别	触发词标注准确，符合文本语义
		实体角色	实体角色标注一致，符合文本语义
情感分析	情感类型识别	情感类型	情感类型正确，符合任务要求
		情感极性	情感极性标注准确，符合文本语义

标注项目	标注类型	质检点	质检标准
文本分类	分类类型识别	分类类型	分类类型正确，符合任务要求
		样本覆盖	样本覆盖全面，涵盖各个分类类型
		样本平衡	样本数量平衡，各个分类类型样本数量相近
语料筛选	语种标注	语种类型	语种类型标注正确，符合任务要求
	关键词识别	关键词识别准确性	关键词识别准确，符合文本语义
	敏感词识别	识别政治色彩、不良信息、隐私等敏感词	准确识别敏感词，符合任务要求
	错别字、生僻字识别	综合考虑语料使用对象的年龄、知识水平等标注错别字、生僻字	错别字、生僻字标注准确，符合任务要求
	句子长短识别	识别太长或太短的句子	句子长短标注准确，符合任务要求
	拟声词识别	识别不符合语料标准的拟声词	无意义拟声词识别准确，符合任务要求
分词标注	词性标注	准确标注名词、代词、形容词、副词、动词、数词、冠词、介词、连词、叹词等	词性标注准确，符合文本语义

2）语音数据标注常见的质检点见表2-2。

表2-2　语音数据标注常见的质检点

标注项目	标注类型	质检点	质检标准
说话人分离	二分类	分离准确性	正确分离说话人的比例
语音识别	文本转写	识别准确性	与原始录音对比，正确识别的比例
声纹识别	说话人识别	识别准确性	与已知说话人声纹对比，正确识别的比例
情感识别	情感分类	识别准确性	与标准情感分类对比，正确识别的比例
声音质量	数值评分	质量评分	根据标准声音质量评分标准进行评分
音频清洗	文本清洗	清洗准确性	与原始录音对比，正确清洗的比例
说话速度	数值评分	速度评分	根据标准说话速度评分标准进行评分
声音强度	数值评分	强度评分	根据标准声音强度评分标准进行评分

3）图像数据标注常见的质检点见表 2-3。

表 2-3　图像数据标注常见的质检点

标注项目	标注类型	质检点	质检标准
目标检测	边框框选	位置准确性	边框与目标物体完全重合，且不超过 1 像素； 边界框中心点位置是否准确
		大小准确性	边框覆盖目标物体至少 80% 的面积
	类别标注	类别准确性	标注的类别与实际目标物体类别一致
图像分割	像素级标注	像素准确性	所标注像素完全覆盖目标物体，且不超过 1 像素
		分割边界准确性	分割边界与目标物体边缘完全重合，且不超过 1 像素
图像分类	单张图像分类	类别准确性	标注的类别与实际图像类别一致
		多标签	是否标注了所有正确的标签
关键点标注	关键点标注	关键点准确性	标注的关键点与目标物体关键点完全重合，且不超过 1 像素
文本识别	文本识别	识别准确性	识别结果与实际文本内容完全一致
		字体准确性	是否标注了正确的字体
		字号准确性	是否标注了正确的字号
图像描述	图像描述	描述准确性	描述内容与实际图像内容完全一致，且表述清晰、简洁、准确
语音识别	语音识别	识别准确性	识别结果与实际语音内容完全一致
自然语言处理	标注类型根据具体任务确定	标注内容准确性	标注内容是否正确
		标注格式	是否按照规定格式标注
		一致性	不同标注员标注结果是否一致
		语义理解准确性	是否符合任务要求的语义理解

4）视频数据标注常见的质检点见表 2-4。

表 2-4　视频数据标注常见的质检点

标注项目	标注类型	质检点	质检标准
场景描述	场景要素标注	是否完整描述了场景的时间、地点、人物、事件等要素	描述完整且准确
人物标注	人物出现	是否标注了人物出现的时间点和持续时间	标注准确，时间点和持续时间与视频内容一致

续表

标注项目	标注类型	质检点	质检标准
人物标注	人物身份	是否标注了人物的姓名或角色	标注准确，姓名或角色与视频内容一致
	情感分析	是否准确描述了人物的情感状态	描述准确，符合视频中人物的表现
物品标注	物品识别	是否标注了物品的名称和出现时间	标注准确，名称和出现时间与视频内容一致
地点标注	地点识别	是否标注了场景的具体位置	标注准确，位置与视频内容一致
语音识别	语音识别	是否准确转录了视频中的语音内容	转录准确，符合视频中语音的内容和语气
关键帧标注	关键帧图片	是否标注了关键帧的时间点和内容	标注准确，时间点和内容与视频内容一致
翻译	翻译内容	是否准确翻译了视频中的语言内容	翻译准确，符合视频中语言的内容和语气
字幕	字幕识别	是否准确描述了视频中字幕语言的内容	描述准确，符合视频中字幕语言的内容和语气

3. 数据标注质量检验方法

了解数据标注质量检验的重要性和质量检验的标准后，下面介绍几种数据标注质量检验的方法，可以根据具体情况选择不同的方法进行标注质量检验。

（1）全样检验。全样检验是数据标注流程中必不可少的一个环节，要求质检员对所有已完成标注的数据进行检验，通过全样检验，合格的标注数据存放到已合格数据集中，以便后续交付。对于检验不合格的标注数据，需要返工改正。需要注意的是，全样检验虽然能够对数据集进行无遗漏检验，但是只适用于数据标注样本量较小的情况，如果数据量较大，常采用抽样检验和标注质量评估等方法。全样检验流程图如图 2-8 所示。

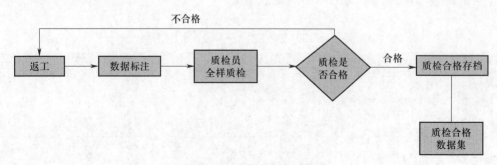

图 2-8 全样检验流程图

（2）抽样检验。通过随机选取、根据难易程度选取等方法挑选部分数据进行抽检，以检验标注结果的准确性和一致性。实际应用中，为了提高数据标注质量检验的准确性，通常会将抽样检验方式进行叠加，形成多重抽样检验方法。抽样检验流程图如图 2-9 所示。

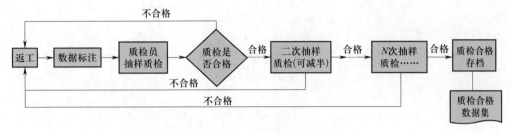

图 2-9　抽样检验流程图

（3）实时检验。在数据标注任务进行的过程中，可以进行实时的现场检验和流动检验，能够较及时地发现问题、解决问题，有效减少标注过程中错误的重复出现。如进行实时检验，需要将数据标注任务划分到项目小组完成，同时还需要将数据集进行分段标注。当标注员完成一个阶段的标注后，质检员就能够对这一阶段的标注结果进行检验，如果检验合格，就可以归档至已完成的数据，如果检验不合格，就需要返工。实时检验方法如图 2-10 所示。

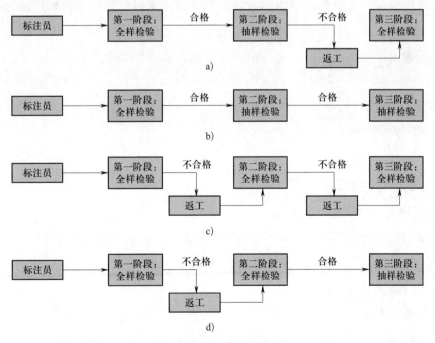

图 2-10　实时检验方法

a）实时检验情况一　b）实时检验情况二　c）实时检验情况三　d）实时检验情况四

（4）多人同时标注。对于挑选的数据，通过多位标注人员对同一组数据进行标注，来验证标注结果的一致性。标注人员之间的标注结果可以进行比对和统计，来评估标注结果的质量。多人标注流程如图 2-11 所示。

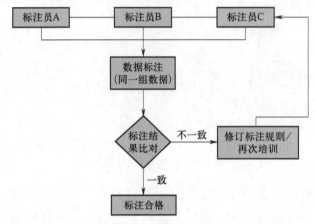

图 2-11　多人标注流程

（5）形成标准答案。根据业务需求或标注对象，形成标准答案或标准标注结果，通过与标注结果比对的方式，来评估标注结果的准确性和一致性。

（6）测试机制。建立标注测试机制，对标注人员进行常规考核，包括标注标准、标注规则、标注流程等方面的考核，对标注质量进行统计分析和评估分级。

（7）专家审核。对部分标注数据，进行专家审核，对于多次出现的标注错误现象，需要通过与标注人员沟通、培训等方式，来弥补动态质量问题。

一、制定数据标注流程

1. 制定文本数据标注流程

文本数据的标注需要显著的标注质量管理，在制定标注流程的时候，要特别注意标注规范的制定、标注人员的培训、标注结果的审核等。主要标注流程如下，可根据实际情况参考应用。

（1）标注准备

1）确认需求。同需求方确认清楚本次标注任务的具体需求。

2）分析数据。明确机器学习和模型训练过程中所需的标注数据类型、量级、用途及应用场景等。

3）选择标注工具和平台。选择适合本次标注任务的文本数据标注工具，如科大讯飞 AI LAB 数据标注平台、BRAT 文本标注工具、doccano、Jupyter Notebok、Anaconda、YEDDA 等。

4）确定标注方式。根据需求方的具体需求选择文本数据标注方式，如实体命名识别（named entity recognition，NER）、语句分词标注、语义判定标注、情感色彩标注、词性标注、主题事件标注、关系提取、意图标注等。

①实体命名识别（NER）指通过对文本数据进行处理和分析，识别出文本中出现的人名、地名、机构名、时间、数字等具体实体，并将其分成不同的类别。NER 可以帮助提高搜索引擎的准确性和自然语言处理的效率，也可以用于多样化的自然语言处理应用中。

②语句分词标注指将文本进行分词处理，将不同的单词或词组分开，并对每个词或短语进行标注，如标注其词性、实体等信息。分词标注可用于机器翻译、自动问答、自然语言处理等领域。

③语义判定标注指将文本的含义进行标注，建立语义层次结构、语义关系等，为信息提取、情感识别等领域提供语义基础支持。

④情感色彩标注指对文本的情感倾向进行标注，标注其正面、负面或中性等情感倾向。情感色彩标注可用于情感分析领域，如对某一产品、公司、政治人物等在社交媒体环境下的反应进行分析。

⑤词性标注指将文本中的单词或短语拆分成不同的词性，如动词、名词、形容词、副词等，并标注其词性信息。词性标注可用于信息检索、自然语言处理等领域。

⑥主题事件标注指将文本所述的主题和事件进行标注，可以用于提取文本的主题、构建文本语义网络等领域。

⑦关系提取指识别文本中不同实体之间的关系，并进行标注，如指代关系、共指关系等。关系提取可用于信息提取、自然语言处理等领域。

⑧意图标注是自然语言处理中的一种重要任务，主要用于将用户的自然语言输入转换为对应的语义标签或分类，以便计算机可以理解和处理这些输入，在智能客服训练中经常用到。智能客服系统中用户通常会以自然语言的形式向系统咨询问题或提出需求，例如"我想预订机票""请问怎样注册会员"等。对于这些自然语言输入，系统需要能够自动识别用户的意图，以便正确地进行语义理解和操

作。意图标注的主要目的是将用户的输入文本分类到一个或多个预定义的意图类别中，例如"订票""注册"等，以便系统可以为用户提供更加准确的响应和服务。这样，系统就能够自动地在大量的输入句子中获取有用的信息，为用户提供更为个性化的服务支持。意图标注示例如图 2-12 所示。

图 2-12　意图标注示例

5）预估数据量。根据标注任务的标注任务类型、人力获取模式、标注工具、算法选择及整个项目的成本对所需标注的数据量进行预估。明确标注数据的定义并确定最终的需求量。

6）整理数据。明确数据与标签文件储存的命名规则，数据文件名与标签文件名应保持一致。

（2）制定标注规则。文本数据的标注需要针对具体的标注任务制定不同的标注规则，要站在给完全不懂的人去看的角度撰写。具体的编写方法见后文"制定文本数据标注规范"。

（3）标注人员培训。将标注规范传达给标注人员，进行标注资质审核和上岗前培训。

（4）标注任务分配。在系统中新建标注任务，配置任务信息，上传原始数据包，为任务分配适合的标注人员和质检人员。

（5）标注生产。标注人员按要求进行标注操作。文本标注是非常复杂且需要高度可靠性的任务，需要标注项目管理者严密的管理和指导。

（6）标注质检。由完全理解标注规范和验收标准的人员对已标注的数据进行抽样检验，抽样检验的比例根据任务需要和标注团队的能力确定。

（7）标注验收。按照验收标准对质检合格的数据进行再次验证。

（8）标注数据输出。将标注结果导出为结构化数据，进行数据清洗、数据整合和数据格式化等，以便进一步的数据分析和使用。

（9）标注数据交付。将标注后的数据进行加密，按照要求交付给需求方。

文本数据的标注流程如图 2–13 所示。

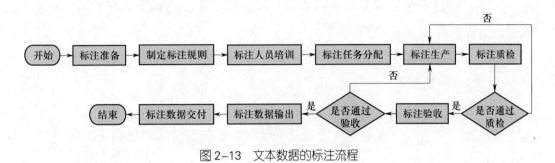

图 2–13　文本数据的标注流程

2. 制定语音数据标注流程

语音数据的标注与其他数据主要的不同点在于数据的预处理方法、数据切割等，主要标注流程如下，可根据实际情况参考应用。

（1）标注准备

1）确认需求。同需求方确认清楚本次标注任务的具体需求。

2）分析数据。明确机器学习和模型训练过程中所需的标注数据类型、量级、用途及应用场景等。

3）选择标注工具。选择适合本次标注任务的语音数据标注工具，如科大讯飞 AI LAB 数据标注平台、京东众智数据标注平台、曼孚科技 SEED 数据标注平台、深延科技智能数据标注平台、Praat 语音标注工具等。

4）数据采集。可以通过录音仪、麦克风等设备进行录制，也可以使用电话录音等业务系统采集的数据或利用网络中已有的语音数据集。

5）数据切割。针对一些任务，需要对语音数据进行切割，例如将一段语音切割成若干片段，以便后续的处理。

6）确定标注方式。根据需求方的具体需求选择语音数据标注方式，如音素标注、韵律标注、说话人信息标注、语音信息标注、其他标注信息等。

①音素标注指将每个语音的音素进行标注，其中音素标注需要遵循音节划分规则，即一个音节内的所有音素必须连续标注。同时，音素标注也需要注意相邻音素之间的连续性，避免出现马赛克式的标注。

②韵律标注指对于每个语音的韵律信息进行标注，包括重音位置、音高、音长等。其中，重音位置需要根据词语语调模式进行标注，音高需要标注出每个音节的基频值，音长则需要标注出每个音节的持续时间和边界。

③说话人信息标注指对于多个说话人语音数据，需要标注出每个语音的说话人信息，包括但不限于说话人编号、性别、年龄等。

④语言信息标注指对于多语言语音数据，需要标注出每个语音的语言信息，包括但不限于所属语言、方言等。

⑤其他标注信息指对于一些特定的语音数据，还需要进行其他标注信息的标注，比如口音、情感等。

7）预估数据量。根据标注任务的标注任务类型、人力获取模式、标注工具、算法选择及整个项目的成本对所需标注的数据量进行预估。明确标注数据的定义并确定最终的需求量。

8）整理数据。明确数据与标签文件储存的命名规则，数据文件名与标签文件名应保持一致。

（2）制定标注规则。语音数据的标注需要针对具体的标注任务，制定不同的标注规则，要站在给完全不懂的人去看的角度撰写。具体的编写方法见下文"制定语音数据标注规范"。

（3）标注人员培训。将标注规范传达给标注人员，进行标注资质审核和上岗前培训。

（4）标注任务分配。在系统中新建标注任务，配置任务信息，上传原始数据包，为任务分配对应的标注人员和质检人员。

（5）标注生产。标注人员按要求进行标注操作，标注过程中需要进行频谱分析、提取音频特征、对音频进行有效语音的截取、转写音频内容、打标签等，对标注员的听力和环境的安静程度要求较高。

（6）标注质检。由完全理解标注规范和验收标准的人员对已标注的数据进行抽样检验，抽样检验的比例根据任务需要和标注团队的能力确定。

（7）标注验收。按照验收标准对质检合格的数据进行再次验证。

（8）标注数据输出。将标注结果利用技术处理成客户需要的格式并打包。

（9）标注数据交付。将标注后的数据进行加密，按照要求交付给需求方。

语音数据的标注流程同图 2-13 所示的流程。

3. 制定图像数据标注流程

计算机图像数据在标注过程中以数字的形式存在，图像数据标注是根据需求方的具体需求，将需要标注的数据划分区域，让计算机在划分出的区域中寻找数字的规律。主要标注流程如下，可根据实际情况参考应用。

（1）标注准备

1）确认需求。同需求方确认清楚本次标注任务的具体需求。

2）分析数据。明确机器学习和模型训练过程中所需的标注数据类型、量级、用途及应用场景等。

3）选择标注工具。选择适合本次标注任务的图像数据标注工具，要选择实用性强、可扩展性好的标注工具。如果需要多人协同标注，还需要考虑标注工具的协同功能，如科大讯飞 AI LAB 数据标注平台、LabelImg、Labelme、VGG Image、RectLabel、OpenCV/CVAT、VOTT、Annotator（VIA）、AILAB、point-cloud-annotation-tool、Boobs、Labelbox 等。

4）确定标注类型。根据需求方的具体需求，确定标注的类型，如目标检测、语义分割、实例分割、关键点标注、属性标注、文字检测标注、方向标注、地理位置标注等。

①目标检测指标注图像中的目标物体，常用的标注框类型有矩形框、多边形框等。在目标检测中，还可同时标注物体的类别、位置、大小等属性。

②语义分割指标注图像中每个像素属于哪个类别，即将图像进行像素级别的分类。在语义分割中，可采用不同的颜色或数字作为类别标记。

③实例分割指标注图像中每个物体的轮廓和类别。实例分割是目标检测和语义分割相结合的一种形式。

④关键点标注指标注图像中物体的关键点，例如人体姿态估计、面部表情识别等。

⑤属性标注指标注图像的属性，例如图像的颜色、纹理、场景、天气等特征。

⑥文字检测标注指标注图像中的文字区域。

⑦方向标注指标注图像中物体或者场景的方向。

⑧地理位置标注指标注图像中的地理坐标，例如通过 GPS 定位。

5）建立标注模板。管理员需要根据数据训练模型，建立相应的图形图像数据标注模板，通常在标注工具中就可以设计创建，需要包含工具的名称、权限类型、工具类型等。

6）预估数据量。根据标注任务的标注任务类型、人力获取模式、标注工具、算法选择及整个项目的成本对所需标注的数据量进行预估。明确标注数据的定义并确定最终的需求量。

7）整理数据。明确数据与标签文件储存的命名规则，数据文件名与标签文件名应保持一致。

（2）制定标注规则。图像数据标注需要针对具体的标注任务，制定不同的标注规则，要站在给完全不懂的人去看的角度撰写。具体的编写方法见下文"制定图像数据标注规范"。

（3）标注人员培训。将标注规范传达给标注人员，进行标注资质审核和上岗前培训。

（4）标注任务分配。在系统中新建标注任务，配置任务信息，上传原始数据包，为任务分配对应的标注人员和质检人员。

（5）标注生产。标注人员按要求进行标注操作，一般采用拉框标注、区域标注、描点标注等方式。

（6）标注质检。由完全理解标注规范和验收标准的人员对已标注的数据进行抽样检验，抽样检验的比例根据任务需要和标注团队的能力确定。

（7）标注验收。按照验收标准对质检合格的数据进行再次验证。

（8）标注数据输出。将标注好的图像数据导出成客户需要的文件格式并打包。

（9）标注数据交付。将标注后的数据进行加密，按照要求交付给需求方。

图像数据的标注流程同图2-13所示的流程。

4. 制定视频数据标注流程

视频数据标注是将视频进行剪辑并标注，利用视频信息单元中的帧对视频剪辑的每个图像中的物体进行描述或标记化的过程。视频数据标注多用于视频分析、自动驾驶、安防监控、虚拟现实、视频游戏等领域。主要标注流程如下，可根据实际情况参考应用。

（1）标注准备

1）确认需求。同需求方确认清楚本次标注任务的具体需求。

2）分析数据。明确机器学习和模型训练过程中所需的标注数据类型、量级、用途及应用场景等。

3）选择标注工具：选择适合本次标注任务的视频数据标注工具，如科大讯飞的 AI LAB 平台、LabelBox、DarkLabel、VIA（VGG Image Annotator）、OpenCV、Imglab、DataTurks、VOTT 等。

4）确定标注类型。视频数据包括视频内容、场景、任务、情境、时间戳等信息，标注可以是不同类型，具体根据需求方的需求确定，如目标检测、语义分割、动作识别、事件和行为识别、关键点标注等。

①目标检测是识别在视频中出现的物体并为其打上标记，例如通过框选的形式，标注出视频中的行人、车辆、建筑等。

②语义分割是将视频中的每个像素都进行分类，即将同一个目标内的像素归为同一类别。常常用于对视频内容进行精细化的分析，例如人体动作分析。

③动作识别是分析视频中人体的动作，例如走路、跑步、跳跃等行为的分类和标注，常常应用于人体姿势学和行为分析领域。

④事件和行为识别指识别和标注视频中发生的事件和行为，例如视频中的交通事故、人群聚集等。

⑤关键点标注是对于某些需要具体关注某一部位变化的应用场景，对其关键点进行标注，例如人脸关键点标注，手部关键点标注等。

5）原始数据处理。对视频数据进行特征提取；对于数量多、高分辨率的视频数据，可以先使用数据压缩技术进行降维处理，方便后续数据的存储和传输等。

6）建立标注模板。在标注平台建立本次标注任务的数据标注模板，规范后续的标注。

7）预估数据量。根据标注任务的标注任务类型、人力获取模式、标注工具、算法选择及整个项目的成本对所需标注的数据量进行预估。明确标注数据的定义并确定最终的需求量。

8）整理数据。将视频数据分割成一帧一帧的图片，将按帧分割好的视频数据打包，明确数据与标签文件储存的命名规则，数据文件名与标签文件名应保持一致。

（2）制定标注规则。视频数据的标注需要针对具体的标注任务，制定不同的标注规则，要站在给完全不懂的人看的角度撰写。具体的编写方法见下文"制定视频数据标注规范"。

（3）标注人员培训。将标注规范传达给标注人员，进行标注资质审核和上岗前培训。

（4）标注任务分配。在系统中新建标注任务，配置任务信息，上传原始数据包，为任务分配适合的标注人员和质检人员。

（5）标注生产。标注人员按要求进行标注操作，通常采用区域标注、标签标注、关键点标注、时间标注、文本标注等方式。

（6）标注质检。由完全理解标注规范和验收标准的人员对已标注的数据进行抽样检验，抽样检验的比例根据任务需要和标注团队的能力确定。

（7）标注验收。按照验收标准对质检合格的数据进行再次验证。

（8）标注数据输出。将标注好的视频数据导出成客户需要的文件格式并打包。

（9）标注数据交付。将标注后的数据进行加密，按照要求交付给需求方。

视频数据的标注流程同图 2-13 所示的流程。

二、制定数据标注规范

标注规范中通常应说明项目的背景、意义、数据应用的场景、保密要求等，且应包含具体的任务描述、标注工具、标注方法、标注示例等内容。试标注以后，还应该根据试标的结果对标注规范进行补充完善。最终的标注规则需要需求方审核同意；或直接由需求方提供标注规范。

项目背景中应概要说明数据标注需求产生的场景或项目的背景等内容。版本信息中应说明当前的版本号、发布人、发布日期、历史迭代信息等内容。任务描述中应详细说明本次标注的主要任务，包括数据形式、标注工具、标注方法、标注示例、交付时间、验收要求等。保密要求中应明确数据的保密级别、保密期限、保密范围，明确各方的保密责任等。

以下对制定文本、语音、图像、视频标注规范的方法和注意事项进行进一步说明：

1. 制定文本数据标注规范

文本数据标注质量的高低直接影响文本分类、情感分析、命名实体识别等自然语言处理任务的效果。文本数据标注规范中应明确标注对象和标注结果、标注规则和标注流程、标注人员的选择标准，确保标注人员间的一致性和明确标注质量审查方法等。以下是制定文本数据标注规范应考虑的内容。

（1）明确标注对象和标注结果。首先标注规范中应明确定义标注对象是什么，比如是一个实体、一个文本片段或是一个句子。其次，需要明确标注对象的标注结果应该是什么，例如是一个分类、一组关键词、一个实体、一个标签等。

（2）明确标注规则和标注流程。标注规则和标注流程是保证标注数据质量的关键环节，它们能够约束标注人员的标注行为和标注结果。标注规则和标注流程应该明确、一致且易于遵守。通常应该提供标注人员操作手册、操作实例以及岗前培训等，以保证标注人员能够准确、一致地标注数据。

例如，需要对一些餐厅菜品列表进行标注，包括菜式名、菜品口味、菜品价格、菜品细节描述等信息，可以为此制定如下标注规则，见表 2-5。

表 2-5　菜品列表标注规则

标注类型	标注规则
菜式名的标注	在菜品名称的前方添加"菜名："的标签，例如"菜名：麻婆豆腐"，明确标注菜品的名称
口味的标注	在菜品口味前方添加"口味："的标签，例如，"口味：麻辣""口味：微辣""口味：清淡"，明确标注菜品的口味
价格的标注	在菜价前方添加"价钱："的前缀来标注价格，例如"价钱：28 元"，清晰明确地标注菜品的价格
细节描述的标注	对一些特殊特征的菜品，如有良好的口感，或是食用方式有特点，则可以在细节描述中进行标注。例如，"这道鱼香肉丝的口感较脆，丝状食材口感适中"

再如，需要对保险产品的属性值进行标注，可以制定如下的标注规则，见表 2-6。

表 2-6　保险产品属性值标注规则

属性	属性值标注规则	属性值来源要求
保险期间	情况 1：条款中有独立"保险期间"约定的，属性值为"保险期间"内所有内容 情况 2：条款中没有独立"保险期间"约定的，终身保险的保险期间判定为终身，其他保险期间载明"××保险的保险期间以保险条款约定为准"	产品条款
保险属性	标注健康险、寿险、意外险、年金保险或第三方托管保险	产品分类
保险责任	1. 分类型分别描述每一项保险责任，通常按照条款划分。如条款中只有一条保险责任，没有单独的责任名称，可以从承担的责任是支付什么保险金来判断保险责任名称 2. 所有责任通用的限定内容，需要在每一项责任中都写	产品条款
实体类目	标注健康险-疾病险种、健康险-医疗险种、健康险-护理险种、健康险-失能险种、寿险险种、意外险险种、年金保险险种	产品分类
基本保险金额	条款"保险金额"内所有内容	产品条款
等待期	条款中关于"等待期"时间的描述内容	产品条款
责任免除处理方式	条款"责任免除"内所有内容	产品条款
销售时间描述	载明开始销售日期和停售日期（如有），停售时间如为某一日 0 时起，则停售日期应写到前一日	产品备案信息
版本号	产品名称中括号内的版本描述所有内容	产品条款
……	……	

（3）明确标注人员的选择标准。标注人员的选择很关键，他们的背景经验、知识水平和语言能力都应该被考虑。某些标注任务对标注人员的知识和经验具有较高的要求，还可以为标注人员提供相应的背景知识和培训。

（4）确保标注人员间的一致性。标注的正确性不仅与标注人员的能力有关，也与标注人员之间的一致性有关。多个标注人员对相同的文本数据进行标注需要进行验证，以保证标注数据的一致性。在试标注过程中，可以使用一些工具或者进行双重提交等方法来实现多人标注，如出现标注之间的差异，可能需要对标注规范进一步完善。

（5）明确标注质量审查方法。标注质量审查是检查标注数据是否符合标注标准、标注结果是否一致、标注结果是否合理等的过程。如果需要，可以请专家审核标注数据，尽量避免标注错误，降低标注过程中产生的误差。

2. 制定语音数据标注规范

语音数据的标注规范是影响语音识别和处理效果的关键因素。语音数据的标注规范应明确标注对象和标注结果、标注规则和标注流程、标注人员的选择标准，确保标注人员间的一致性和明确标注质量审查方法等。采用正确的标注规则和标注流程，能够保证语音数据标注的质量，为语音处理任务提供有效支持。以下是制定语音数据标注规范应考虑的内容。

（1）明确标注对象和标注结果。标注对象是指语音数据中需要标注的信息，如语音识别的文本、发音正确性等。标注结果是指标注人员对标注对象的标注结果，如音素的划分、音调的标记、语音识别的文本标注等。

（2）明确标注规则和标注流程。标注规则和标注流程是保证标注数据质量的重要因素，它们需要明确、一致并且容易理解。标注规则应该包括标注对象的定义、标注方式的选择、标注结果的格式等。标注流程可以包括标注人员的培训、标注实例的提供、标注人员之间的沟通、标注人员的质量检测与管理等。

例如，需要对一段双人对话进行标注，包括说话人、说话内容和情感等信息。可以为此制定如下标注规则，见表2-7。

（3）明确标注人员的选择标准。标注人员的选择需要考虑他们的语言水平、发音准确性等因素。对于某些需要特定领域专业知识的标注任务，参与标注的人员必须具备相关的知识和技能。标注人员还应该遵循标注规则和标注流程，保证标注数据的质量。

表 2-7　双人对话标注规则

标注类型	标注规则
说话人的标注	在每个句子之前加上说话人的标签，例如："李明：我认为这个想法非常好。""王五：我不太同意。"明确标注每句话的说话者身份
话题的标注	使用"话题："的前缀来标注每段话的话题或者主题。例如："话题：你怎么看待未来的发展？""李明：我觉得应该有更多的投资在环保上"
情感的标注	使用情感标签来标注说话人说话时的情感状态。例如："张三：我不太同意。（标注标签：拒绝）""李四：我理解你的想法。（标注标签：肯定）"

（4）确保标注人员间的一致性。标注人员间的一致性是检验标注数据质量的重要标准。在进行语音数据标注时，多个标注人员应该对相同的语音数据进行标注，以保证标注数据的准确性和一致性。一致性可采用标准 Kappa 系数等方法进行评估。如果在试标的过程中出现差异，可能需要对标注规范进行调整。

（5）明确标注质量审查方法。标注质量审查是保证标注数据质量的必要环节。在标注数据处理后，对标注数据进行审查，检查标注结果是否合理、语音数据是否有噪声等问题。如有需要，可以使用一些专业工具来提高审查的准确性。

3. 制定图像数据标注规范

图像数据的标注规范是保证图像数据质量的关键环节。图像数据标注规范应确定标注对象和标注结果、确定标注规则和标注流程、明确标注人员的选择标准、确保标注质量的一致性和明确标注质量审查方法等。通过制定合理的标注规范和完善的标注流程，可以有效地保证图像数据标注质量、提高图像处理的效果和效率。以下是制定图像数据标注规范应考虑的内容。

（1）确定标注对象和标注结果。标注对象是指要标注的图像中需要标注的信息，常见的标注对象有物体位置、类别、边框、关键点等。标注结果是指标注人员对标注对象的标注结果，标注结果可以是标签、坐标、多边形等。

（2）确定标注规则和标注流程。标注规则和标注流程是制定图像数据标注规范的关键点。标注规则应该包括标注对象的定义、标注方式的选择、标注结果的格式等。标注流程可以包括标注人员的培训、标注实例的提供、标注人员之间的沟通、标注质量检测、与标注人员的管理等。

例如，需要进行一个目标检测标注。在目标检测中，需要对图像中的目标进行定位，通常是用矩形框表示，然后标注这个矩形框的左上角坐标和右下角坐标，这些坐标信息通常被称为边界框。要编写好的目标检测标注规则，需要考虑以下因素。

1）标注类别。在目标检测中，需要定义检测的目标类别，例如图像中的人、车、动物等。

2）标注方法。需要根据不同的标注类别，制定不同的标注方法，例如人的标注一般使用矩形框，车的标注可以使用多边形框等。

3）标注位置。需要定义边界框的位置信息，例如矩形框的左上角坐标和右下角坐标等。

4）标注问题的类别。例如停车问题、交通事故等。

5）数据集格式规范。标注数据集中的每个标签都需要按照特定的格式进行标注，一般使用XML或者JSON等格式进行编写，以方便使用，确保数据的统一性。

（3）明确标注人员的选择标准。标注人员的选择是保证标注数据质量的重要因素。选取有经验的标注人员、有相关领域经验的专业人员以及对图像标注有工作热情的人员，可以有利于更好地完成标注工作。

（4）确保标注质量的一致性。标注质量的一致性是制定图像数据标注规范时应注意的要点。标注人员之间的标注质量差异可能会导致标注数据不一致，特别是在复杂的标注任务中。可采用随机化、双人标注、互相审查等手段来提高标注质量的一致性。如果在试标过程中出现标注不一致的情况，可能需要对标注规范进一步完善。

（5）明确标注质量审查方法。标注数据的审查是评估标注质量的关键环节。在标注数据处理后，需要对数据进行审查，以检查标注结果的正确性、标注数据的质量等问题。如有必要，可请专业人员对标注结果进行审查。

4. 制定视频数据标注规范

视频数据的标注规范是制定好视频数据标注的关键环节。合理的标注规范能有效提高视频数据处理的效率和质量。制定视频数据标注规范应确定标注对象和标注结果、确定标注规则和标注流程、明确标注人员的选择标准、确保标注质量的一致性和明确标注质量审查方法等。通过制定合理的标注规范和完善的标注流程，可以有效保证视频数据标注质量。

（1）确定标注对象和标注结果。标注对象是指要标注的视频中需要标注的信息和细节，常见的标注对象有视频片段、画面中的一个物体、人物的动作等。标注结果是指标注人员对标注对象的标注结果，标注结果可以是标签、行为动作、坐标、角度等。

（2）确定标注规则和标注流程。标注规则和标注流程是制定视频数据标注规范的关键点。标注规则应该包括标注对象的定义、标注方式的选择、标注结果的格式等。标注流程可以包括标注人员的培训、标注实例的提供、标注人员之间的沟通、标注人员的质量检测与管理等。

例如，对视频人员计数的标注，需要考虑以下几方面的因素。

1）定义标注类别。在人员计数任务中，需要定义人的类别。可以根据具体的场景分为稳态和活态两种：例如全局场景（如一个体育馆）是稳态考虑全场检测；若是局部场景，则可以考虑活态，即沿着人群的移动轨迹跟踪。在每种情况下，需要定义人的类别标签，进行标注。

2）考虑标注的方法与位置。对于人员计数和跟踪任务来说，可以使用矩形框对每个人进行标注，再将人员的位置进行标注，例如左上角和右下角。在场景变化不大的情况下，可以固定人员的矩形框来简化标注；在场景变化比较大时，需要在每帧中手动改变矩形框的位置。

标注的方法，可以采用手动标注的方式，也可以采用现有的算法进行自动标注，并根据实际情况进行改进。

3）规定标注的数量和格式。为了标注数据的统一性和有效性，需要规定标注数量和格式。具体操作方法根据具体场景确定。例如：在全局场景中，可以定义每个矩形框的坐标值，便于识别标记人的位置及其方向；而在局部场景的计数时，需要定义一个框来划分场景中的人数。

4）部分场景下的注意事项。当涉及多个场景和多个标记人群时，例如高速公路上的行人和车辆计数，需要制定更加详细的标注规则和指导方案。首先要清晰地定义目标的大小范围（车的大小和人高等），然后确定标注人员数量的上限和使用轨迹跟踪算法拖动帧。同时要注意避免相同的人在某些情况下被重复标注。

（3）明确标注人员的选择标准。选择合适的标注人员是制定视频数据标注规范时应注意的要点。选择的标注人员需要具有相关经验、语言能力和任务认知能力，他们可以是具有视频和录像经验的人员和评论家，也可以是图像处理和机器学习方面的专家。如果在试标过程中出现标注不一致的情况，可能需要对标注规范进一步完善。

（4）确保标注质量的一致性。标注质量的一致性是制定视频数据标注规范时应注意的问题。标注人员之间的标注质量差异可能会导致标注数据不一致。可以采用双人标注、多人标注等手段来提高标注质量。

（5）明确标注质量审查方法。标注数据的审查是保证标注数据质量的关键环节。在标注数据处理后，需要对数据进行审查，以检查标注结果的正确性、标注数据的质量等问题。如有必要，可以请专业人员对标注结果进行审查。

学习单元3 数据标注工具的原理和选择

1. 掌握智能数据标注工具的原理。
2. 掌握主流智能数据标注工具的特点。
3. 掌握智能数据标注工具的选择方法。

一、数据标注工具的原理及功能

数据标注工具的工作原理是通过提供一个用户友好的界面，帮助标注人员有效地为数据样本分配预定义的标签，以创建一个有标签的数据集，供机器学习模型训练和其他数据驱动任务使用。这些工具的设计目标是提高数据标注的效率、准确性和一致性。选择一款功能全面的数据标注工具，能够有效提高标注效率、确保标注质量、促进标注流程的标准化、提高多人协作效率、便于标注数据的管理、提高标注数据的可追溯性。好的标注工具通常具备以下功能。

支持标注任务的全流程管理，包括标注项目的建立、标注模板的建立、操作界面的定制、标注人员的管理、标注数据的获取或上传、数据预处理、标注任务的分配和管理、数据标注、数据质检、数据的评估和去重、数据验收、标注结果导出等。

支持不同格式的数据（如文本、音频、图片、视频等），并能够对数据进行快速加载、处理和转换。

支持多种不同的标注方式，如画框、画点、画线、置标等标注方式，以适应不同类型数据的标注需求。

支持一定程度的标注自动化处理，例如自动化填充与审查，自动标记等。

支持多人协同、质检和审核功能，有效提高标注质量，避免标注错误。

提供丰富的标注结果可视化方式，如图片预览、视频播放、文本编辑等，便于用户直观地观察和纠正标注结果。

支持数据的检索和查询功能，方便用户对大量标注数据进行快速的查询和筛选。

支持多维度的统计和分析功能，例如分类别、难易程度、标注进度等，支持用户对标注进展情况及时进行监控和统计。

支持标注结果的导出功能，提供多种格式的数据导出选项（如 JSON、TXT、XML 等），方便用户进行二次开发和应用。标注数据的导出格式及其特点见表 2-8。

表 2-8　标注数据的导出格式及其特点

导出格式	特点
文本格式（text format）	可以是 txt 或者其他文本文件格式，这种格式对标注数据进行简单的文本描述，不包含其他媒体和附件，可以直接用于文本挖掘、自然语言处理等分析任务
CSV 格式（comma separated values）	将标注数据保存为逗号分隔的纯文本文件，每个字段用逗号分隔。CSV 格式可以读入主流的数据分析工具（如 R、Python、Excel 等），方便针对数据进行统计分析
XML 格式（extensible markup language）	将标注数据存储在 XML 文档中，可以包含更详细的信息描述。XML 格式适用于需要更丰富的数据格式和多媒体文件，例如图像、音频、视频等类型的标注
JSON 格式（java script object notation）	JSON 格式是一种基于文本的、独立于编程语言的轻量级数据交换格式。JSON 格式是由一系列匹配的键-值对构成的，其中键是字符串，值可以是字符串、数字、布尔值（true 或 false）、数组、对象或 null。JSON 格式适用于可以通过键值对添加详细信息的标注数据，也适用于 JavaScript 开发等方面的应用
数据库格式	如 SQLite、MySQL、PostgreSQL 等，这种格式将标注数据存储在数据库中，可通过 SQL 查询和操作这些数据。数据库格式可用于管理和处理大量标注数据，一般用于商业任务中

二、常见数据标注工具及其特点

1. 常见文本标注工具

能够进行文本标注的工具很多，不同的文本标注工具有各自的特点和适用范围。在选择文本标注工具时，需要根据实际需求权衡各种特点和功能，并选择最适合的工具。一方面，不同的标注工具支持不同的标注规则和格式，例如 BIO、BIOES、RE 等，因此，需要根据标注任务规则和格式选择适合的工具。另一方面，不同的标注工具具有不同的功能和价格，因此，需要根据用户的需求量和允许的预算来选择合适的工具。如果需要进行较大规模的标注任务，可以考虑选择免费的或付费的在线标注工具；如果标注任务数量较小，可以选择简单易用的桌面版标注工具。此外，还要考虑标注任务类型、数据安全和隐私等因素。常见的文本标注工具及其特点如下。

（1）Labelbox。Labelbox 是一个功能丰富的在线标注平台，支持多种文本、图像和视频标注等任务。Labelbox 支持用户自定义标注模板、自动化数据质量管控和多人协作标注等高级功能；Labelbox 包含自动化和分布式标注算法，可以在保证数据质量的同时更快地完成标注；该平台还支持标注人员之间，团队之间以及发包商与承包商之间的协作；该平台可以与常见的机器学习和深度学习工具无缝集成，从而能够创建训练数据集，并在分布式处理环境中部署模型。

（2）BRAT。BRAT 是一个开源的文本标注工具，它的全称是 brat rapid annotation tool。它主要用于文本注释和标记任务，如实体关系抽取、文本分类、事件抽取、命名实体识别等，是一个轻量级的桌面版文本标注工具，适用于小规模的文本标注任务。它支持多种标注格式、标注历史记录和多语言标注等功能；具有多人协作、权限管理等功能，可以提高团队内部成员的协作效率；用户可以根据自己的需求创建自己的工作流程。BRAT 还可以通过插件机制扩展功能，用户可以根据需要添加自定义插件以满足特定需求。

（3）Doccano。Doccano 是一个开源的在线文本标注工具，可用于多种文本标注任务。它支持多标注类型、多语言标注和多人协作标注等功能，可以为命名实体识别、情绪分析、文本摘要等创建标记数据。Doccano 使用 Python 和 Django 框架开发，使用简单，易于扩展；支持自定义标签和标注规则；使用 SSL 加密通信，保证数据的安全性；支持多种标注数据格式，如 csv、json、text、conll 等，方便用户与其他工具之间的数据交换。

（4）Prodigy。Prodigy 是一款基于 Python 的文本标注工具。Prodigy 主要用于命名实体识别、关系抽取、文本分类、情感分析等自然语言处理领域的标注任务。Prodigy 支持自定义的实体识别规则、自定义的用户界面，可以根据需求定制标注任务；Prodigy 使用自然语言处理技术，可以自动检测和提示可能的实体、关系、分类等信息，帮助用户更快地标注数据；Prodigy 提供实时反馈和错误提示，可以帮助用户改进标注质量；Prodigy 提供完整的端到端工作流，支持标注、训练、评估和部署机器学习模型。

（5）YEDDA。YEDDA 可以用于中文、英语、符号，甚至表情符号上注释块、实体、事件等。YEDDA 支持快捷注释，用户只需选中文本并按快捷键，就可以自动标注。不仅如此，YEDDA 还支持命令注释模型，可以批量注释多个实体，并且支持将带注释的文本导出为序列文本。但是该工具是基于 Python2 开发的，所以安装需要用 Python2。需标注的文档用 txt 文件导入，采用 UTF-8 编码方式，若采用了错误的编码方式，会出现乱码的情况。

（6）Hugging Face Datasets。Hugging Face Datasets 是一个包含多个基准数据集和标注工具的开源库。其中包括多个文本标注工具，如 Token Classification、Extractive Question Answering，Relevance Ranking 等。它支持多语言标注、自动可视化标注等功能。Hugging Face Datasets 提供各种自然语言处理任务相关的数据集，如 NLP 任务、计算机视觉、时序预测等；它可以方便地对数据集进行训练集、测试集、验证集的划分，并支持交叉验证等功能；Hugging Face Datasets 提供了简单易用的 API，能够方便地读取和处理数据集，包括分次读取、随机采样和跨进程读取等；Hugging Face Datasets 提供详细的文档和示例，包括 API 文档、模型评估、数据集评估、数据预处理等，便于使用者上手和入门。

（7）Annotate。Annotate 是一款易用的文本标注工具，支持快速打标、自定义标注类型和多人协作标注等功能。它的界面简洁易用且支持中文标注。Annotate 使用 Python 和 Django 框架开发，使用简单，易于扩展；Annotate 支持多种标注数据格式，如 csv、json、text 和 ini 等，方便用户与其他工具之间的数据交换。

（8）科大讯飞 AI LAB 数据标注平台。AI LAB 数据标注平台支持文本、音频、图片数据的标注，平台内置了丰富的标注工具，并且包含超级管理员、应用管理员、标注员和检查员等不同角色，可以实现标注工具的管理、任务创建与分配、标注模板建立、数据标注、数据检查、任务验收的完整流程。

2. 常见语音标注工具

在选择语音标注工具时，需要根据标注任务类型选择合适的工具，不同的语音标注任务可能需要用到不同的标注工具。一是考虑数据量的大小，在数据量比较大的情况下，最好选择支持自动化标注的工具；二是考虑标注的精确度和质量，选择具有高级修订和校验功能的语音标注工具；三是考虑数据集的安全性和隐私性，选择可保护数据安全隐私的标注工具。常见的语音标注工具及其特点如下。

（1）ELAN。ELAN 是一个开源的语音和视频标注工具，主要用于语言学和社会科学研究领域。它支持多种标注格式和多种媒体文件的标注，提供了丰富的标注类型和功能。ELAN 提供用户友好的注释工具，支持文字、标记、分类、关系、时序等不同类型的注释；支持多种语言和字符编码，包括 Unicode 编码；采用开放架构设计，支持插件和自定义脚本扩展，方便用户进行二次开发和自定义；提供多种分析工具，支持语音转录、分词、词性标注、语法分析等；提供自动转换工具，用户可以将不同格式的数据转换为 ELAN 可读取的格式。

（2）Praat。Praat 是一款功能强大的语音分析工具，主要用于语音和音频数据分析和标注。它支持多种分析和标注功能，包括格式转换、波形编辑、声学分析、标注和可视化等。除了语音标注，它还提供多种语音和音频处理、分析工具，如频谱分析、音高检测、声学分析等。Praat 可以实现比较精确的标注任务，如标注音素和语调等。它支持多种音频格式，如 WAV、MP3 等，而且可以实现音频格式的转换。

（3）Audacity。Audacity 是一款广泛使用的免费的音频编辑和录制软件，它可以用于语音标注和录制。它支持多种标注和编辑功能，包括频率分析、杂音删除、剪切、复制、粘贴和旋转等。Audacity 支持导入和导出多种音频格式，包括 WAV、MP3、OGG、FLAC 等。

（4）WaveSurfer。WaveSurfer 是一个小型的跨平台音频分析工具，用于实时音频浏览、分析、注释和标记，适用于语音、音乐和声学研究领域。WaveSurfer 可以实时浏览音频信号，方便用户进行音频分析和处理，包括时域信号、频域信号、功率谱图等；提供了用户友好的注释和标记工具，包括文字注释、点标记、区域标记、时间轴标记等；支持自定义插件，用户可以根据自己的需求开发和安装插件对软件进行扩展；支持多种格式的音频输入和输出，包括 WAV、MP3、WMA、AIFF 等。WaveSurfer 是一款开源软件，用户可以自由地获取、修改、分发和拓展源代码。

（5）Label Studio。Label Studio 是一个在线和自承载的数据注释平台，支持文本、图像、视频和语音等数据类型的标注任务。它提供了简单易用的标注接口和丰富多样的标注类型和工具。Label Studio 支持多种标注方式，如文本输入、图像标注、矩形标注、测量标注等；集成了多个深度学习框架，包括 TensorFlow、PyTorch、Keras 等，可以进行快速验证和训练；提供了数据可视化工具，可以方便用户对标注数据进行可视化分析。Label Studio 是一款完全开源的软件，用户可以自由获取、修改、分发和拓展源代码。

（6）京东众智数据标注平台。京东众智数据标注平台主要提供各种标注数据的采集、整理、清洗、去重、简单加工等服务。它涵盖了大部分数据标注场景，包括图像标注、文本标注、语音标注、视频标注等。用户可以通过京东众智数据标注平台以低成本、简单快捷和高效率的方式获取高品质的标注数据。该平台提供了丰富的标注任务和标注类型，如图像分类、图像目标检测、图像语义分割、视频关键帧提取、文本分类、NER 识别、关系抽取、情感分析、文本聚类等。此外，该平台还提供多种工具和管控机制来确保标注数据的正确性和质量，如质控验证、订单管控、多人协作、标注记录等。

（7）曼孚科技 SEED 数据标注平台。曼孚科技 SEED 数据标注平台是一个基于云端的数据标注工具，主要提供图像、文本、语音、视频等多种数据类型的标注服务。它以高质量、高效率、高安全性为目标，为客户提供专业的数据标注服务。该平台提供了多种标注任务和标注类型，如图像分类、目标检测、语音标注、文本分类等。同时，它也提供多种标注工具和管控机制来确保标注数据的准确性和质量，如标注标准规范、标注管理、质量控制等。

（8）深延科技智能数据标注平台。深延科技智能数据标注平台是一款基于人工智能和自然语言处理技术的数据标注平台，主要提供文本、图片、语音、视频等多种类型数据的快速且高质量的标注服务。该平台除了提供普通的数据标注服务外，还专注于多模态数据标注和深度标注等领域的研究和开发。其标注服务不仅可以满足不同行业和场景的不同需求，还可以为持续学习和模型融合等数据挖掘任务提供高质量的标注数据。该平台支持用户自定义标注规则，定制标注流程，同时也提供标注过程实时可编辑的功能，以满足不同需求。

3. 常见图像标注工具

在选择图像标注工具时，需要先明确需求目标，如标注类型、标注形状、标记结果等。有了明确目标，就可以更好地选用标注工具，并根据自己的需求选择相应的工具。使用者需要学习不同标注工具的使用方法，以及软件的稳定性、兼容性、性能等方面的特点，特别是对大量标注任务的可扩展性。具体使用过程中还需要注意其应用架构、安全性、用户界面等因素，在保证标注效率的同时保证标注质量。常见的图像标注工具及其特点如下。

（1）LabelImg。LabelImg 是一款免费的图像标注工具，需要按照 Python 的库下载使用。这款工具可以标记框、线条、点等不同形状的标注，同时支持多格式输出，如 XML、JSON 等，也支持调用 TensorFlow 训练物体识别模型。它的优点是界面清晰简洁、易于掌握，而且代码开源。

（2）CVAT。CVAT（computer vision annotation tool）是一款免费的开源图像标注工具，支持多人协作标注、自定义形状的标注以及自动标注等功能。它的自动标注功能可以使用 OpenCV 等图像处理图库，对目标进行分类、定位和分割等算法，得到初步的标注结果。同时，CVAT 支持多种数据格式导入、输出，可以自定义标注类型。

（3）RectLabel。RectLabel 是一款专业的图像标注工具，主要应用于 iOS 和 macOS 系统设备，支持快速画矩形、椭圆、点、折线等标注形状，支持自动识别图片中物体的颜色、形状、边缘等属性后快速标注，支持多种格式，如 CSV、XML、JSON 等的导出。这款工具是商业软件，需要付费才能使用。

（4）Scalabel。Scalabel 是一款开源的图像标注工具，适用于自动驾驶、机器学习等领域的数据标注。它支持多人同时标注、追踪标注进展，还支持三维空间中的物体标注。支持根据所标注的数据，训练目标检测、目标跟踪等算法，数据的格式支持多种形式，如 Pascal VOC 等。

（5）Labelme。Labelme 是一款开源的图像标注工具，基于 Python 和 Qt 开发，主要用于标注多类目标检测和语义分割任务的图像数据。Labelme 具有用户友好的可视化界面，可以支持直接在图像上注释、标注、绘制多边形，贝塞尔曲线、点等标注类型；支持多种不同格式的标注数据转换，如 JSON、COCO JSON、VGG XML 等格式；支持手动标注、半自动标注和自动标注等方式，可大大提高标注效率；可以从图像中自动或手动提取感兴趣区域 ROI（region of interest），并将其标注。Labelme 是一款开源工具，可以根据用户需要进行修改和扩展。

（6）VOTT。VOTT（visual object tagging tool）是微软开源的一款图像标注工具，主要用于图像物体检测和分割任务的数据标注，支持多种类型的标注，包括矩形、多边形、点、线段等，同时支持自定义标注类型的添加。通过 VOTT，用户可以轻松地标注、扩充或者编辑物体检测或分割任务的数据集；VOTT 支持多种常见的数据格式，包括 JSON、COCO、Pascal VOC 等，方便用户与常见的深度学习框架进行交互。VOTT 是一款完全开源的软件，用户可以进行源代码分析、修改、扩展和分享。但是，VOTT 支持的标注类型相对较少，对一些复杂任务要求的标注方式需要人工处理后导入。

（7）VIA。VIA（VGG image annotator）是由英国牛津大学视觉几何组开发的一款图像标注工具。它提供一种简单、易用、灵活和可扩展的标注工具，以帮助用户快速标注图像数据集。VIA 可以通过部署在本地的 Web 方式访问，为人脸数据的标注提供很多方便的操作，对于人脸标注来说是非常适合的工具。VIA 提供了一个插件系统，允许用户自定义标注类型、导入导出文件格式以及增加一个新的数据源；它支持多种标注方式，包括矩形，多边形和点标注，标注过程中支持实时预览，同时还可支持复杂场景下的标注；VIA 有快速的图片缩略图生成、多文件快速切换、快速的图片加载、键盘快捷键等特性，能够提高标注的运行效率。但是，VIA 相对其他一些大型图像标注工具来说较为简略，渲染图像对计算机显卡性能要求较高。

4. 常见视频标注工具

在选择视频标注工具时，要根据实际情况和标注任务，平衡多个重要的因素，选择最有优势的视频标注软件。在标注任务方面，不同的视频标注工具适用于不同的任务，例如，标注物体检测需要矩形标注工具，标注图像分割则需要多边形标注工具。因此，在选择视频标注工具时，首先需要明确标注任务。在数据量方面，如果标注的视频数据量较大，就必须考虑标注工具的批量和自动化处理能力。某些视频标注软件可以快速地处理大量数据，但同时也需要一定的均衡性和标签规范性控制。在兼容性方面，应考虑视频标注工具是否与其他工具和平台兼容，避免数据转换和整合方面的问题。在数据安全方面，视频数据可能包含敏感信息，如人脸识别等，因此需要选择采用加密传输、数据权限管理等安全措施的视频标注工具，以确保数据的安全性。常见的视频标注工具及其特点如下。

（1）Dataturks。Dataturks 是一种在线的视频和图像标注工具，它提供了一个易于使用的平台来快速创建各种类型的数据集。它的特点是可以支持各种类型的标注任务，例如图像分类、物体检测、图像分割、文本标注等，并且支持导出到多种文件格式，如 JSON、CSV、Excel 等。Dataturks 还支持多语言和 API，可以方便地集成到其他应用程序中。数据安全性方面，Dataturks 提供严格的数据加密和权限管理，确保用户数据的安全性和隐私保护。该工具还支持批处理，可以高效地处理大规模数据集，并提供了 UI 界面、标签规范性控制等功能来简化标注过程，从而提高工作效率。对于需要创建、管理和共享多种类型的数据集的机器学习项目，Dataturks 可能是一个很好的选择。

（2）Labelbox。Labelbox 是一种基于云的标注工具，支持多个标注员、多个项目、多个文件类型和多个导入、输出格式。它的特点是适用于各种类型的标注任务，并可以与其他工具集成，如 TensorFlow、Keras 和 Fast.ai 等。Labelbox 提供多种高级的标注工具，支持可视化的标注、半自动标注等多种标注方式，标注数据的准确性有保障；Labelbox 提供多种数据管理工具，包括数据导入、数据去重、数据过滤、数据分布分析等，帮助用户管理大量的图像和文本数据；Labelbox 提供多种先进的深度学习算法，如自动检测算法、自动分割算法等，可以自动完成某些部分的标注工作。

（3）OpenCV 和 CVAT。OpenCV（open source computer vision library）是一个跨平台的计算机视觉库，用于处理图像和视频数据，它包含多种功能，如图像和视频的处理、目标识别和追踪、人脸检测和识别、边缘检测、3D 成像等。OpenCV 适用于各种应用程序，从算法开发到实时系统。OpenCV 支持多种编程语言，如 C++、Python、Java 等，并可以在 Windows、Linux、Android 等多种操作系统上运行。

CVAT 是一种开源、跨平台的视频和图像标注工具，具有优秀的跨平台支持能力，支持多种数据类型、支持多用户和多项目、支持主流深度学习算法的训练和预测等。此外，CVAT 还支持多种不同的标注工具，如矩形、点甚至追踪标注等。

OpenCV 和 CVAT 可以结合使用，OpenCV 的功能可以用来处理图像和视频的分析，CVAT 可以用来标注和管理数据集。例如，使用 OpenCV 的人脸检测算法检测视频中的人脸，将检测到的人脸数据传递给 CVAT 进行标注，便于训练深度学习模型。

（4）VOTT。VOTT（visual object tagging tool）是一款开源的视频和图像标注工具，由微软开发，主要应用于计算机视觉领域中的目标检测、分割、关键点定位等任务。它支持导入和导出多种格式（如 COCO、VOC、YOLO 等格式）的数据集。VOTT 还提供了一个直观的图形化用户界面，使用户可以方便快捷地进行图像和视频的标注。VOTT 支持在标注过程中，创建、编辑和调整标注框、多边形和关键点等标注工具。它还支持多个项目和多个标注员的协作工作，以及在标注过程中使用统一标签管理。VOTT 在标注和导出过程中，提供了多种扩展功能和设置选项，如自定义标签、导入和导出设置等。此外，VOTT 还支持使用自定义的 API 将标注数据发送到自己的服务器或第三方工具，如 TF Object Detection API 等。总之，VOTT 是一个易于掌握、强大且灵活的视频和图像标注工具，非常适用于数据标注、数据集管理和深度学习模型训练。

（5）精灵标注。精灵标注是一款国内开发的客户端标注工具，非常适用于图像和视频数据的标注和管理，它支持图像分类、目标检测、实例分割等多种标注任务。精灵标注提供简单易用的用户界面和强大的标注功能，可帮助用户提高标注效率、减少标注错误和提高数据质量。精灵标注支持多种导入和导出格式，如COCO、VOC、YOLO 等格式，可与各种深度学习模型兼容。它提供多种标注工具，如矩形、多边形、线条、点等，支持图像缩放、旋转、平移等操作。它还支持多人协作标注，支持标注痕迹回溯和标注结果复查等功能，保证了标注的准确性和一致性。此外，精灵标注还提供了快捷键和插件系统，以方便用户进行标注以及使标注更加智能化。例如，可以使用插件进行重复框检测和多框合并等优化操作，提高标注效率。

（6）VIA。VIA（VGG image annotator）：由牛津大学视觉几何组开发，是一款强大、灵活且易于上手的图像标注工具，适用于各种图像和视频数据的标注和处理任务。它旨在提供简单易用、高效的图像标注功能，包括多种标注任务，如目标检测、分类、分割等。VIA 可以导入和导出多种格式的标注数据，如 Pascal VOC、COCO、JSON 等。它支持多种标注工具，如矩形、多边形、点等，支持类别标注、关键点标注、注释等操作。此外，VIA 还提供了多种标注模式和视图选项，支持多个标注人员的协同标注，提高标注质量和效率。VIA 还提供了一些有用的扩展功能和工具，如细分标注、标注痕迹回溯、标注结果保存和恢复等，可帮助用户提高标注精度和便利性。它支持自定义快捷键和插件系统，以便用户进行个性化设置和更复杂的标注操作。

培训课程 **2**

算法测试

学习单元1 训练集、验证集和测试集编制方法

掌握训练集、验证集和测试集的编制原则和方法。

训练集、验证集、测试集是人工智能中常见的数据集划分方式。

训练集用于训练模型，它包含了大部分数据样本，算法在训练集上学习数据的分布和规律。

验证集用于确定模型的超参数（学习率，正则化系数等）。通过在验证集上评估模型特性来确定模型的最佳参数。

测试集用于模型的最终评估，在模型参数确定之后，使用没有在训练集和验证集中出现过的新数据集，综合评价模型的准确性和泛化能力。

通过训练集、验证集和测试集可以评估模型的性能，避免过拟合。训练集、验证集和测试集构建方法的科学性是模型性能的重要决定因素。

一、数据集的常见问题

1. 训练数据量不足

对于相对简单的训练任务，训练数据量应以千计；对于图像和语音训练任务，训练数据需要以百万计。客观环境导致无法积累足够多的训练数据时，应选择相对简单的模型。

2. 训练数据不具有代表性

当训练数据不具有代表性时，模型的预测能力较差，泛化能力难以保证。

3. 训练数据质量较差

若训练数据包含较多的噪声、错误、异常值和无关特征时，会出现"垃圾进、垃圾出"的不理想情况。在构建训练集、验证集和测试集时，应确保数据集不存在上述问题。

4. 数据不平衡问题

当某一类别的数据占比过大，其他类别数据很少时，就出现了数据不平衡问题。这会导致模型对少数类别进行错误分类，影响模型性能，对此种情况应进行特定处理，确保模型具有较好的预测能力。

二、训练集、验证集和测试集的构建原则

在划分训练集、验证集和测试集时，应遵循以下原则：

1. 数据集样本数量应当足够大，并且能充分反映数据的总体分布情况。

2. 数据集应当是随机分配的，以确保样本的分布与总体分布相似。

3. 训练集、验证集和测试集应互不重叠。

训练集是用于算法学习和模型训练的数据集。训练集应包含足够多的数据以覆盖模型可能遇到的各种情况。通常情况下，训练集的数据量应该是验证集和测试集数据量总和的四倍左右。

验证集用于选择模型超参数，调整模型的架构。验证集是从训练集中选择的一部分数据集。在训练过程中，通过在验证集上测试不同的超参数和架构来选择最优的模型。验证集的数据量应该足够大，以确保模型的泛化性能。

测试集是用于评估模型预测性能的数据集。一般情况下，测试集的数据量应占总数据量的 10% ~ 20%。在选择测试集时，应当选取与训练集和验证集不同的样本，以便客观地评估模型的泛化性能。

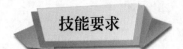

技能要求

一、数据集不平衡问题的处理方法

1. 过采样

过采样方法通过增加少数类样本数量，实现数据集平衡。代表方法是 SMOTE 算法。该算法的核心思想是对于每个少数类样本，随机选择一些最近邻的样本，然后根据这些最近邻的样本线性插值生成新的少数类样本。在 Python 环境下，可以使用 imblearn 库实现基于 SMOTE 算法的过采样，代码如下：

```
# 导入工具库
from imblearn.over_sampling import SMOTE
from sklearn.datasets import make_classification
X, y = make_classification(n_classes=2, class_sep=2,
weights=[0.1, 0.9], n_informative=3,n_redundant=1, flip_
y=0, n_features=20, n_clusters_per_class=1, n_samples=1000,
random_state=10)
smote = SMOTE(random_state=10)
X_resampled, y_resampled = smote.fit_resample(X, y)
print("Original dataset shape:", X.shape, y.shape)
print("Resampled dataset shape:", X_resampled.shape, y_
resampled.shape)
```

上述代码中，X 为特征向量，y 为对应的标签。fit_resample（）方法对数据进行过采样，返回过采样后的特征和标签向量。

注：imblearn 是一个 python 库，提供了很多重采样技术，常用于处理不平衡数据集。

2. 欠采样

欠采样方法通过减少多数类样本数量达到平衡数据集的目的。最常用的方法是随机欠采样，该方法随机从多数类样本中选择一些样本，使得多数类样本数量和少数类样本数量相等。Python 实现代码如下：

```
from imblearn.under_sampling import RandomUnderSampler
```

```
from sklearn.datasets import make_classification
X, y = make_classification(n_classes=2, class_sep=2,
weights=[0.1, 0.9], n_informative=3,n_redundant=1, flip_y=0,
n_features=20, n_clusters_per_class=1, n_samples=1000, random_
state=10)
rus = RandomUnderSampler(random_state=10)
X_resampled, y_resampled = rus.fit_resample(X, y)
print("Original dataset shape:", X.shape, y.shape)
print("Resampled dataset shape:", X_resampled.shape, y_
resampled.shape)
```

上述代码中，X 为特征向量，y 为对应的标签。fit_resample（ ）方法对数据进行欠采样，返回欠采样后的特征和标签向量。

二、训练集、验证集和测试集的构建方法

在 Python 环境下，构建训练集、测试集和验证集的代码如下：

```
# 导入必要的库和模块
import pandas as pd
from sklearn.model_selection import train_test_split
# 读取原始数据集
data = pd.read_csv('data.csv')
# 将数据集划分为训练集、验证集和测试集
train_data, test_data = train_test_split(data, test_size=0.2,
random_state=42)
train_data, val_data = train_test_split(train_data, test_
size=0.2, random_state=42)
# 对训练集、验证集和测试集进行处理
train_X = train_data.drop(columns=['target'])
train_y = train_data['target']
val_X = val_data.drop(columns=['target'])
val_y = val_data['target']
test_X = test_data.drop(columns=['target'])
test_y = test_data['target']
```

上述代码使用 Pandas 库读取原始数据集，之后使用 train_test_split（）函数将数据集划分为训练集、验证集和测试集三部分。其中，test_size 参数用于指定测试集和验证集所占比例，random_state 参数指定随机种子，以保证每次划分的结果相同。最后，将训练集、验证集和测试集的特征和标签分开，供后续模型训练使用。

学习单元 2　算法训练的原理和方法

1. 掌握常见人工智能算法及应用场景。
2. 掌握常见人工智能算法的训练原理。
3. 掌握常见人工智能算法的训练方法。

一、算法训练的原理

人工智能算法训练的核心思想是利用已知数据集和特定算法来训练模型，使模型能对未知数据做出预测，训练的主要原理是使用数据驱动方法来构建模型，根据已知数据的特征与标签之间的关系预测"新数据"的标签，通过不断优化算法模型参数来提高模型预测的准确性。

算法训练步骤如下。

1. 数据准备

收集和处理原始数据，进行数据预处理和特征工程操作，将数据集划分为训练集、验证集和测试集。

2. 算法选择

根据训练任务目标和数据特征，确定合适的算法，比如线性回归、决策树、支持向量机、神经网络等。

3. 模型初始化

基于确定的算法，初始化模型参数或随机生成初始权重。

4. 损失函数定义

根据算法特点，定义损失函数，衡量模型预测结果与真实值之间的误差。

5. 训练模型

利用训练集进行模型训练，通过优化模型参数，使损失函数达到最小值。该过程一般使用梯度下降算法。该算法核心思想是从一个随机的初始点开始，计算当前位置的梯度或导数，尝试向能够使损失函数值下降的方向移动一步。移动的步长由称为学习率（learning rate）的超参数所控制。直到达到目标函数的一个局部最小值为止，算法会不断地迭代、更新参数，最终收敛到最小值。操作方法如下。

（1）初始化参数。需要初始化模型参数（如权重 w 和偏置 b）的值，可以随机生成。

（2）计算损失函数。使用当前模型参数，计算损失函数的值。损失函数一般是模型在训练集上的平均误差，需要根据具体任务选择不同的损失函数。

（3）计算梯度。使用反向传播算法，计算损失函数对每个参数的梯度。梯度表明当前参数朝着哪个方向可以减小损失函数的值，这是优化过程中的关键信息。

（4）更新参数。将当前参数沿着梯度的反方向移动一定步长（"学习率"），尽可能减小损失函数的值。

重复执行步骤（2）至步骤（4），直到损失函数的值满足要求的最小值，或者达到指定的迭代次数。

梯度下降算法可用以下公式表示：

$$w\_new = w\_old - learning\_rate \times gradient$$

其中，w_new 是更新后的参数值，w_old 是当前的参数值，learning_rate 是学习率（步长），gradient 是梯度。

梯度下降算法需要仔细调整和优化，学习率设置得太小，会导致算法收敛速度过慢，学习率设置得太大，可能导致算法发散或者过度振荡，无法收敛到最小值。为了防止梯度下降算法陷入局部最优解，在实际算法应用中需要进行一些改进，具体包括随机梯度下降、批量梯度下降、动量优化、自适应学习率等。

6. 模型调优

模型调优是通过调整模型的超参数、优化算法和正则项等关键要素来提高模型的性能，对于深度学习模型，还会使用数据增强、网络结构调整、预训练模型等方法提升模型的速度和准确性。

（1）超参数调整。超参数调整通过调整学习率、正则化系数、批量大小等模型的超参数使模型更好地拟合数据。

（2）调整优化算法。选择合适的优化算法可以加速模型的训练，并提高模型的准确率。常见的优化算法有梯度下降法、动量方法、自适应学习率方法（如AdaGrad、RMSProp 和 Adam 等）。

1）梯度下降算法。梯度下降算法包括批量梯度下降、随机梯度下降和小批量梯度下降。

批量梯度下降（batch gradient descent，BGD）算法计算梯度时使用所有数据，需要大量的内存和计算资源，训练速度慢，适用于小数据集。

随机梯度下降（stochastic gradient descent，SGD）算法每次只用一个样本计算梯度，该方法训练速度快，适用于大数据集。但由于随机取样导致每次迭代梯度更新很不稳定，精度会受到影响。

小批量梯度下降（mini-batch gradient descent，MBGD）算法每次使用一个小的样本集合（小批量）来计算梯度，折中了 BGD 和 SGD 两种方法的优缺点，该方法常用于深度学习。

2）动量方法。动量（momentum）方法通过计算梯度的指数移动平均来加速优化过程，增强了随机梯度下降的稳定性和收敛速度。

3）自适应学习率方法。自适应学习率方法（adaptive learning rate methods）使用梯度的历史信息（梯度平方）来自适应调整学习率。

选择优化算法，可遵循的原则：对于特大数据集和复杂样本，可以使用随机梯度下降和小批量梯度下降等低内存消耗和计算效率高的优化算法；对于小型数据集和简单的样本，可以使用批量梯度下降算法；对于凸优化问题，可以使用梯度下降法等基于一阶导数的优化算法；对于非凸优化问题，可以使用动量方法等基于二阶导数的优化算法。

（3）正则化。正则化用于避免过度拟合（overfitting）问题，它通过加入一些额外的约束条件来降低模型的复杂性，基于有限的数据集，训练出一个更好的模型。常用的正则化方法包括 L1 正则化、L2 正则化以及 Dropout 正则化。

1）L1 正则化也称 Lasso 正则化，是将 L1 范数加到损失函数中的正则化方法，该方法通过将参数加到目标函数中来实现参数收缩和稀疏性。

2）L2 正则化也称 Ridge 正则化，是将 L2 范数加到损失函数中的正则化方法。

3）Dropout 正则化是神经网络中常用的正则化方法，可以防止神经网络出现过拟合的情况。其实现方法是在训练时随机使一部分网络单元失效，降低网络复杂度，防止对固定的神经元权重过度依赖，从而提高网络的泛化能力和鲁棒性。

7. 模型验证

模型验证是指通过特定方法评估模型的性能和泛化能力。

二、训练算法分类

1. 基于训练方式分类

根据模型训练方式的不同，训练算法被分成四类：有监督学习、无监督学习、半监督学习和强化学习。

（1）有监督学习。有监督学习是指利用已知标签的数据集进行模型训练和预测的算法，常见算法有线性回归、逻辑回归、支持向量机、决策树、神经网络等。

（2）无监督学习。无监督学习是指利用无标签的数据集进行模型训练，发现数据内在结构或规律的算法，例如聚类分析、关联规则学习、主成分分析、自编码器等。

（3）半监督学习。半监督学习是指利用部分有标签的数据集进行模型训练和预测的算法。

（4）强化学习。强化学习是指利用环境反馈进行模型训练和优化行为策略的算法。

2. 基于训练任务分类

根据训练任务的不同，训练算法可以分为六类，分别是二分类算法、多分类算法、回归预测算法、聚类算法、异常检测算法和迁移学习。

二分类算法是指将数据划分为两个互斥类别的算法；多分类算法是指将数据划分为多个互斥类别的算法；回归预测算法是指预测数据为连续值的算法，常见的有线性回归、多项式回归等；聚类算法是指将数据划分为多个相似子簇的算法，例如 K-means、层次聚类等；异常检测算法是指识别数据中与正常模式不符合的点或区域的算法，例如 K 最邻近、局部异常因子等；迁移学习是指利用已有领域的知识来帮助新领域的学习和预测的算法，例如领域自适应、多任务学习等。

三、有监督学习算法训练原理和应用场景

1. 逻辑回归算法的训练原理和应用场景

逻辑回归（logistic regression）是一种二分类算法，主要思路是利用 sigmoid 函数将线性回归模型的预测值映射到 0 和 1 之间。该算法可以预测某个事件发生的概率，通常用于二分类任务，比如预测一封电子邮件是否为垃圾邮件、预测肿瘤是否为恶性、预测用户是否会购买产品等。

2. 决策树算法的训练原理和应用场景

决策树算法既可处理分类问题，也可处理回归问题。比如，可以用于预测一个人是否适合某项工作。

（1）决策树分类算法。决策树分类（decision tree classification）算法是一种基于树形结构的分类模型，它通过构建一棵决策树来实现对样本的分类。在构建决策树时，算法会按照某个特征对样本进行划分，使得划分后每个子集中的样本尽可能属于同一类别，然后再对每个子集进行进一步的划分，直到所有的子集中的样本都属于同一类别或无法再进行划分为止。决策树分类算法的训练过程就是确定如何选择最佳的特征来进行划分的过程，一般使用信息增益或基尼系数来确定最佳特征。

决策树分类算法的训练和预测方法如下。

1）从根节点开始，选择最佳的特征进行划分，将样本划分为多个子集。

2）对于每个子集，重复步骤 1），直到所有子集中的样本都属于同一类别或无法再进行划分为止。

3）向构建完成的决策树的根节点输入一个未知样本的特征值，根据决策树的分支逻辑便可以预测该样本的类别。

（2）决策树回归算法

决策树回归（decision tree regression）算法是一种非参数回归方法，它将特征空间划分为多个简单的区域，并使用每个区域的均值作为该区域内所有样本的预测值。该算法适用于非线性关系的回归问题，并且能够很好地处理噪声数据。在使用决策树回归算法时，可以通过限制树的深度或者使用正则化方法来控制模型的复杂度，从而避免过度拟合。

3. 支持向量机算法训练原理和应用场景

支持向量机（support vector machine，SVM）主要用于分类和回归问题，在许

多领域都有广泛的应用，如图像识别、文本分类、生物信息学、金融风控等，特别适用于小样本、高维特征、非线性问题。其基本思想是在特征空间中找到一个最优的超平面，使得数据点到该超平面的距离最大化。在分类问题中，SVM 试图找到一个最优的超平面来分隔两类数据，使得两类数据之间的间隔最大化，这种超平面被称为最大间隔超平面；在回归问题中，SVM 试图找到一个最优的超平面来拟合数据，使得拟合误差最小。SVM 的训练和预测方法包括以下几个步骤。

（1）特征空间转换，通过映射函数，将原始特征空间转换到高维特征空间。

（2）选择最优的超平面，在高维特征空间中选择最优的超平面，使得数据点到该超平面的距离最大化，同时要满足分类误差最小化的条件。

（3）模型参数求解，根据选择的最优超平面求解模型参数。

（4）模型预测，对于新的数据点，计算其在特征空间中的位置，根据模型参数计算其所属类别。

4. 神经网络算法的训练原理和应用场景

神经网络（neural network）是一种基于神经元模型的学习算法，主要用于分类、回归、聚类等问题，神经网络在人脸识别、语音识别和自然语言处理领域应用广泛。神经网络的基本思想是模拟人脑神经元的结构和功能，通过多层神经元之间的连接和权重调整来实现对输入数据的处理和输出结果的预测。训练方法包括以下几个步骤。

（1）确定网络结构。选择神经元的数量和层数、连接方式和激活函数等网络结构参数，参数可通过交叉验证等方法确定。

（2）前向传播。输入数据经过网络的多层神经元传递，直到输出层得到输出结果，通常可以通过矩阵运算来加速计算。

（3）计算误差。将输出结果与实际标签进行比较，计算预测误差，可以使用均方误差（mean square error，MSE）或交叉熵（cross entropy，CE）等损失函数来衡量误差。

（4）反向传播。根据误差进行反向传播，逐层更新神经元的权重和偏置，使误差最小化，并且可以使用梯度下降法或者其变种算法来实现。

（5）参数更新。根据反向传播的梯度信息更新神经元的权重和偏置。

5. K 近邻算法的训练原理和应用场景

K 近邻算法（k nearest neighbors，KNN）的基本思想是在特征空间中，如果一个样本的 k 个最近邻中，属于某一类别的样本点比例较多，则该样本也属于这个类别。K近邻算法适用于分类和回归问题，比如可以用于电商领域的推荐系统，医疗领域的病因定位。该算法理论简单，易于实现，并且对于小样本、非线性、不规则数据适用性较好。但它在处理大规模高维数据时计算量比较大，需要存储大量的训练数据，并且容易受到噪声的干扰。KNN算法的训练过程如下。

（1）收集训练样本。收集一些已知类别的样本数据，每个样本都有一个标签，表示其所属类别。

（2）特征提取。对于每个样本，从中提取出一些特征，这些特征可以用来描述该样本的属性。

（3）计算距离。对于一个未知样本，计算它与每个已知样本之间的距离。距离可以采用欧氏距离、曼哈顿距离等。

（4）选择 k 个邻居。从与未知样本距离最近的 k 个样本中，选择标签最多的类别作为未知样本的预测类别。k 值的选择会影响算法的分类结果，一般需要通过交叉验证等方式来确定最优的 k 值。

（5）预测。对于一个未知样本，根据其特征和已有样本的标签，通过上述步骤来预测其所属的类别。

6. 集成学习的训练原理和应用场景

集成学习（ensemble learning）通过组合多个基础模型（base model）的预测结果，形成一个更加准确、稳定的综合模型。该方法可以提高预测的精度、稳定性和鲁棒性，从而在实际应用中获得更好的效果。常见的集成学习方法包括：Bagging方法、Boosting方法和Stacking方法。

（1）Bagging方法。Bagging方法通过对训练数据进行自助采样，构建多个基础模型，然后将这些基础模型的分类结果进行投票或平均，得到最终的预测值。

Bagging方法组合多个基本分类器的预测结果，来提高整体模型的预测性能，这些基本分类器是由不同的训练集和初始条件训练得到的，具有一定的随机性和多样性，因此，该方法可以有效减少过拟合问题，提高模型的稳定性和泛化能力。在实际操作中，同一基本分类算法的不同实例之间应该具有差异性，否则集成效果可能不理想，并且使用的基本分类算法的复杂度不能太低，否则样本重采样的结果对最终的结果影响不大，模型集成效果就会降低。Bagging方法常用的基本分类算法有CART、神经网络、支持向量机等。

随机森林算法是Bagging方法的典型代表，它是一种基于决策树的集成学习算法，该算法随机选择特征和样本，构建多个决策树，并将它们的预测结果进行综合，得到最终的预测结果。随机森林算法训练出的模型具有较高的准确率和良好的泛化能力，被广泛用于客户信用评级等金融风控场景。随机森林算法的训练过程如下。

1）数据准备，将数据集随机分为训练集和测试集。

2）构建多个决策树。

①随机选择一部分训练集和一部分特征，用于训练决策树。

②通过计算信息增益或基尼系数，选择最佳的特征作为节点，将训练集划分为左右两个子集。

③递归重复步骤②，直到叶子节点中的样本都属于同一类别或者达到预先设定的树的深度。

④通过上述方法，生成指定数量的决策树。

3）预测新样本的类别。

①对于每个决策树，输入新样本，输出其所属的类别。

②采用投票的方式，将每个决策树的输出结果进行投票，最终确定新样本所属的类别。

（2）Boosting 方法。Boosting 方法是一种基于多个弱分类器组合的集成学习方法，该算法迭代训练多个弱分类器，每次训练都调整样本权重，使得之前分类错误的样本在下一次训练中得到更多的关注，最后，将多个弱分类器的预测结果加权组合得到最终的预测结果。

在 Boosting 算法开始时，所有训练样本都被赋予一个相等的权值，通常情况下这些权值之和为 1。在每一轮迭代中，Boosting 算法都会在当前样本的权值分布上训练一个新的弱分类器。在每一轮迭代之后，Boosting 算法会根据当前的权值分布和弱分类器的训练效果来调整每个样本的权值。对于分类错误的样本，提高其权值，而对于分类正确的样本，则降低其权值。这样，下一轮迭代的分类器就会更关注之前被错误分类的样本，对这些样本上的分类效果会变好。在迭代训练完成之后，Boosting 算法会将所有弱分类器组合成一个强分类器。一般情况下，这个强分类器会使用加权平均的方式对各个弱分类器的输出结果进行组合，加权系数与弱分类器的准确率成正比。使用这个强分类器对新样本进行分类时，会根据各个弱分类器的输出结果和加权系数进行求和，然后根据符号函数判断最终的类别标签。

GBDT 算法是 boosting 算法的典型代表，它是一种基于决策树的集成学习算法。GBDT 算法在回归问题中表现优秀，尤其是在处理非线性回归问题时具有明显优势。常见的应用场景包括但不限于金融预测、房价预测、股票价格预测等。该算法的训练过程如下。

1）数据准备，将数据集随机分为训练集和测试集。

2）初始化模型，使用训练集训练一个基础模型（一个简单的决策树）。

3）迭代过程，重复以下步骤，直至达到预先设定的迭代次数或者收敛。

①计算残差：使用当前模型对训练集进行预测，得到残差（实际值减去预测值）。

②训练新模型：使用残差作为目标变量，训练一个新的决策树模型。

③更新模型：将新模型集成到现有的模型中。

4）预测新样本的类别或值。对于新的样本，将其输入最终的模型中，得到其所属的类别或预测值。

（3）Stacking 方法。Stacking 方法是一种集成学习方法，它的核心思想是将多个基础分类器的预测结果作为新的特征，并使用元分类器来预测最终的结果。相对于其他集成学习方法，Stacking 方法能够更好地利用基础分类器之间的关联关系，提高整体的预测准确率。相应地，它在训练和预测时需要消耗更多的时间和计算资源。Stacking 方法的训练过程如下。

1）准备数据，将原始数据集分成训练集和测试集。

2）创建第一层的基础分类器：训练多个基础分类器（比如决策树、随机森林、支持向量机等）。

3）用第一层基础分类器进行预测：对训练集中的每个样本进行预测，得到一个新的训练集，每个样本有多个预测结果（由不同的基础分类器给出）。

4）创建第二层的元分类器：使用新的训练集训练一个元分类器（比如逻辑回归、神经网络等），目标是使测试集上的误差最小化。

四、无监督学习算法训练原理和应用场景

常见的无监督学习算法包括 K-Means 算法、DBSCAN 算法、PCA（主成分分析）算法、t-SNE 算法等，其中 K-Means 算法和 DBSCAN 算法分别是基于距离的聚类方法和基于密度的聚类方法的典型代表。

1. K-Means 算法的训练原理和应用场景

K-Means 算法是一种经典的聚类算法，该算法能够将数据划分为 k 个簇，每

个簇的中心是簇中所有点的均值。K-Means 算法适用于聚类问题，常用于客户分群，进而分析不同客户群的行为特征。该算法通过迭代优化各个簇的中心点（或质心）和每个数据点到中心点的距离来不断优化簇的质量。在高维空间中，点之间的距离很相似，选择中心点更加困难，K-Means 算法的效果很难保证。此外，K-Means 算法对于初始中心点的选择非常重要，不同的初始中心点可能会导致不同的聚类结果。K-Means 算法的训练过程如下。

（1）随机初始化 k 个中心点。

（2）对于每个样本点，计算距离最近的中心点，将它分配给相应的簇。

（3）对于每个簇，计算它的新的中心点。

（4）重复执行步骤（2）和步骤（3），直到中心点不再发生变化或达到最大迭代次数。

2. DBSCAN 算法的训练原理和应用场景

DBSCAN 算法是一种基于密度的聚类算法，适用于聚类问题，比如，在地理信息系统中，DBSCAN 算法可用于地理数据的聚类分析。它能够识别出任意形状的簇，并将不属于任何簇的点标记为噪声。对于每个样本点，计算它在给定半径 R 内的"邻居"个数，将"邻居"个数大于或等于阈值的样本点作为核心点，否则作为噪声点。对于每个核心点及它的密度可达点（在半径 R 内，并且在阈值范围内），将它们归为同一簇。

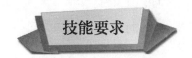

技能要求

一、模型超参数调整方法

算法模型实践中，经常使用网格搜索、随机搜索、贝叶斯优化等方法来搜索最佳超参数。具体实现方法如下：

1. 网格搜索

网格搜索的基本思想是在预定义的超参数范围内穷举所有的超参数组合，并交叉验证每个组合，以找到最佳超参数。该方法计算成本较高，因此常用于超参数数量不是很大时。在 Python 环境下，网格搜索的实现代码如下。

```
from sklearn.model_selection import GridSearchCV
from sklearn.ensemble import RandomForestClassifier
```

```
from sklearn.datasets import make_classification
X, y = make_classification()
param_grid = {'n_estimators': [10, 20, 50],
              'max_depth': [None, 10, 20],
              'min_samples_split': [2, 4, 8]}
clf = RandomForestClassifier()
grid_search = GridSearchCV(clf, param_grid=param_grid)
grid_search.fit(X, y)
print(grid_search.best_params_)
```

2. 随机搜索

随机搜索是指在预定义的超参数范围内随机抽取超参数值，然后使用这些超参数来训练模型。随机搜索比网格搜索效率高，它只需要对超参数空间中较少数量的点进行评估。在 Python 环境下，随机搜索的实现代码如下。

```
from sklearn.model_selection import RandomizedSearchCV
from sklearn.ensemble import RandomForestClassifier
from sklearn.datasets import make_classification
X, y = make_classification()
param_dist = {'n_estimators': [10, 20, 50],
              'max_depth': [None, 10, 20],
              'min_samples_split': [2, 4, 8]}
clf = RandomForestClassifier()
random_search = RandomizedSearchCV(clf, param_
distributions=param_dist)
random_search.fit(X, y)
print(random_search.best_params_)
```

3. 贝叶斯优化

贝叶斯优化是一种基于建模和迭代评估的调整超参数调整方法，目标是在少量迭代中找到最佳超参数组合。该方法利用贝叶斯推断方法，使用函数进行建模，寻找函数的最大值或最小值，并使用它来估计特定超参数的性能，通过不断迭代实现对整个超参数空间的探索，最终找到全局最优超参数组合。在 Python 环境下，贝叶斯优化参数搜索的实现代码如下。

```
from sklearn.datasets import load_digits
from sklearn.model_selection import cross_val_score
from sklearn.svm import SVC
from sklearn.model_selection import train_test_split
from sklearn.preprocessing import scale
from bayes_opt import BayesianOptimization
# 加载数据
digits = load_digits()
X, y = digits.data, digits.target
# 在训练数据和测试数据上进行归一化操作
X = scale(X)
# 创建交叉验证函数进行网格搜索
def get_cv_score(C, gamma):
    model = SVC(C=C, gamma=gamma, random_state=0)
    cv_score = cross_val_score(model, X, y, cv=5).mean()
    return cv_score
# 建立超参数优化模型
modelBO = BayesianOptimization(get_cv_score, {'C':(0.1, 10),
'gamma':(0.0001, 0.1)})
    # 找到最佳参数
modelBO.maximize(n_iter=3, init_points=2)
    print(modelBO.max)
```

上述代码首先加载 digits 数据集（sklearn 自带的手写字体数据集），并对其进行归一化。之后，定义了交叉验证函数 get_cv_score（）来计算模型的得分，并在超参数 C 和 gamma 的范围内进行建模。然后，使用 BayesianOptimization 方法进行贝叶斯优化，并使用 maximize（）方法来迭代评估超参数的效果。此外，还定义了 n_iter 和 init_points 参数，这些参数用于确定贝叶斯优化方法的迭代次数和随机采样点的数量。最终，找到最佳超参数组合。

二、有监督学习算法的训练方法

1. 逻辑回归算法的训练方法

在 Python 环境下，逻辑回归算法训练的实现代码如下。

```python
import numpy as np
# 定义sigmoid函数
def sigmoid(z):
    return 1 /(1 + np.exp(-z))
# 定义损失函数
def cost_function(X, y, theta):
    m = len(y)
    h = sigmoid(np.dot(X, theta))
    J = -1/m *(np.dot(y.T, np.log(h))+ np.dot((1-y).T, np.log(1-h)))
    grad = 1/m * np.dot(X.T, (h - y))
    return J, grad
# 定义梯度下降函数
def gradient_descent(X, y, theta, alpha, iterations):
    J_history = np.zeros((iterations, 1))
    for i in range(iterations):
        J, grad = cost_function(X, y, theta)
        theta = theta - alpha * grad
        J_history[i] = J
    return theta, J_history
# 加载数据集
data = np.loadtxt("demo.csv", delimiter=",")
X = data[:, :-1]
y = data[:, -1].reshape(-1, 1)
# 特征归一化
X = (X - np.mean(X, axis=0)) / np.std(X, axis=0)
# 添加偏置项
X = np.hstack((np.ones((len(X), 1)), X))
# 初始化模型参数
theta = np.zeros((X.shape[1], 1))
# 训练模型
```

```
alpha = 0.1
iterations = 1000
theta, J_history = gradient_descent(X, y, theta, alpha,
iterations)
# 输出训练后的模型参数
print("Trained parameters:", theta)
# 预测新样本
new_data = np.array()
# 对新样本进行特征归一化和添加偏置项
new_data =(new_data - np.mean(X, axis=0)) / np.std(X,
axis=0)
new_data = np.hstack((np.ones((len(new_data), 1)), new_
data))
# 预测新样本的分类
pred = sigmoid(np.dot(new_data, theta))
if pred >= 0.5:
print(" The result is negative.")
else:
print("The result is positive.")
```

上述代码中，sigmoid 函数用于将模型输出值映射为 0~1 的概率值，损失函数用于衡量模型的预测值与真实标签之间的差异，梯度下降函数用于更新模型参数以使损失函数最小化。特征归一化操作可以提高模型的训练效果，避免特征之间的差异对模型训练的影响。添加偏置项则可以解决模型的偏置问题。最后，通过将新样本输入训练好的模型中进行预测，得到新样本的分类结果。

2. 决策树分类算法的训练方法

使用 sklearn 库中的 DecisionTreeClassifier 类可训练用于分类的决策树，Python 代码如下。

```
from sklearn.tree import DecisionTreeClassifier
from sklearn.datasets import load_iris
from sklearn.model_selection import train_test_split
# 加载数据集
```

```
iris = load_iris()
X_train, X_test, y_train, y_test = train_test_split(iris.
data, iris.target, test_size=0.3)
# 创建决策树模型
clf = DecisionTreeClassifier()
# 训练模型
clf.fit(X_train, y_train)
# 预测
y_pred = clf.predict(X_test)
# 计算准确率
accuracy = clf.score(X_test, y_test)
print('Accuracy:', accuracy)
```

3. 决策树回归算法的训练方法

使用 sklearn 库中的 DecisionTreeRegressor 类可以训练用于回归的决策树，Python
代码如下。

```
import numpy as np
import matplotlib.pyplot as plt
from sklearn.tree import DecisionTreeRegressor
# 生成数据
X = np.linspace(-np.pi, np.pi, 200).reshape(-1, 1)
y = np.sin(X)
# 构建决策树回归模型
model = DecisionTreeRegressor(max_depth=5)
# 拟合模型
model.fit(X, y)
# 预测
y_pred = model.predict(X)
# 可视化结果
plt.scatter(X, y, c='k', label='data')
plt.plot(X, y_pred, c='g', label='prediction')
plt.legend()
```

```
plt.show()
```

上述代码生成了一个正弦曲线的数据集，之后使用 DecisionTreeRegressor 类来构建决策树回归模型，并进行模型拟合和预测，模型能够很好地拟合数据。基于决策树的回归模型预测结果图如图 2-14 所示。

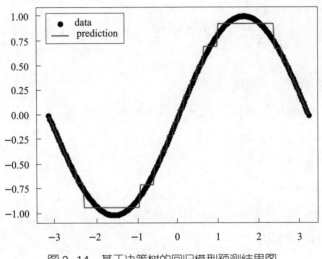

图 2-14　基于决策树的回归模型预测结果图

4. 支持向量机算法的训练方法

使用 sklearn 的 SVM 模块可以训练支持向量机模型，Python 代码如下。

```
from sklearn import datasets
from sklearn.model_selection import train_test_split
from sklearn.svm import LinearSVC
from sklearn.metrics import accuracy_score
# 加载数据集
iris = datasets.load_iris()
X = iris.data
y = iris.target
# 划分训练集和测试集
X_train, X_test, y_train, y_test = train_test_split(X, y,
test_size=0.2, random_state=0)
# 训练 SVM 模型
model = LinearSVC()
model.fit(X_train, y_train)
```

```
# 预测测试集
y_pred = model.predict(X_test)
# 计算准确率
accuracy = accuracy_score(y_test, y_pred)
print('Accuracy:', accuracy)
```

注：SVM 模型需要选择合适的核函数，对于非线性问题，可以使用非线性核函数来解决。

5. 神经网络算法的训练方法

使用如下 Python 代码可以训练一个简单的神经网络。

```
import numpy as np
# 定义激活函数
def sigmoid(x):
    return 1 / (1 + np.exp(-x))
# 定义神经网络结构
input_size = 2
hidden_size = 3
output_size = 1
# 初始化权重和偏置
w1 = np.random.randn(input_size, hidden_size)
b1 = np.random.randn(hidden_size)
w2 = np.random.randn(hidden_size, output_size)
b2 = np.random.randn(output_size)
# 定义输入数据
X = np.array([[0, 0], [0, 1], [1, 0], [1, 1]])
y = np.array([0, 1, 1, 0])
# 定义学习率和迭代次数
learning_rate = 0.1
num_iterations = 10000
# 训练神经网络
for i in range(num_iterations):
    # 前向传播
```

```
hidden_layer = sigmoid(np.dot(X, w1)+ b1)
output_layer = sigmoid(np.dot(hidden_layer, w2)+ b2)
# 计算误差
error = y - output_layer
# 反向传播
d_output = error * output_layer *(1 - output_layer)
d_hidden = np.dot(d_output, w2.T)* hidden_layer *(1 -
hidden_layer)
# 更新权重和偏置
w2 += learning_rate * np.dot(hidden_layer.T, d_output)
b2 += learning_rate * np.sum(d_output, axis=0)
w1 += learning_rate * np.dot(X.T, d_hidden)
b1 += learning_rate * np.sum(d_hidden, axis=0)
# 使用训练好的模型进行预测
test_data = np.array([[0, 0], [0, 1], [1, 0], [1, 1]])
hidden_layer = sigmoid(np.dot(test_data, w1) + b1)
output_layer = sigmoid(np.dot(hidden_layer, w2) + b2)
print(output_layer)
```

上述代码构建了一个具有 2 个输入、3 个隐藏层神经元和 1 个输出的神经网络。训练过程中使用了交叉熵损失函数和随机梯度下降法，对异或（XOR）问题进行训练，并作出了预测。

6. K 近邻算法的训练方法

在 Python 环境下，训练 KNN 算法模型的代码如下。

```
import numpy as np
from sklearn.neighbors import KNeighborsClassifier
# 构造训练集和测试集
X_train = np.array([[1, 2], [2, 3], [3, 4], [4, 5], [5, 6]])
y_train = np.array([0, 0, 1, 1, 1])
X_test = np.array([[1.5, 2.5], [4.5, 5.5]])
# 创建 KNN 分类器
clf = KNeighborsClassifier(n_neighbors=3)
```

```
# 训练模型
clf.fit(X_train, y_train)
# 预测分类
y_pred = clf.predict(X_test)
# 输出分类结果
print(y_pred)
```

上述代码使用 sklearn 库的 KNeighborsClassifier 类来创建 KNN 分类器，其中 n_neighbors 参数指定了 k 值。训练模型使用 fit（ ）方法，预测分类使用 predict（ ）方法。输出结果为：[0 1]，表示测试集中的两个样本分别被预测为属于类别 0 和类别 1。

7. 随机森林算法的训练方法

在 Python 环境下，可以使用 sklearn 库中的 RandomForestClassifier 类来训练随机森林模型，代码如下。

```
from sklearn.ensemble import RandomForestClassifier
# 加载数据
X, y = load_data()
# 创建随机森林分类器
rf=RandomForestClassifier(n_estimators=100, max_depth=5,
random_state=0)
# 在训练集上训练模型
rf.fit(X_train, y_train)
# 在测试集上进行预测
y_pred = rf.predict(X_test)
# 计算模型准确率
accuracy = accuracy_score(y_test, y_pred)
print("Accuracy: {:.2f}%".format(accuracy * 100))
```

上述代码使用 RandomForestClassifier 类创建一个包含 100 棵树的随机森林分类器，并限制每棵树的最大深度为 5。完成模型训练后，使用 predict 方法在测试集上进行预测，并使用 accuracy_score 方法计算模型的准确率。

8. 梯度提升决策树（GBDT）算法的训练方法

在 Python 环境下，可以使用 sklearn 库中的 GradientBoostingClassifier 类来训练

GBDT 模型，代码如下。

```
from sklearn.ensemble import GradientBoostingClassifier
# 加载数据
X, y = load_data()
# 创建 GBDT 分类器
gbdt = GradientBoostingClassifier(n_estimators=100, max_depth=5, random_state=0)
# 在训练集上训练模型
gbdt.fit(X_train, y_train)
# 在测试集上进行预测
y_pred = gbdt.predict(X_test)
# 计算模型准确率
accuracy = accuracy_score(y_test, y_pred)
print("Accuracy: {:.2f}%".format(accuracy * 100))
```

上述代码使用 GradientBoostingClassifier 类创建了一个包含 100 棵树的 GBDT 分类器，并限制了每棵树的最大深度为 5。在训练集上训练模型后，使用 predict 方法在测试集上进行预测，并使用 accuracy_score 方法计算模型的准确率。

9. Stacking 算法的训练方法

基于 Stacking 方法的模型训练 Python 代码如下。

```
from sklearn.model_selection import KFold
from sklearn.metrics import accuracy_score
from sklearn.linear_model import LogisticRegression
from sklearn.ensemble import RandomForestClassifier
from sklearn.tree import DecisionTreeClassifier
from sklearn.svm import SVC
import numpy as np
# 准备数据
X_train, y_train, X_test, y_test = ...
# 创建第一层基础分类器
models = [
    ('rf', RandomForestClassifier()),
```

```
        ('dt', DecisionTreeClassifier()),
        ('svm', SVC())
    ]
```

对每个基础分类器进行交叉验证

```
kf = KFold(n_splits=5, shuffle=True)
new_X_train = np.zeros((len(X_train), len(models)))
for train_idx, val_idx in kf.split(X_train):
    X_train_fold, X_val_fold = X_train[train_idx], X_train
[val_idx]
    y_train_fold, y_val_fold = y_train[train_idx], y_train
[val_idx]
    for i, (name, model)in enumerate(models):
        model.fit(X_train_fold, y_train_fold)
        y_val_pred = model.predict(X_val_fold)
        new_X_train[val_idx, i] = y_val_pred
```

训练元分类器

```
lr = LogisticRegression()
lr.fit(new_X_train, y_train)
```

在测试集上进行预测

```
new_X_test = np.zeros((len(X_test), len(models)))
for i, (name, model)in enumerate(models):
    model.fit(X_train, y_train)
    y_test_pred = model.predict(X_test)
    new_X_test[:, i] = y_test_pred
y_pred = lr.predict(new_X_test)
```

评估模型性能

```
accuracy = accuracy_score(y_test, y_pred)
```

三、无监督学习算法的训练方法

1. K 近邻算法的训练方法

sklearn 库提供了 K-Means 算法的 Python 实现，具体使用方法如下。

```
from sklearn.cluster import KMeans
```

```
# 创建 KMeans 对象，设置聚类数为 3
kmeans = KMeans(n_clusters=3)
# 使用 fit() 方法进行模型训练
kmeans.fit(X)
# 获取聚类结果
labels = kmeans.labels_
# 获取簇中心点
centers = kmeans.cluster_centers_
```

2. DBSCAN 算法的训练方法

在 Python 环境下，可以使用 sklearn 的 DBSCAN 类训练 DBSCAN 模型。

```
from sklearn.cluster import DBSCAN
# 创建 DBSCAN 对象，设置半径为 0.5，最小样本数为 5
dbscan = DBSCAN(eps=0.5, min_samples=5)
# 使用 fit() 方法进行模型训练
dbscan.fit(X)
# 获取聚类结果
labels = dbscan.labels_
```

学习单元 3　算法测试工具使用方法

培训目标

1. 掌握算法测试的原理和方法。
2. 使用工具对模型进行评估和测试。

一、模型测试原理和内容

模型测试是通过比较当前模型或多个模型间在训练集、验证集和测试集上的不同表现，来评价模型的好坏，判断模型在准确性和泛化能力方面是否达到要求，在进行模型测试时，要重点关注以下几方面因素。

1. 准确性

评估模型的预测精度，即模型预测输出与真实输出之间的差异程度。

2. 健壮性

评估模型在噪声、异常值、缺失数据等情况下的表现能力。

3. 可解释性

评估模型的解释能力，即模型输出结果是否能够被人理解。

二、模型测试方法

模型测试方法包括留出法、交叉验证法、自助法、留一法和自适应增量学习法等。

1. 留出法

留出法（hold-out method）将原始数据集划分为训练集和测试集，训练模型时只使用训练集，测试模型时只使用测试集。留出法是最基本的模型验证方法，简单易用，但容易出现过拟合和欠拟合的问题。借助 sklearn 库可以应用"留出法"对模型进行测试，代码如下。

```
from sklearn.model_selection import train_test_split
X_train, X_test, y_train, y_test = train_test_split(X, y,
test_size=0.2, random_state=42)
# 训练模型
model.fit(X_train, y_train)
# 在测试集上评估模型性能
score = model.score(X_test, y_test)
```

2. 交叉验证法

交叉验证法（cross validation）将原始数据集划分为 k 个互不重叠的子集，每次用其中 $k-1$ 个子集作为训练集，剩下的一个子集作为验证集，一共进行 k 次训练和验证。交叉验证法可以较好地评估模型的准确性和泛化能力，但计算量较大。借助 sklearn 库可以应用"交叉验证法"对模型进行测试，代码如下：

```
from sklearn.model_selection import cross_val_score
# 使用交叉验证法评估模型性能
scores = cross_val_score(model, X, y, cv=5)
# 输出模型性能的平均值和标准差
print("Accuracy: %0.2f (+/- %0.2f)" % (scores.mean(),
scores.std()* 2))
```

3. 自助法

自助法（bootstrap）通过从原始数据集中有放回地采样生成新的训练集和验证集，每个样本被选中的概率为 $1/n$，其中 n 为原始数据集大小。自助法的优点是可以很好地处理数据集较小或数据集中有重复样本的情况，缺点是会引入部分噪声。借助 sklearn 库可以应用"自助法"对模型进行测试，代码如下。

```
# 导入必要的工具库
from sklearn.utils import resample
# 生成新的训练集和测试集
X_train_new, y_train_new = resample(X_train, y_train,
replace=True, n_samples=len(X_train))
# 训练模型
model.fit(X_train_new, y_train_new)
# 在测试集上评估模型性能
score = model.score(X_test, y_test)
```

4. 留一法

留一法（leave-one-out）将每个样本都作为验证集，其余样本作为训练集，计算模型的平均性能。留一法计算量非常大，只适用于非常小的数据集。借助 sklearn 库可以应用留一法对模型进行测试，代码如下。

```
from sklearn.model_selection import LeaveOneOut
```

```
loo = LeaveOneOut()
# 使用留一法评估模型性能
scores = cross_val_score(model, X, y, cv=loo)
# 输出模型性能的平均值和标准差
print("Accuracy: %0.2f (+/- %0.2f)" % (scores.mean(),
scores.std()* 2))
```

5. 自适应增量学习法

自适应增量学习法（incremental learning）是指在训练好的模型上逐渐增加新数据，通过验证模型在新数据上的表现来衡量模型的泛化能力。自适应增量学习法通常用于在线学习和增量学习场景。

三、模型测试常用工具和指标

模型测试常用工具包括 ROC 曲线和混淆矩阵，常用指标有准确率、精确率、召回率、F1 值、AUC 值、R^2 值等。

1. ROC 曲线

ROC（receiver operating characteristic）曲线是评价二分类模型分类准确性的常用工具。ROC 曲线的横轴表示假阳率（false positive rate，FPR），纵轴表示真阳率（true positive rate，TPR）。在二分类问题中，真阳率可以理解为正确分类为正例的概率，假阳率可以理解为错误分类为正例的概率。ROC 曲线是根据不同的分类阈值绘制出来的。

在 ROC 曲线中，曲线越靠近左上角，模型的分类效果就越好。左上角的点对应的真阳率很高，假阳率很低，即模型的预测结果与实际情况非常接近。ROC 曲线下的面积（area under curve，AUC）越大，模型的分类准确性就越高。AUC 的取值范围在 0.5 到 1 之间，其中 0.5 代表随机分类器，1 表示完美分类器。

ROC 曲线的作用在于能够提供分类器对不同真阳率和假阳率的性能评估，而不是仅仅基于一个分类阈值进行评估，因此它可以更全面地反映分类器的性能。在应用中，ROC 曲线可以被用来选择最优阈值或者对不同分类器进行比较。ROC 曲线的绘制方法如下：

（1）设置不同的分类阈值，计算真阳率和假阳率。

（2）以假阳率作为横轴，真阳率作为纵轴，绘制 ROC 曲线。

在 Python 环境下，可以使用 sklearn 库中的 roc_curve 函数计算出 ROC 曲线的每个点，并使用 roc_auc_score 函数计算 AUC 的值，代码如下。

```
from sklearn.metrics import roc_curve, roc_auc_score
# 计算 ROC 曲线上的点
fpr, tpr, thresholds = roc_curve(y_true, y_scores)
roc_auc = roc_auc_score(y_true, y_scores)
# 绘制 ROC 曲线
plt.plot(fpr, tpr, lw=1, alpha=0.7)
plt.plot([0, 1], [0, 1], linestyle='--', lw=1, alpha=0.7)
plt.xlabel('False Positive Rate')
plt.ylabel('True Positive Rate')
plt.title('ROC Curve (AUC = %0.2f)' % roc_auc)
```

其中，y_true 是真实分类标签，y_scores 是模型输出的概率值。

2. 混淆矩阵

混淆矩阵（表 2-9）是一种用于展示分类模型性能的矩阵。在混淆矩阵中，矩阵的每一行表示样本的真实标签，每一列表示模型预测的标签。

表 2-9　混淆矩阵

预测值 真实值	预测值 =1	预测值 =0
真实值 =1	TP	FN
真实值 =0	FP	TN

通过将预测结果与真实结果进行比较，混淆矩阵将预测结果分成四类：真正例（true positive）、假正例（false positive）、真反例（true negative）和假反例（false negative）。使用 sklearn 库制作混淆矩阵的 Python 代码如下。

```
from sklearn.metrics import confusion_matrix
# y_true 和 y_pred 分别是真实标签和模型预测标签
cm = confusion_matrix(y_true, y_pred)
print(cm)
```

3. 准确率

准确率（accuracy）是指分类模型正确分类的样本数与总样本数之比。准确率是最常用的评估指标，但不适用于样本类别不平衡的情况。计算公式如下：

$$Accuracy = \{TP+TN\} / \{TP+TN+FP+FN\}$$

其中，TP 表示真正例的数量，TN 表示真反例的数量，FP 表示假正例的数量，FN 表示假反例的数量。

使用 sklearn 库计算准确率的 Python 代码如下。

```
from sklearn.metrics import accuracy_score
# y_true 和 y_pred 分别是真实标签和模型预测标签
accuracy = accuracy_score(y_true, y_pred)
```

4. 精确率

精确率（precision）是指被正确预测为正例的样本数与所有预测为正例的样本数之比。精确率适用于"看重"正例被正确预测的情况，比如疾病预测。精确率的计算公式如下。

$$Precision = \{TP\} / \{TP+FP\}$$

其中，TP 表示真正例的数量，FP 表示假正例的数量。

使用 sklearn 库计算精确率的 Python 代码如下。

```
from sklearn.metrics import precision_score
# y_true 和 y_pred 分别是真实标签和模型预测标签
precision = precision_score(y_true, y_pred)
```

5. 召回率

召回率（recall）是指被正确预测为正例的样本数与所有正例样本数之比。召回率适用于重视将所有正例样本预测出来的情况，例如搜索引擎中的检索结果。

召回率的计算公式如下：

$$Recall = \{TP\} / \{TP+FN\}$$

其中，TP 表示真正例的数量，FN 表示假反例的数量。

可以使用 sklearn 库计算召回率，代码如下。

```
from sklearn.metrics import recall_score
# y_true 和 y_pred 分别是真实标签和模型预测标签
recall = recall_score(y_true, y_pred)
```

6. F1 值

F1 值（F1-Score）是精确率和召回率的加权平均值，通常用于衡量分类模型的整体性能。F1 值高，表示模型在准确率和召回率之间取得了平衡。F1 值的计算公式如下：

$$F1=\{2\times 精确率 \times 召回率\}/\{精确率 + 召回率\}$$

使用 sklearn 库计算 F1 值的 Python 代码如下。

```
from sklearn.metrics import f1_score
# y_true 和 y_pred 分别是真实标签和模型预测标签
f1 = f1_score(y_true, y_pred)
```

7. R^2 值

R^2 值是回归模型性能的一种评估指标，用于衡量模型预测结果与真实值的接近程度。当拟合方式采用最小二乘法拟合时，R^2 值的取值范围为 $[0, 1]$，越接近 1，表示模型预测效果越好。当拟合方式不采用最小二乘回归时，R^2 值可能会出现负值，这意味着模型表现低于随机选择。R^2 值的计算公式如下：

$$R^2=1- 模型残差平方和 / 观察值残差平方和$$

使用 sklearn 库计算 R^2 值的 Python 代码如下：

```
from sklearn.metrics import r2_score
# y_true 和 y_pred 分别是真实标签和模型预测标签
r2 = r2_score(y_true, y_pred)
```

8. 平均绝对误差

平均绝对误差（MAE）表示数据集中实际值和预测值之间的绝对差异的平均值。MAE 越小，表示模型的准确性越高。MAE 是回归模型中常用的性能评估指标之一，由于 MAE 对异常值不敏感，因此其鲁棒性较强。

9. 均方误差

均方误差（MSE）表示数据集中原始值和预测值之间差值平方的平均值。MSE 是回归模型中常用的性能评估指标，MSE 越小，表示预测的结果越接近真实情况，模型的拟合效果越好。由于对误差取平方操作，MSE 对离群值比较敏感。

10. 均方根误差

均方根误差（RMSE）是均方误差（MSE）的平方根，它衡量的是残差的标准偏差，与平均绝对误差（MAE）相比，均方误差（MSE）和均方根误差（RMSE）会"惩罚"大的预测误差，并且均方根误差（RMSE）与因变量的量纲相同，被广泛地用于评估回归模型。

四、处理过拟合和欠拟合问题

基于算法训练出的模型可能会出现过拟合（overfitting）和欠拟合（underfitting）问题，影响模型的预测和泛化能力，需要通过特定方法进行优化。

1. 解决过拟合问题

过拟合问题的解决方法包括增加训练数据量、减少特征数据量、正则化、进行集成学习等。

（1）增加训练数据量，算法可以学到更多的"信息"，增加模型的泛化能力，减少过拟合风险。

（2）通过特征选择或特征提取方法减少特征数量，可以降低模型复杂度，减少过拟合风险。

（3）正则化通过在损失函数中加入正则项，对模型参数进行限制，减少模型复杂度，降低过拟合风险。

（4）集成学习方法通过组合多个不同的模型降低过拟合风险。

2. 解决欠拟合问题

欠拟合问题的解决方法包括增加模型复杂度、增加特征数量、减少正则化、选择更合适的模型。

（1）通过增加模型的复杂度，可以提高模型的拟合能力，以神经网络为例，增加隐藏层数和神经元数量可以提高模型的复杂度，降低过拟合风险。

（2）增加特征数量可以提高模型的拟合能力，例如增加多项式特征、引入新的特征等。

（3）如果模型训练使用了正则化方法，可以通过减少正则化强度来提高模型的拟合能力。

（4）当模型本身的能力不足以拟合数据时，可以尝试更换其他类型的模型，例如从线性模型切换到非线性模型。

五、模型测试其他内容

1. 单元测试

针对模型中的组件进行单独测试，以确保它们能够正常工作。以神经网络为例，包括输入层、卷积层、池化层、全连接层等。

2. 功能测试

测试模型在不同输入样本上的输出结果是否与预期一致，包括准确性和性能测试。

3. 压力测试

测试模型在大规模数据、高并发、多用户等环境下的运行表现。

4. 集成测试

测试不同组件之间的交互是否能够正常工作，确保整个系统能够正常运行。在进行人工智能模型测试时，还需考虑以下要点：

（1）选择适当的测试用例，包括正向用例和反向用例。

（2）对测试用例进行分类，包括边界测试、正常数据测试、异常数据测试等。

（3）建立可重复的测试环境，确保测试结果的稳定性和可靠性。

（4）记录测试结果和相应的参数配置，便于优化和改进。

技能要求

一、测试人工智能产品

要对人工智能产品进行测试，可以使用各种测试工具来确保其功能和性能的稳定性和准确性。以下是一些常用的测试工具和方法。

1. 自动化测试工具

可以使用自动化测试工具来执行重复的测试任务，比如测试人工智能产品的算法、模型和接口。常用的自动化测试工具包括 Selenium、Appium、JUnit 和 TestNG 等。

2. 数据集测试工具

人工智能产品通常需要处理大量的数据，可以使用数据集测试工具来验证产品对不同类型和不同规模数据的处理能力。常用的数据集测试工具包括 Apache JMeter、Locust 和 Flood 等。

3. 性能测试工具

可以使用性能测试工具来评估人工智能产品的性能和稳定性，包括对产品的吞吐量、响应时间和并发用户数的测试。常用的性能测试工具包括 LoadRunner、

Apache JMeter 和 Gatling 等。

4. 接口测试工具

对于人工智能产品的接口，可以使用接口测试工具来验证接口的正确性和可靠性。常用的接口测试工具包括 Postman、SoapUI 和 REST Assured 等。

5. 可视化测试工具

针对人工智能产品的可视化界面，可以使用可视化测试工具来测试产品的用户界面的功能和易用性。常用的可视化测试工具包括 SikuliX、Cypress 和 Selenium WebDriver 等。

除了使用上述测试工具，还可以结合人工测试的方法和技巧，对人工智能产品的使用进行全面的测试。通过不同的测试工具和方法的组合，可以有效地对人工智能产品进行全面的测试，为产品的改进和优化提供依据。

二、测试结果分析和纠偏

1. 分析人工智能产品测试结果

对人工智能产品进行测试时要确保有清晰的测试计划和测试用例。在测试过程中，收集测试结果和测试数据，并进行分析。在分析人工智能产品测试结果时，需要关注以下几个方面。

（1）准确性。产品预测结果是否准确。

（2）效率。产品的运行速度和性能是否能满足用户需求。

（3）可靠性。产品在不同情况下表现是否稳定。

2. 分析错误案例产生的原因

对于测试中发现的错误案例，需要分析其产生的原因。可能的原因包括以下几点。

（1）数据质量不佳。人工智能产品依赖数据质量，数据质量不佳可能导致错误的结果。

（2）训练数据不足或训练数据不均衡。人工智能模型的训练数据不足或者训练数据不均衡会导致模型存在偏差。

（3）模型设计问题。模型设计存在问题会导致错误的结果。

（4）算法问题。人工智能算法的实现可能存在问题，需要对算法进行调整。

3. 问题纠正

当发现错误案例产生的原因后，需要采取相应的措施进行纠正。常用纠正措施包括：

（1）数据清洗和标注。对于数据质量问题，可以进行二次数据清洗和标注，优化现有的数据清洗和标注流程，提升数据集的质量，进而提升人工智能产品的质量。

（2）优化训练数据。当训练数据不足时，应采集更多的数据用于模型训练，当训练数据存在类别不平衡问题时，应重新平衡数据集，提升模型的训练效果。

（3）调整模型设计或算法。针对模型设计或算法问题，可以调整模型设计或算法，以期得到更好的结果。

综上所述，在对测试结果进行全面分析后，需根据分析结果采取相应的措施进行改进优化。同时，在产品开发的过程中，需要不断优化测试计划和测试用例，提升人工智能产品的性能。

三、撰写测试报告

在撰写人工智能产品测试报告时，应坚持客观、准确和全面的原则，对产品的各个方面进行测试和评估，为产品的改进和优化提供有力依据。

人工智能产品测试报告应该包括以下方面的内容。

1. 测试概要

简要介绍测试过程，包括测试目的、测试范围和测试环境。

2. 测试目标

明确产品测试的目标和预期效果。

3. 测试方法

说明使用的测试方法和工具，例如功能测试、性能测试、安全测试等。

4. 测试内容

列出测试的具体功能、性能指标或安全要求。

5. 测试步骤

详细描述测试过程中的步骤和操作流程。

6. 测试结果

准确记录测试过程中的各项数据和结果，包括功能是否正常、性能是否达标、安全性是否满足要求等。

7. 测试分析

对测试结果进行分析和总结，指出产品存在的问题和不足。

8. 测试建议

提出改进产品的建议和意见，包括技术调整、功能优化、性能提升等。

9. 测试结论

对产品的整体测试结果作出评价，明确产品的优势和不足之处，判断产品是否达到预期的测试目标。

10. 测试总结

总结整个测试过程的经验教训，为今后产品测试提供参考和借鉴。

职业模块 ③

智能系统设计

培训课程 ① 智能系统监控和优化

学习单元 1 对智能产品数据进行全面分析

培训目标

1. 掌握智能产品数据分析的指标体系搭建方法及常用数据指标。
2. 理解智能数据分析的基本概念和原理。
3. 掌握智能数据分析的工具和技术。
4. 能撰写数据分析报告。

知识要求

一、数据分析的指标体系搭建

1. 数据指标体系的作用

数据指标体系的作用如图 3-1 所示。

整体理解业务　全面发现问题　快速定位问题　落地解决方案

图 3-1　数据指标体系的作用

2. 搭建数据指标体系的步骤

（1）确定数据分析的目标和范围。在制定指标体系时，需要明确数据分析的目标和涉及范围。

（2）收集数据来源。根据目标和范围收集需要的数据，可以通过已有的数据、问卷调查、数据监测系统等渠道获取数据。

（3）确定评估指标。评估指标是指衡量数据分析目标是否达成的关键性能指标，需要定量衡量，例如用户转化率、客户满意度等。

（4）制定指标体系。根据评估指标，确定其关联性和权重，建立指标体系。

（5）建立数据收集和分析的流程。在数据采集、清洗、转换、分析和报告等方面权衡时间和成本，确保数据的准确性和完整性。

（6）定期评估和调整指标体系。定期对指标体系进行评估和调整，确保指标体系的科学性和可用性。

3. 构建指标体系的模型

下面介绍几种常用的构建指标体系的模型。

（1）OSM（object-source mapping）模型。O 是 object（业务目标），指希望达成的业务目标，业务目标对应着业务的核心指标，了解业务的核心指标能够帮助快速梳理清楚指标体系的方向。

在制定业务目标时，除了要与业务方达成一致，还要保证业务目标符合四个原则，即 DUMB 原则。

切实可行（doable）。确保业务目标是可行的。例如要提出一个指标，不能定得太高，否则达不到目标，影响数据指标的评价。

易于理解（understandable）。保证业务目标通俗易懂，尤其是数据团队制定的数据目标要让业务方容易理解。

可干预、可管理（manageable）。需要保证业务目标有相应的业务策略或者抓手可以用来干预用户，从而实现目标。

正向的、有益的（beneficial）。要保证商业目标是有益的，不能为了实现一个目标而对其他目标产生负面影响，例如为了提高用户留存率，拼命向用户发送弹窗和推送消息。

S 是 strategy（策略），代表为了达到目标而采取的具体行动策略。把核心指标拆解成一个个过程指标，每个过程指标对应着相应的行动策略，就可以在整条链路中分析可以提升核心指标的点。

M 是 measure（度量），代表评估业务策略的效果好坏以及业务目标完成的情况。评估指标的制定是将产品链路或者行为路径中的各个过程指标进行细分，需保证每个细分指标是完全独立且相互穷尽的（建议可以使用麦肯锡著名的 MECE 模型）。

OSM 模型可以应用于人工智能训练中，如用于将对象映射到关系型数据库中。

以下是一个 OSM 模型应用在人工智能训练中的例子。

一家公司正在开发一个基于深度学习技术的人工智能模型，用于识别图像中的物体。该公司需要大量的图像数据来训练模型，并将这些数据存储在关系型数据库中。该公司可以使用 OSM 模型将图像对象映射到数据库表中。

例如，该公司可以使用 OSM 模型将图像对象的属性映射到数据库表的列中，例如图像 ID、图像名称、图像路径等。此外，该公司还可以定义图像对象之间的关系，例如图像和标签之间的关系，以及图像和类别之间的关系。

通过 OSM 模型，该公司可以轻松地将图像对象映射到数据库中，并在需要时检索和更新数据。例如，当需要训练模型时，该公司可以使用 OSM 模型将图像对象和标签对象映射到数据库表中，并将图像和标签之间的关系映射到图像标签表中。这样，该公司就可以轻松地检索和更新图像和标签数据了。

（2）UJM（user-journey-map）模型。UJM 模型，即用户旅程图，是用户体验设计的得力助手。它详尽地描绘了用户在产品或服务生命周期中的体验。这个模型有助于团队洞悉用户如何与企业的产品或平台互动。UJM 模型聚焦于用户的每一步操作、目标实现以及可能遇到的问题和机会。

UJM 模型描绘了用户在 app 使用过程中的生命历程。用户首先需要了解 app 的功能特点，然后通过应用商店下载并安装该应用。安装完成后，用户需要注册并登录才能正常使用。在使用过程中，用户可以浏览商品、查看商品详情、加入购物车、下单等。此外，用户还能评价、退换货，以保证良好的购物体验。

梳理完整的用户行为路径可以更好地了解用户的使用习惯和消费行为，从而全面分析用户行为。例如，从打开 app 到加入购物车的转化率，以及从浏览商品到查看商品详情的转化率等，都能更加全面地了解用户的行为数据。据此制定更加科学的营销策略，提高销售额和用户满意度。

（3）AARRR 模型。AARRR 模型是互联网上常见的用户增长模型，这个模型的五个字母分别代表 acquisition（用户获取）、activation（用户激活）、retention（用户留存）、revenue（获得收益）和 referral（推荐传播），也对应了 app 产品生命周期中的五个重要环节。当设计一个新产品的数据指标体系时，可以按照 AARRR 模型来进行，这样可以保证指标体系的完整性和科学性。

用户获取：指的是使用外部广告来吸引用户，通过用户社交转发裂变、用户推荐、大 V 转发等方式来获得用户。用户获取是用户到达一个应用程序（app）并开始使用这个 app 的第一步。以拼多多为例，用户获取就是通过发布广告或者活动，吸引用户下载 app 并开始使用。

用户激活：当获得了一个新用户时，应该让他们在应用程序中进行激活。这意味着需要提供一个引人注目的界面，让新用户感到舒适和愉悦，以便用户能够更好地探索应用程序。

用户留存：留存是指让用户高频次、长时间使用应用程序。当用户在 app 上活跃后，下一步就是让用户保持活跃，这也是留存的定义。可以通过提供优秀的用户体验、个性化的推荐服务来提高用户留存率。

用户变现：当用户对某个 app 有一定的忠诚度时，希望在保持用户增长的同时增加收入。这就是用户变现的意义。以电商 app 为例，用户可以在 app 上购买商品，从而为 app 带来收入。

用户推荐：是指用户通过转发、分享等行为，向他人传播 app。用户的转发行为可以反映用户对 app 的认可度，同时也可以带来更多的新用户，促进 app 的成长。

综上所述，AARRR 模型是一个非常重要的模型，可以帮助全面了解 app 产品的生命周期，同时也可以指导制定科学完整的数据指标体系。

4. 数据指标体系评判标准

（1）数据指标体系是不是有助于业务的发展，有两个标准。

1）数据指标符合业务目标。好的数据指标要符合业务价值观和业务核心目标。数据指标是为了让公司或者项目的成员围绕可量化的目标展开一系列的工作。如果数据指标没有贴合业务核心目标，会给公司业绩或者项目带来巨大的损失。例如，一个电商平台的核心目标是提高销售额，那么数据指标体系就应该围绕订单量、转化率、客单价等指标展开。

2）数据指标可衡量业务真实情况。好的数据指标体系是需要全方位衡量业务真实情况的，而不仅仅看到业务的某一个方面，比如只看到销售额的增长，而忽略了用户体验和客户满意度等方面。数据指标需要全面反映业务的发展情况，这样才能够让公司或者项目的成员更好地了解业务的真实情况，从而制定出更加合理有效的策略。

（2）所选择的指标是否具备可操作性，也有两个标准。

1）数据指标可衡量。如果能从时间纵向对比，或者从其他维度，比如用户群体、产品、地域等不同角度进行横向比较，可以更好地观察业务的发展趋势，定位问题，找到原因，以及改善业务中需要改善的环节。

关键绩效指标（key performance indicator，KPI）达标率：如果核心指标是KPI，那就直接根据 KPI 达标率来判断即可。这应该是最常见的一种方式。

竞品对标：如果能搜集到竞品相关数据，那就以竞品为参照物进行判断。

环比对比：查看环比数据，如果业务走势呈明显周期性，选择一个较好的历史数据进行对比。

同比对比：查看同比数据，预估每个周期增长多少个百分点，与上一周期数据进行对比，看是否达标。

2）数据指标可操作。在制定数据指标时，需要注意数据指标要具备可操作性，即能够被业务成员理解和掌握，能够执行并且能够转化为具体的行动计划或改善措施。这就需要把结果指标拆分成中间指标，以便在中间过程中能够发现问题，并定位到负责人采取优化措施。这样做的好处是能够在出现问题时及时发现并解决，确保业务的健康和稳定。

例如，一个电商平台的中间指标可以是用户浏览量、加入购物车量、下单量等，如果在这些中间指标上出现了问题，就可以针对性地采取优化措施，从而提高最终的销售额。同时，这些中间指标也可以被分配给不同的团队负责，让每个团队都能够清楚地知道自己需要关注和改进的方向。

二、智能产品的常用数据指标

1. 常用数据指标

（1）服务量指标（表 3-1）

表 3-1　服务量指标

KPI	定　义
访客数	通过智能机器人各入口点击进入总量
互动访客数	通过智能机器人各入口发言量 ≥ 1 的用户量
未使用机器人人数	未使用机器人人数 = 访客数 − 互动访客数
答起量	智能机器人检索到知识的数量

KPI	定　义
即时转人工量	通过智能机器人各入口即时转人工咨询的数量
总提问量	智能机器人各入口渠道提问的问题总量
语义识别准确量	即命中准确量，智能机器人正确理解用户问题的数量
问题识别量	智能机器人正确识别用户意图，且没有推送转人工相关答案的数量
客户满意量	客户评价智能机器人服务满意数量

注："未使用机器人人数"指标可用于支撑机器人推广分析。

（2）满意度指标（表3-2）

表3-2　满意度指标

KPI	定　义
答案有帮助量	用户在智能机器人每一次回答后，点击答案有帮助的数量
答案满意度	用户在智能机器人每一次回答后，点击答案满意的数量
客户满意度	客户满意度＝客户满意量／（客户满意量＋客户不满意量）

注："客户满意度"指标可用于支撑智能机器人推广及应答优化调研。

（3）服务效率指标（表3-3）

表3-3　服务效率指标

KPI	定　义
自助服务占比 （即未转人工率）	自助服务占比＝智能机器人已上线平台中自助服务用户数（智能机器人访客数－智能机器人转人工数）／智能机器人互动访客数
分流占比	分流占比＝访客数／网络服务咨询客户数

（4）服务能力指标（表3-4）

表3-4　服务能力指标

KPI	定　义
语义识别准确率	语义识别准确率＝语义识别准确量／总提问量
问题解决率	问题解决率＝问题识别量／智能机器人总提问量

2. 服务指标举例

分别以文本在线机器人和语音外呼机器人为例，介绍其各自的服务指标。

（1）文本在线机器人。文本在线机器人的服务指标一般分为接待情况、服务能力、服务满意度三个方面，见表 3-5。接待情况反映了机器人接待的总体情况。接待情况不佳可能会导致用户的流失，因此，通过提高接待情况可以提升用户满意度。服务能力反映了机器人服务的质量。如果机器人的服务能力得到提升，则用户的问题可以得到更好的解决，也会提高用户满意度。服务满意度则反映了用户对机器人服务的主观评价。如果用户对机器人的服务评价不高，则需要针对性地进行提升。

表 3-5 文本在线机器人服务指标

KPI	定义	价值
接待情况	接待人次：在指定时间段内的用户会话量	体现机器人实际接待的用户量
	对话轮次：用户每发出一次对话请求（向机器人提一个问题），则对话轮次 +1，通常一个会话由多个对话轮次组成	体现机器人的服务承接量
	接待解决量：已解决的用户会话量，一般排除转人工、无答案、最后一次推荐未点击、答案点踩的服务会话量	体现机器人的服务解决量
服务能力	无答案率：出现无答案的会话量 / 总会话量	体现机器人的覆盖能力
	推荐未点击率：会话中最后一轮对话是推荐知识点的会话 / 总会话量	反映机器人推荐的知识点并未满足用户期待
	解决率：解决接待量 / 接待人次	反映机器人的服务能力，解决率越高，则机器人服务能力越强
服务满意度	评价满意度：会话中用户针对答案评价"赞"	用户对机器人给出的单个解决方案的满意程度，即时性较强
	调研满意度：使用调研问卷，了解用户对机器人整体服务的满意度	用户对机器人整体服务情况的满意度；可以多维度调研用户对机器人的整体满意情况，数据较客观，但即时性不如评价满意度高

通过这些指标的设定及监控，可以对在线机器人的服务能力有比较全面的了解，并有针对性地进行服务能力提升。由于在线机器人对话中的互动方式比语音机器人多，因此可以通过记录用户在页面的互动行为，了解机器人解决问题的能力。在以上的核心指标中，接待解决量和解决率可以相对直观地衡量机器人的综

合服务能力。在实际应用中，为了提高用户体验，可以将机器人的应用场景进行扩展，比如在机器人的基础上增加语音交互等新的功能，这样不仅可以提高用户的满意度，同时也有助于提升机器人的服务水平。

（2）语音外呼机器人。语音外呼机器人的服务指标见表3-6。

表3-6　语音外呼机器人的服务指标

KPI	统计方法	价值
外呼总量	总通话量	体现机器人的任务承载量
未接通率	未接通率 = 未接通量 / 外呼总量	体现热线电话的接通效率
接通率	接通率 = 接通量 / 外呼总量	
（业务）成功率	（业务）成功率 =（业务）成功量 / 接通量	体现外呼任务成功情况 比如：移车场景中车主认可移车的占比
（业务）失败率	（业务）失败率 =（业务）失败量 / 接通量	体现外呼任务失败情况 比如：移车场景中车主拒绝移车或和机器人沟通失败的占比
转人工占比	转人工占比 = 转人工通话量 / 通话总量	体现机器人解决问题的能力，转人工占比越小，机器人解决问题的能力越强

基于语音外呼机器人的对话特点，以下指标（表3-7）可以衡量语音外呼机器人的体验和用户的满意情况。

表3-7　语音外呼机器人的衡量指标

KPI	指标	统计方法	统计价值
满意度	评价满意度	满意度 = 满意通话量 / 接通通话量	用户对整通会话的满意程度
	调研满意度（使用调研问卷，了解用户对机器人整体服务的满意度）	可以设计多种维度的满意度问卷，如机器人的解决方案、机器人功能、机器人服务能力等的满意度	代表用户对机器人整体服务情况的满意度；可以多维度调研用户对机器人的整体满意情况，数据指标比较客观
体验指标	平均对话轮次	平均对话轮次 = 总对话轮次 / 总通话量	降低对话轮次，可以让用户以更少的交互次数得到答案
	平均对话时长	平均对话时长 = 对话总时长 / 总通话量	减少对话时长，可以让用户以更少的时间获取准确的答案

三、数据分析的目的

数据分析是一种通过分析和处理大量数据来发现和获取有用信息以做出有效决策和行动的方法。它可以帮助企业发现和利用隐藏在数据中的机会和趋势，从而更好地了解市场需求并预测未来发展趋势。具体来说，数据分析的目的包括以下四个方面。

1. 发现数据中的趋势和模式

通过数据分析，可以发现数据中的趋势、模式和规律。这些信息可以帮助企业预测未来的趋势，并制定相应的计划和策略，以获得更好的业务结果。此外，数据分析还可以帮助企业发现隐藏在数据中的机会和趋势。

2. 识别业务机会

数据分析可以帮助企业了解市场需求，发现新的商业机会，并制订相应的产品和服务计划，以满足市场需求。通过分析消费者的需求和行为，企业可以定位并满足客户的需求，从而提高销售额和市场份额。

3. 帮助企业优化运营

通过数据分析，企业可以了解其运营中存在的问题和瓶颈，并提出相应的改进措施，以提高生产效率和质量，降低成本。

4. 支持决策制定

数据分析可以为企业提供有关客户、市场、业务和竞争情况的实时信息，从而帮助企业制定更为准确、全面和有力的决策。通过分析数据，企业可以更好地了解市场趋势和客户需求，从而制定相应的战略和计划，提高业务水平。

四、数据分析方法和技术

数据分析的方法和技术有很多，如图 3-2 所示是其中一些常见的数据分析方法。

1. 对比分析

对比分析就是用两组或两组以上的数据进行比较。比如在时间维度上的同比和环比、增长率、定基比、与竞争对手的对比、类别之间的对比、特征和属性对比等。对比分析是一种挖掘数据规律的思维，经常和其他方法搭配使用，可以发现数据变化规律，一次合格的分析一定要用到多次对比。对比分析主要分为以下几种：

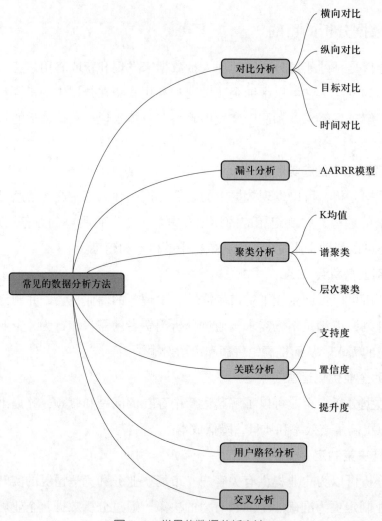

图 3-2　常见的数据分析方法

（1）横向对比。横向对比是指在同一时间框架内，对不同样本单位或同类指标进行并行比较研究，揭示它们之间的异同与优劣的一种方法。在企业运营场景中，可以选取同一类型智能外呼系统在不同时期的表现数据进行深度剖析。

举例：一家公司在市场推广活动中，自主研发了一款智能外呼系统，并先后开展了两次大规模的电话营销活动。在两次活动中，公司分别积累了两组具有代表性的数据集：一组反映首次应用该系统的效果，系统共计拨出了 800 个电话，有效接通并产生回应的有 300 个；另一组则记录了系统优化升级后的效果，系统共计拨出了 1 000 个电话，成功获得 350 个积极反馈。

通过横向对比分析，可以看出，相较于第一次活动，优化后的智能外呼系统展现出了更为卓越的性能——不仅通话数量显著提升，而且反馈的比例也随之增加。这种基于数据事实的对比不仅可以用于衡量业务效能，更是企业洞察如此类智能外呼系统内在潜力、发现其改进空间的有效工具，能为企业提供有力的决策依据，使企业能够精准识别和把握不同营销策略间的差异所在，明确优势与短板，进而制定更为精准的调整策略和优化方案，持续提高执行效率与成功率，推动整体业绩的稳步攀升。

（2）纵向对比。纵向对比是指对同一时间段内的同一单位，对其系统历史数据进行对比分析，以评估其系统发展趋势以及改善的程度。比如对比机器人自学习能力的提升情况。

举例：一家公司开发了一个机器人客服系统，并在过去几年持续运营。该公司收集了机器人处理客户问题的数据，并将这些数据按年份分组以进行对比分析。通过与历史数据的纵向比较，可以了解该机器人在处理问题的自学习能力上是否有所提升。

例如在第一年中，机器人客服系统处理客户问题时的正确率为 60%，第二年和第三年的正确率分别为 70% 和 80%。通过纵向对比可以看出，该机器人在自学习能力方面的提升是连续的，在三年内实现了大幅提升，并且明确了进一步提升的方向。

纵向对比分析数据表现可以帮助企业更好地了解当前状态和发现改进空间的深层原因，开发更加适合的机器人客服系统的控制算法，以及提出符合使用环境和运营阶段的优化策略和计划。

（3）目标对比。目标对比是指将数据与设定的目标进行比较分析，以确定目标的达成情况、问题所在及达成目标的可行性等，常见于目标管理，如完成率等。

（4）时间对比。如月销售情况等的同比、环比，很多地方都会用到时间对比。如企业可以跟踪不同时间段内的业绩表现，来确定时段的相关性。

举例：一家公司推出了一种基于自然语言处理技术的客服机器人，并在过去一年里持续运营。在这一年中，公司收集的数据显示，不同月份智能客服系统收到的问题数量和解决问题的精度不同。该公司可以通过时间对比的方法来确定这些不同之间存在的相关性。

例如，公司可能会发现每年圣诞节前后，客户数量的峰值会出现，而在其他月份则较为平稳。随后，该公司可以对智能客服系统的表现进行比较，以确定其是否在高峰期能够有效应对。如果在峰值期间，智能客服系统的表现较差，那么管理层应该采取措施来提高其绩效，包括增加人员、改造算法等。

时间对比方法可以帮助公司了解智能客服系统在不同服务时间上的优势和不足，并提供改进方案和改进计划，来提高智能客服系统的质量和效果。利用时间对比方法，企业可以发现和识别隐藏在数据背后的有意义规律，以便从中获得实质性的收益。

2. 漏斗分析

从字面上理解，漏斗分析就是用类似漏斗的框架对事物进行分析的一种方法，是将流程中的每一步的数据，通过漏斗的形式进行分析，可以梳理整个业务流程，明确重要转化节点，并发现转化过程中的问题。漏斗分析能够科学反映用户行为状态，以及从起点到终点各阶段用户转化率情况，是一种重要的分析方法。漏斗分析方法已被广泛应用于网站和 app 用户行为分析方面，如流量监控、CRM 系统、SEO 优化、产品营销等日常数据运营和数据分析工作中。

举例：假设一家公司拥有一种基于机器学习技术的智能客服系统，该系统可以自动解决大部分客户问题。该公司想要了解哪些客户遇到了问题，并通过漏斗分析方法来识别出在哪个环节客户遇到了问题。

第一步，该公司首先将与客户交互的整个客户支持流程划分成不同的阶段或步骤（例如，问题诊断、问题分类、问题解答等）。

第二步，该公司将所有的客户交互数据投注到该系统中，并将客户数据分配到每个步骤中。

第三步，在每个步骤中，该公司统计有多少个客户选择等待操作，有多少个客户直接离开网站，有多少个客户询问了关于客户支持的一些问题等信息。

第四步，该公司根据统计数据计算各个步骤的转化率，以确定转化率是否达到预期。例如，该公司可以计算在处理 100 个客户问题中，共有多少位客户能够获得满意和高质量的解决方案。

第五步，该公司可以通过比较数据和确定存在的问题，识别出是否需要改进交互流程及步骤之间的转化率低下的原因等问题，并采取相应的调整措施来改进智能客服系统的效果。

通过漏斗分析方法，该公司可以更好地了解每个环节的问题，并在分析数据之后，识别出导致客户流失和无法解决问题的具体步骤。

3. 聚类分析

聚类分析属于探索性的数据分析方法。从定义上讲，聚类就是针对大量数据或者样品，根据数据本身特性的研究分类方法，并遵循这个分类方法对数据进行合理的分类，最终将相似数据分为一组，也就是"同类相同、异类相异"。

从实际应用的角度看，聚类分析是数据挖掘的主要任务之一。而且聚类能够作为一个独立的工具获得数据的分布状况，观察每一簇数据的特征，集中对特定的聚簇集合作进一步的分析。

在用户研究中，很多问题可以借助聚类分析来解决，比如，网站的信息分类问题、网页的点击行为关联性问题以及用户分类问题等。其中，用户分类是最常见的情况。该方法是将数据抽象成较少数量的几个类别或簇（cluster），每个簇由相似特征的数据点组成，所以这种方法常用于自然分类和非监督式学习。

常见的聚类方法有多种，比如 K 均值（K-means），谱聚类（spectral clustering），层次聚类（hierarchical clustering）等。

以最为常见的 K-means 聚类分析（见图 3-3）为例，K-means 是一种常见的聚类分析方法，广泛应用于数据挖掘、机器学习等领域。它的基本思想是将数据集分成 k 个簇，使得同一簇内的数据点相似度较高，不同簇之间的相似度较低。在图 3-3 中可以看到，数据可以被分到几个颜色不同的簇中，每个簇有其特有的性质。

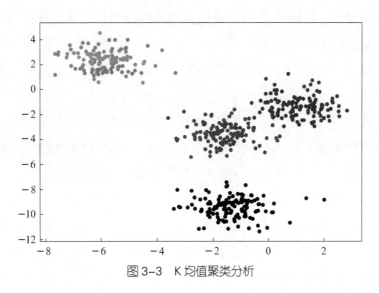

图 3-3　K 均值聚类分析

举例：一家公司开发了多个智能产品，包括智能家居、智能化产品、智能办公等。该公司希望通过聚类分析将这些智能产品进行分类。该公司选择了各个产品的特征作为研究对象，例如性能指标、价格、使用场景等，然后使用聚类分析法对这些数据进行分析。

例如，该公司可以使用 K 均值聚类分析将这些智能产品分为三种类型：高端智能产品、中端智能产品和低端智能产品。在对智能产品进行分类之后，该公司可以对不同类型的产品进行具体的分析和研究。

例如，对于高端的智能产品，这些产品的定位总体是高性能、高质量的。有针对性的营销策略可以集中在那些追求高性能和高品质的消费者中。而低端的智能产品集中在价格和实用性上，那么相应的市场宣传和产品推广应该与价格和实用性相关。

通过使用聚类分析，该公司可以更好地了解智能产品市场的特征、市场定价策略、需求预测等，并制定出切实可行的业务策略和改进方案，以实现企业的盈利目标。

4. 关联分析

关联分析，也叫作"购物篮分析"，是一种识别不同问题之间的关联性，并挖掘二者之间联系内涵的分析方法。

关联分析需要考虑的常见指标如下。

（1）支持度。指 A 和 B 同时被提问的概率，或者说某个组合的提问次数占总提问次数的比例。

（2）置信度。指提问 A 之后又提问 B 的条件概率，简单说就是因为提问了 A 所以提问了 B 的概率。

（3）提升度。先提问 A 对提问 B 的提升作用，用来判断组合方式是否具有实际价值。

举例：在某银行，智能客服机器人可以自动回答大部分常见问题。然而，机器人所收集到的问题非常多样化，有些问题之间可能存在相关性，需要进一步分析。这时，使用关联分析方法可以为这些问题提供解决方案。

通过机器人收集到的问题数据，银行发现客户们反复提出了一个问题，即如何更改账单地址。在查找相关关键字后，银行还发现，很多客户会因为忘记密码而需要更改密码。因此，银行可以利用关联分析方法，通过比较这两类问题的输入相似度、时间等关键属性数据，来识别这两类问题与其他问题的关联属性以及同类问题的聚集情况。这样，银行可以更好地理解客户需求并提供更加精准的服务。

在对这些数据进行关联分析后，该公司发现设置密码和更改密码之间存在频繁联系和相关性，以及这两类问题和账单地址更改问题之间存在联系。根据这些发现，企业可以为用户提供更好的解答，例如在客服机器人应答中加入特定的链接，以帮助客户更快、更准确地解决他们的问题。

关联分析方法可以帮助企业在不同类别问题之间快速找到有用的相关性，为客户提供更好的服务和解决方案，以提高客户的满意度和忠诚度。

5. 用户路径分析

用户路径分析是指追踪用户从某个开始事件直到结束事件的行为路径，即对用户流向进行监测，可以用来衡量网站优化的效果或营销推广的效果，以及了解用户行为偏好，其最终目的是达成业务目标，引导用户更高效地完成产品的最优路径。用户行为路径分析的方法如下。

（1）计算用户使用网站或 app 时的每一步，然后依次计算每一步的流向和转化，通过数据，真实地再现用户从打开 app 到离开的整个过程。

（2）查看用户在使用产品时的路径分布情况。例如：在用户访问了某个电商产品首页后，有多大比例的用户进行了搜索，有多大比例的用户访问了分类页，有多大比例的用户直接访问了商品详情页。

（3）进行路径优化分析。例如：哪条路径是用户最多访问的；走到哪一步时，用户最容易流失。

（4）通过路径识别用户行为特征。例如：分析用户是用完即走的目标导向型，还是无目的的浏览型。

（5）对用户进行细分。通常按照 app 的使用目的来对用户进行分类。如汽车 app 的用户可以细分为关注型、意向型、购买型用户，并对每类用户进行不同访问任务的路径分析，如意向型的用户，他们进行不同车型的比较都有哪些路径，存在什么问题。还有一种方法是利用算法，基于用户所有访问路径进行聚类分析，依据访问路径的相似性对用户进行分类，再对每类用户进行分析。

6. 交叉分析

交叉分析是一种立体分析方法，它将不同维度数据进行交叉展现，从多角度结合分析，常用于市场研究、社会科学等领域，以帮助分析人员更好地了解数据中的模式和趋势。该方法通常用于分析两个及两个以上变量之间的相关关系，以及它们如何影响结果。与对比分析相比，交叉分析具有更多的维度和角度，可以更深入地挖掘数据背后的关联关系。因此，交叉分析的主要作用在于从多个维度细分数据，找到最相关的维度，以探索数据变化的原因。在数据分析中，交叉分析法是一种常见的数据处理方法。下面通过一个实际案例来具体说明。

假设某电商平台想要了解不同用户群体在购物行为上的差异，于是他们收集了用户的性别、年龄、地区、购物频率、购物金额等多个维度的数据，并使用交叉分析法对这些数据进行了处理和比较。

首先，他们通过对性别和购物金额两个变量进行交叉分析，发现女性用户在平均每次购物时花费更多的钱，而男性用户则更注重价格优惠。其次，他们将年龄和购物频率两个变量进行交叉分析，发现年轻人更喜欢频繁地购物，而老年人则更倾向于少而精选。最后，他们将地区和购物金额两个变量进行交叉分析，发现不同地区的用户在购物金额上存在明显的差异，例如北方用户平均购物金额更高。

根据这些交叉分析结果，该电商平台可以更好地了解不同用户群体在购物行为上的差异和特点，并据此制定更加精准的营销策略和推广方案。同时，交叉分析法也可以应用于其他领域的数据处理和分析中，为决策提供更有力的支持。

技能要求

一、数据分析工具及应用方法

在当前的数据分析领域，有多种不同的工具供用户选择。以下是一些常见的数据分析工具。

Excel：Excel 是一款功能强大的电子表格软件，广泛应用于数据清洗、整理和可视化等操作。但是，Excel 的数据处理能力有限，对于大规模数据分析可能不太适用。

Tableau：Tableau 是一款商业智能工具软件，它能帮助用户查看和理解数据，并根据数据采取行动。Tableau 具备大规模数据智能分析的能力，可借助 Tableau AI 探索数据，提供见解并采取相应行动。

Python：Python 是一种通用编程语言，拥有众多用于数据分析的库，如 Pandas、NumPy、Matplotlib 等。使用 Python 进行数据分析需要具备一定的编程基础。

R 语言：R 语言是一种专门用于统计分析和图形表示的编程语言。它拥有众多用于数据分析的包，如 dplyr、tidyverse 等。使用 R 语言进行数据分析也需要具备一定的编程基础。

下面以之前介绍的数据分析方法和技术为例，演示如何在数据分析中应用 Python。

1. 对比分析

（1）横向对比。

举例：一家公司开发了一种智能外呼系统，用于市场推广，并进行了两次推广活动。公司拥有两组数据，一组是第一次使用该系统时的数据，另一组是第二次使用该系统时的数据。随后，公司对两组数据进行了横向对比分析。

对于这个问题，可以使用 Python 的 Pandas 库来进行数据分析。Pandas 是一个强大的数据处理库，它提供了 DataFrame 对象，可以方便地进行数据的整理、清洗和分析。

首先需要将两组数据分别读入两个 DataFrame 中，然后进行横向对比分析。这里可以选择的分析方法有很多，例如，计算两组数据的平均值、中位数、标准差等统计量，或者进行 t 检验、卡方检验等假设检验。

以下示例展示了如何使用 Python 的 Pandas 库进行横向对比分析。

```python
# 导入 Pandas 库
import pandas as pd
# 读取第一次使用系统时的数据
df1 = pd.read_csv('data1.csv')
# 读取第二次使用系统时的数据
df2 = pd.read_csv('data2.csv')


# 计算两组数据的平均值
mean1 = df1.mean()
mean2 = df2.mean()
print('第一次使用系统的平均值：', mean1)
print('第二次使用系统的平均值：', mean2)


# 计算两组数据的标准差
std1 = df1.std()
std2 = df2.std()
print('第一次使用系统的标准差：', std1)
print('第二次使用系统的标准差：', std2)
```

以上代码首先导入了 Pandas 库，然后分别读取了两次推广活动的数据。接着计算了两组数据的平均值和标准差。

（2）纵向对比。

举例：一家公司开发了一个机器人客服系统，并在过去几年持续运营。该公司收集了机器人处理客户问题的数据，并将这些数据按年份分组以进行对比分析。通过与历史数据的纵向比较，可以了解该机器人在处理问题的自学习能力上是否有所提升。

对于纵向对比分析，可以使用 Python 的 Pandas 库来进行。以下示例展示了如何使用 Python 的 Pandas 库进行纵向对比分析。

```python
import pandas as pd
# 读取数据
data = pd.read_csv('robot_customer_service.csv')
# 按年份分组并计算每组的平均处理时间
average_processing_time =
data.groupby('year')['processing_time'].mean()
print(average_processing_time)
# 按年份分组并计算每组的客户满意度
average_satisfaction = data.groupby('year')['satisfaction'].
mean()
print(average_satisfaction)
```

以上代码首先导入了 Pandas 库，然后读取了收集到的机器人处理客户问题的数据。接着使用 groupby 函数按年份对数据进行分组，并计算每组的平均处理时间和客户满意度。

（3）目标对比。

举例：一家公司开发了一种应用了机器学习技术的智能客服系统，并设定了交互精度、解决问题速度、用户满意度等目标。公司将在其与许多用户交互后，收集一系列客服数据以进行对比分析。然后将这些数据与预设的目标进行比较，使用目标对比方法来评估智能客服模型的绩效。

假设智能客服与客户互动的准确性要求为 90%，而在实际情况下，智能客服与客户互动的准确性为 85%。通过目标对比可以知道，该智能客服系统没有完全达到公司设定的客户服务要求。在进一步分析原因和提出改进方法后，公司可以通过改进算法或增加数据训练量等措施来提高智能客服的交互精度。

对于目标对比分析，可以使用 Python 的 Pandas 库来进行。以下示例展示了如何使用 Python 的 Pandas 库进行目标对比分析。

```python
import pandas as pd
# 设定公司的目标值
target_accuracy = 0.9
actual_accuracy = 0.85
# 创建一个数据框来存储目标值和实际值
df = pd.DataFrame({
    'Target': [target_accuracy],
    'Actual': [actual_accuracy]
})
# 计算准确率的差距
df['Difference'] = df['Target'] - df['Actual']
print(df)
```

以上代码首先导入了 Pandas 库，然后设定了公司的目标值和实际值。接着创建了一个数据框来存储这些值，并计算了准确率的差距。

（4）时间对比。

举例：一家公司推出了一种基于自然语言处理技术的客服机器人，并在过去一年里持续运营。在这一年中，公司收集的数据显示，不同月份智能客服系统收到的问题数量和解决问题的精度不同。该公司可以通过时间对比的方法来确定这些不同之间存在的相关性。

时间对比分析可以使用 Python 的 Pandas 库来处理数据。首先需要将收集到的数据导入一个 CSV 文件中，然后使用 Pandas 读取数据并进行分析。以下是示例。

假设将收集到的数据保存在一个名为"data.csv"的文件中，其中包含两列数据："month"（月份）和"accuracy"（解决问题的精度）。可以使用以下代码读取数据并进行时间对比分析。

```
import pandas as pd
# 读取 CSV 文件
data = pd.read_csv("data.csv")
# 查看数据的前几行
print(data.head())
# 计算每个月的平均精度
average_accuracy = data["accuracy"].mean()
print(" 每个月的平均精度: ", average_accuracy)
# 计算每个月的问题数量
data["month"] = pd.to_datetime(data["month"])
monthly_counts = data["month"].value_counts()
print(" 每个月的问题数量: ", monthly_counts)
# 绘制问题数量与平均精度的关系图
import matplotlib.pyplot as plt
plt.plot(monthly_counts, data["accuracy"], marker='o')
plt.xlabel(" 问题数量 ")
plt.ylabel(" 平均精度 ")
plt.title(" 问题数量与平均精度的关系 ")
plt.show()
```

通过上述代码，可以得到每个月的平均精度和问题数量。同时，还绘制了一个关系图，展示了问题数量与平均精度之间的关系。通过观察这个关系图，可以判断不同月份之间是否存在相关性。如果问题数量与平均精度呈正相关，说明随着问题数量的增加，智能客服系统的精度也在提高；如果呈负相关，说明随着问题数量的增加，智能客服系统的精度在下降。

2. 漏斗分析

举例：假设一家公司拥有一种基于机器学习技术的智能客服系统，该系统可以自动解决大部分客户问题。该公司想要了解哪些客户遇到了问题，并通过漏斗分析方法来识别出在哪个环节客户遇到了问题。

漏斗分析可以使用 Python 的 Pandas 库来处理数据。以下是具体步骤。

假设已经将收集到的数据保存在一个名为"data.csv"的文件中，其中包含两列数据："customer_id"（客户 ID）和 "issue_type"（问题类型）。可以使用以下代码读取数据并进行漏斗分析。

```
import pandas as pd
# 读取 CSV 文件
data = pd.read_csv("data.csv")
# 查看数据的前几行
print(data.head())


# 根据问题类型对客户进行分组，并计算每个问题类型的数量
issue_counts = data["issue_type"].value_counts()
print(" 每个问题类型的数量: ", issue_counts)
# 对问题类型进行排序，以便更好地识别漏斗中的环节
sorted_issue_types = issue_counts.sort_values(ascending=
False)
print(" 按问题类型数量排序后的问题类型: ", sorted_issue_types)
# 绘制漏斗图
import matplotlib.pyplot as plt
plt.bar(sorted_issue_types.index, sorted_issue_types.
values)
plt.xlabel(" 问题类型 ")
plt.ylabel(" 数量 ")
plt.title(" 客户问题漏斗分析 ")
plt.show()
```

通过上述代码，可以得到每个问题类型的数量，并按照数量从高到低排序。然后，绘制一个漏斗图来识别哪个环节客户遇到了问题。根据漏斗图中各个环节的数量，可以判断出哪些环节的客户遇到了问题，从而优化智能客服系统。

3. 聚类分析

举例：一家公司开发了多个智能产品，包括智能家居、智能化产品、智能办公等。该公司希望通过聚类分析将这些智能产品进行分类。该公司选择了各个产品的特征作为研究对象，例如性能指标、价格、使用场景等，然后使用聚类分析

法对这些数据进行分析。

对于这个问题，可以使用 Python 的 Scikit-learn 库进行聚类分析。以下是具体的步骤。

假设已经将各个产品的特征保存在一个名为"features.csv"的文件中，其中包含多列数据："feature1""feature2""feature3"等。可以使用以下代码读取数据并进行聚类分析。

```python
import pandas as pd
from sklearn.cluster import KMeans
from sklearn.preprocessing import StandardScaler
# 读取CSV文件
data = pd.read_csv("features.csv")
# 查看数据的前几行
print(data.head())
# 选择要用于聚类的特征列
selected_features = data[["feature1", "feature2", "feature3"]]
# 对特征进行标准化处理，以便更好地进行聚类分析
scaler = StandardScaler()
normalized_features = scaler.fit_transform(selected_features)
# 使用KMeans算法进行聚类分析，假设将产品分为3个类别
kmeans = KMeans(n_clusters=3)
kmeans.fit(normalized_features)
# 获取聚类结果，并将结果添加到原始数据中
data["cluster"] = kmeans.labels_
print("聚类结果: ", data["cluster"].value_counts())
```

通过上述代码，可以得到每个产品的聚类结果。根据聚类结果，可以将智能产品分为不同的类别，从而更好地了解和对这些产品进行分类。

4. 关联分析

举例：在某银行，智能客服机器人可以自动回答大部分常见问题。然而，机器人所收集到的问题非常多样化，有些问题之间可能存在相关性，需要进一步分

析。这时，使用关联分析方法可以为这些问题提供解决方案。

为了进行关联分析，可以使用 Python 的 Pandas 库和 Scikit-learn 库。以下是具体的步骤。

假设已经将问题及其相关性保存在一个名为"questions_correlation.csv"的文件中，其中包含两列数据："question1""question2"和"correlation"。可以使用以下代码读取数据并进行关联分析。

```python
import pandas as pd
from sklearn.preprocessing import MinMaxScaler
# 读取 CSV 文件
data = pd.read_csv("questions_correlation.csv")
# 查看数据的前几行
print(data.head())
# 选择要用于关联分析的问题列
selected_questions = data[["question1", "question2"]]
# 对问题进行标准化处理，以便更好地进行关联分析
scaler = MinMaxScaler()
normalized_questions = scaler.fit_transform(selected_
questions)
# 使用 Pearson 相关系数计算问题之间的关联程度
from sklearn.metrics.pairwise import pairwise_
distances
correlation_matrix = pairwise_distances(normalized_
questions, metric="correlation")
print("问题之间的关联矩阵：")
print(correlation_matrix)
```

通过上述代码，可以得到问题之间的关联矩阵。根据关联矩阵，可以找出具有较高关联度的问题，从而找到这些问题的解决方案。

5. 用户路径分析

对于用户行为路径分析，可以使用 Python 的 Pandas 库和 Matplotlib 库。以下是具体的步骤：

假设已经将用户行为数据保存在一个名为"user_behavior.csv"的文件中，其中包含多列数据："user_id""timestamp""page_visited"等。可以使用以下代码读取数据并进行用户行为路径分析。

```python
import pandas as pd
import matplotlib.pyplot as plt
from datetime import datetime
# 读取 CSV 文件
data = pd.read_csv("user_behavior.csv")
# 将时间戳转换为日期时间格式
data["timestamp"] = pd.to_datetime(data["timestamp"],
unit="s")
# 将访问页面按顺序排序
data = data.sort_values(by=["user_id", "timestamp"])
# 计算每个用户的访问路径
user_paths = data.groupby("user_id").agg({"page_
visited": list}).reset_index()
print(" 每个用户的访问路径： ")
print(user_paths)
# 绘制用户访问路径图
plt.figure(figsize=(10, 8))
for user_id, path in user_paths.iterrows():
    plt.plot([user_id] * len(path), path, marker='o')
plt.xlabel(" 时间 ")
plt.ylabel(" 访问页面 ")
plt.title(" 用户访问路径图 ")
plt.show()
```

通过上述代码，可以得到每个用户的访问路径。根据访问路径图，可以了解用户在网站或应用程序中的行为流程，从而优化用户体验和提高转化率。

6. 交叉分析

举例：某电商平台想要了解不同用户群体在购物行为上的差异，于是他们收集了用户的性别、年龄、地区、购物频率、购物金额等多个维度的数据，并使用交叉分析法对这些数据进行了处理和比较。

假设已经将用户行为数据保存在一个名为"user_data.csv"的文件中，其中包含多列数据："gender""age_range""shopping-frequency""shopping-amount"等。可以使用 Python 编程语言和 Pandas 库进行数据分析。以下是示例：

```python
# 导入所需库
import pandas as pd
# 读取数据
data = pd.read_csv('user_data.csv') # 假设数据文件名为 user_
data.csv，请根据实际情况修改
# 数据预处理
# 将性别列转换为数值型，例如：0 表示男性，1 表示女性
data['gender'] = data['gender'].map({'男': 0, '女': 1})
# 数据描述性统计
print(data.describe())
# 交叉分析法：以购物频率和购物金额为例，分析不同性别、年龄段的用
户在这些维度上的差异
# 首先，对购物频率和购物金额进行分组排序
grouped_data = data.groupby(['gender', 'age_range',
'shopping_frequency','shopping_amount']).size().reset_
index(name='counts')
# 按照购物频率和购物金额进行排序
sorted_data = grouped_data.sort_values(['shopping_
frequency', 'shopping_amount'], ascending=[True, False])
# 输出结果
print(sorted_data)
```

在这个示例中，首先导入了 Pandas 库，并读取了一个包含用户数据的 CSV 文件。然后对数据进行了预处理，将性别列转换为数值型。接下来使用 describe( ) 函数对数据进行了描述性统计。最后使用交叉分析法分析了不同性别、年龄段的用户在购物频率和购物金额这两个维度上的差异。

二、数据可视化工具及使用方法

数据可视化是指将数据以图形化的方式呈现，从而更加清晰地传递信息，帮助人们理解数据。数据可视化的核心的要点是解释数据、进行信息传递、压缩数据信息、突出整体观点。常见的可视化方法包括直方图、折线图、散点图、饼图等。数据可视化是对数据进行深入分析的方法之一，通过对数据进行不同方式的可视化处理，可以更好地理解数据背后的含义，进而更好地进行数据驱动的业务决策。

1. 数据可视化的图表选择方法

根据数据分析的实际情况，需要选择合适的数据可视化方法。

（1）在比较不同类别时，有多种图形可供选择，其中条形图最为常见，垂直瀑布图适用于比较分析各种成分的变化，词云图适用于分析比较大量的文本。

（2）当想直观地反映关键绩效指标随时间的变化时，使用柱形图或曲线图是更好的选择。建议这种情况不要使用面积图，因为可视化的目标不仅要视觉美观，还要准确有效地传达信息。

（3）需要展示二八定律时，用帕累托图（又称柏拉图）可以很容易地找出主要因素。

（4）当想展示数据之间的联系或关系时，漏斗图和散点图是比较好的选择。气泡图可以适当使用，因为它可以综合反映三个重要指标，而且在一些数据分析场景中，气泡图可以有效传递重要信息。

（5）在关注数据分布的时候，可以用直方图或者小提琴图。一开始可能会觉得小提琴图很费解，但是当理解了它的具体含义，就会知道它可以传达很多专业的统计信息，包括数据的密度分布、中位数、四分位数等。

（6）如果想增强图表的表现力，可以添加箭头标签等图表元素。

（7）当只需要突出显示单个值时，可以使用放大的粗体文本或图片。

2. 数据可视化的图表设计技巧

（1）使用 2D 图表，而不是 3D 效果。

（2）使用反映真实情况的量表，避免误导。

（3）使用单个 y 轴，而不是双轴图表。

（4）折线图反映了真实数据随角度的变化，不要使用平滑效果。

（5）不超过 4 个数据系列。

（6）条形图按大小顺序排列。

（7）不使用无意义的颜色。

（8）突出显示重要的图表元素。

（9）要尽量淡化坐标轴等辅助元素。

3. 常见的数据可视化工具介绍

（1）Tableau。Tableau 是一种流行的商业智能和数据可视化工具，可创建高度可视化的仪表板、报表和图表。使用 Tableau，可以将各种数据源连接在一起，进行数据分析和可视化，以便精确定位关键洞见。此外，Tableau 还提供许多数据分析和可视化的功能和工具，如数据挖掘、数据分析、可交互动态报表、数据可视化预测等。

（2）Power BI。Power BI 是微软公司推出的一款商业智能和数据可视化工具。使用 Power BI，用户可以方便地连接多个数据源，创建仪表板、报表和交互式数据可视化报表，以加深对数据的理解。Power BI 提供了丰富的数据分析和可视化功能，包括自动数据清洗、自动数据建模、自动数据可视化等。

（3）Python 可视化库。Python 是一种非常流行的编程语言，支持各种可视化库，例如 Matplotlib、Seaborn、Plotly 等。可以通过调用可视化库绘制各种图表，包括但不限于线图、柱状图、热力图和地图等。此外，Python 还提供了丰富的数据分析和可视化功能，如数据挖掘、数据分析、自动数据建模等。

（4）R 可视化库。R 语言也是一种流行的编程语言，支持各种可视化库，例如 ggplot2 和 Lattice 等。调用这些库可创建各种图表，包括散点图、盒状图和线图等。R 语言还提供了丰富的数据分析和可视化功能，如数据挖掘、数据分析、自动数据建模等。

（5）D3.js。D3.js 是一个流行的用于创建可交互性数据可视化的 JavaScript 库。该库提供了各种功能，包括动画、互动和自定义图表设计等。此外，JavaScript 还提供了丰富的数据分析和可视化功能，如数据挖掘、数据分析、自动数据建模等。

（6）Excel。Excel 是一种广泛使用的电子表格程序，可支持各种图表，包括饼图、条形图、散点图和更高级的三维图表。此外，Excel 还提供了丰富的数据分析和可视化功能，如数据挖掘、数据分析、自动数据建模等。

下面以 Tableau 为例讲解数据可视化工具的使用方法。

打开 Tableau，进入主界面。主界面包括菜单栏、工具栏、工作区、数据源区、标记区、过滤器区、字段区、页签区及工作表和仪表板区域。

菜单栏和工具栏：菜单栏位于顶部，包括文件、数据、工作表、工具和帮助等选项。工具栏位于菜单栏下方，包括常用操作、连接、设置、分析和格式等选项。

工作区：工作区是 Tableau 的核心区域，用于创建和编辑工作表和仪表板。其中包括视图、图表、工具栏和页签等。

数据源区：数据源区用于导入、管理和编辑数据源。可以通过点击"连接"按钮，选择数据源类型，并导入或连接数据。在数据源中，可以选择和筛选数据、添加计算字段、合并数据等。

标记区：标记区用于设置和管理工作表中的标记。可以通过拖放字段到标记区创建标记，然后选择标记类型、颜色、形状和尺寸等。

过滤器区：过滤器区用于选择和筛选数据。可以通过拖放字段到过滤器区来创建过滤器，并设置过滤条件和选项。

字段区：字段区包括所有可用字段和维度，用于创建和编辑工作表和仪表板。通过拖放字段，可以创建标记、过滤器、文本、计算字段和表计算等。

页签区：页签区包括工作表和仪表板等选项。可以通过单击页签来切换不同的视图和选项。

工作表和仪表板区域：工作表和仪表板区域用于创建和编辑工作表和仪表板。可以通过拖放字段、标记和过滤器等来创建和设计工作表和仪表板。

在 Tableau 中绘制图表的基本步骤如下。

导入数据源：首先需要导入数据源并选择要使用的数据。可以从 Excel、CSV、数据库等不同类型的数据源中导入数据。

创建工作表：在导入数据源后，可以创建一个新的工作表，如图 3-4 所示。在工作表中，可以将数据拖放到标记区域，并选择适当的图表类型来展示数据。

选择图表类型：在标记区域，可以选择不同类型的图表来呈现数据。Tableau 支持的图表类型包括柱状图、折线图、散点图、地图等。

设计和格式化图表：在选择图表类型后，可以对其进行设计和格式化。可以更改颜色、字体、图例、标签等，并添加过滤器和计算字段等。

添加交互：Tableau 支持多种交互方式，如筛选、钻取、联动等。可以通过添加交互来增强图表的交互性和可视化效果。

保存和分享：最后可以保存工作表，可以将工作表导出为 PDF、图片、网页等格式，并与其他人共享。

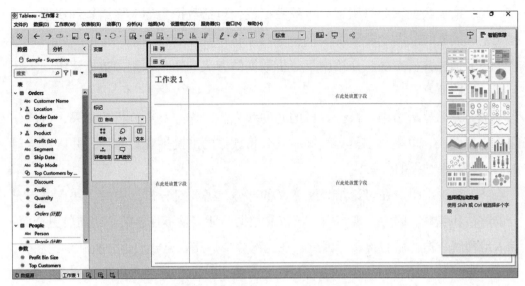

图 3-4　在 Tableau 中创建工作表

上述工具都具有易于使用、灵活性高等优点，可以根据数据集的不同特点，选择适合自己的工具进行数据可视化分析。

4. 数据可视化的十个黄金准则

（1）明确数据可视化目的。

（2）通过对比反映问题。

（3）提供数据指标的业务背景。

（4）通过从总体到部分的形式，展示数据分析报告。

（5）联系实际的生产和生活，对数据指标的大小进行可视化。

（6）通过明确且全面的标注，尽可能消除误差和歧义。

（7）将可视化的图表，同听觉上的描述，进行有机的整合。

（8）通过图形化工具，增加信息的可读性和生动性。

（9）允许但并非强制，通过表格的形式，呈现数据信息。

（10）数据可视化的目标，是让受众思考呈现的数据指标，而非数据的呈现形式。

三、输出数据分析报告

1. 撰写数据分析报告的要点

数据分析报告是将数据分析的结果呈现给相关人员的重要方式。以下撰写要点可用于撰写数据分析报告。

（1）描述分析问题。介绍分析报告分析的问题和目的，并解释为什么这个问题值得被分析。同时，提供资源和数据来源的背景信息。

（2）描述数据。介绍用于分析的数据集，包括数据集的大概结构和属性、数据质量、数据的采集方式等。

（3）描述分析方法。介绍用于分析数据的方法和技术，例如数据清洗、统计分析、机器学习等。

（4）介绍分析结果。根据分析的问题和方法，详细呈现分析的结果，这部分通常包括图表、可视化工具等。同时，分析数据的准确性和可靠性，并以易于理解的语言解释结果的含义。

（5）讨论结果。在讨论结果和意义的部分，需要对分析结果的优缺点进行充分的评估和解释。因为在现实中，仅依靠数据的证实是不足够的，还需要更全面、深入地理解数据背后的含义。因此，在这部分中，需要充分表达分析结果的利弊，以及对数据分析结果的局限性进行讨论和分析，从而更好地理解数据的含义和实际应用价值。

（6）结论和建议。以可执行的方式呈现结论和建议，提供具体的行动计划。

（7）参考文献。用于列出引用的资料和文献。这些资料可以是书籍、期刊文章、报告、网站或其他来源的相关技术资料。

2. 撰写数据分析报告的流程

在撰写报告的过程中，需要清晰一致地呈现数据和结论，简洁明了，同时对所用数据和分析方法提供恰当的背景，力求突出结论的重点和实用性。撰写数据分析报告的流程如图3-5所示。

明确任务目标	确定报告的逻辑	选择合适的呈现形式
确定最终的业务目的	根据问题拆分结果进行结构化分析	选择合适的数据
对问题进行拆分	明确合理的讲述逻辑	选择合适的图表
确定必要输出的数据结果及分析结论	根据逻辑进行细化及补充	整体报告的设计美化

图 3-5　撰写数据分析报告的流程

3. 撰写数据分析报告的注意事项

（1）确保有清晰的框架和逻辑，可按照问题拆分的逻辑进行搭建，在每个分支进行内容填充。这可以帮助读者更好地理解报告的内容和结论。

（2）在选择数据时，应该综合考虑，不要过于片面，否则对比分析的结论可能会有偏颇。应选择最具代表性的数据进行分析，以确保结论的准确性。

（3）对于结论，一定要有客观的数据论证或严密的逻辑推导，否则缺乏说服力。这可以通过采用统计方法或逻辑推理来实现。

（4）应多利用图形化的表达方式。图表比文字更加直观，可读性更高，通过使用直观的图表，需求方可以更容易地理解数据和结论。

（5）不要仅描述问题，还需要基于问题提出解决方案和预测趋势。这可以帮助需求方更好地了解问题，并为其提供可行的解决方案。

此外，建议多阅读行业报告，并通过练习来提高撰写数据分析报告的能力。

学习单元 2 对智能产品提出优化需求

1. 能够在不同的运营阶段确定绩效指标。
2. 能够结合业务指标提出模型优化需求。

一、建立智能产品不同运营阶段的绩效指标体系

从机器人的发展历程出发，可以将其业务发展周期分成搭建期、运营提升期、突破期三个阶段，每个阶段都有不同的阶段性目标。因此，想要做好智能产品的运营，就需要结合不同阶段的数据指标分别提升和突破。不同运营阶段的绩效指标体系见表 3-8。

二、将业务指标与模型结果关联

将业务指标与模型结果相结合，可以帮助更好地理解模型的实际意义。以下是几种常见的方式，可以将业务指标和模型结果关联起来。

表3-8 不同运营阶段的绩效指标体系

运营阶段 指标体系	搭建期	运营期	突破期
主要目标	完成机器人的配置、搭建和灰度测试	持续优化机器人的问答准确率，提高机器人解决问题的能力	根据用户体验指标或其他指标，提升用户体验或者突破其他能力
工作内容	业务梳理、语料梳理、对话设计、产品配置、测评和优化	数据分析、效果提升方法制定及跟踪落地	体验等目标的提升分析、提升方法制定及跟踪落地
衡量标准 （参考值）	机器人问答准确率>80%，100%对需要服务的目标人群开放	机器人问答准确率>90%，无答案率<10%，解决率>80%；并根据服务目标制定日活跃用户数目标	无固定指标，建议根据突破目标来制定；需要重点关注终端用户的服务体验

1. 数据可视化

利用数据可视化工具，如图表、地图等，将业务指标和模型结果进行可视化呈现，可以观察到指标与结果之间的关系。例如，若智能产品是基于销售历史数据建立的预测模型，则可以通过可视化产品的预测结果和实际销售额等指标，来检验模型的准确性。此外，还可以通过可视化来发现新的数据趋势和模式，以便对模型进行进一步的优化和改进。

2. 漂移分析

漂移分析可以用于比较两个时间点之间的差异。如果一个业务指标在预测期内与预测量有很大的差距，则可以通过漂移分析，查找在这段时间内所发生的变化，例如市场营销活动的变化等，来分析变化对于智能产品造成了何种影响。漂移分析可以帮助发现模型的弱点和局限性，以及分析哪些因素对于模型的预测能力产生了影响。

3. 数据科学实验

通过进行数据科学实验，可以为业务指标和模型结果建立适当的逻辑关系。在测试期内，可以将更高级的标签和报告绑定在智能产品上，以查看智能产品的变化是否对业务指标产生了可量化的影响，以及哪些特征是关键的，从而加以调整和优化。此外，数据科学实验还可以帮助发现新的数据特征和模式，以便对模型进行改进和优化。

4. 预测模型评估

通过模型评估将业务指标与模型结果进行关联。评估模型的准确度、偏差等指标，来确定哪些指标会对模型的准确度产生重要影响，并通过将这些指标与业务指标进行比较来评估模型是否达到或超过预期的业务目标。预测模型评估可以帮助了解模型的准确性和鲁棒性，以及分析模型对于业务指标的影响程度。

综上，将业务指标与智能产品的模型结果相结合，不仅可以帮助了解模型的实际意义，而且可以更好地优化和改进智能产品。除了以上几种方式，还可以通过其他方法来关联业务指标和模型结果，以便更好地理解和改进智能产品。

三、分析差异原因

业务指标与模型结果之间存在差异可能与以下因素相关。

1. 数据质量

低质量的数据可能导致模型预测不准确。因此，在建模之前应对数据进行清洗和预处理，以提高数据质量。

模型使用的训练数据也可能与实际情况不同，这可能导致模型的预测结果与实际情况有所不同。在训练之前，应仔细选择用于训练模型的数据，以尽可能地代表实际情况。

2. 模型可靠性

模型的可靠性和鲁棒性也会影响其预测结果。如果模型的假设不准确或数据不包含有用信息，那么模型的准确性也不会太高。

3. 业务场景

业务指标和模型结果的不同，可能是由于业务场景的变化引起的。例如，如果模型是基于历史数据训练的，但在预测时发生了重大变化，那么模型的效果可能会变得不可靠。

4. 所选指标

模型结果与业务指标的差异也可能是因为模型使用不同的指标来衡量预测结果。因此，在模型训练过程中，应审慎选取并精细调整评估指标，确保模型不仅能自洽地解释预测结果，还能与业务目标保持一致，并与其他相关指标进行综合对比分析。

分析业务指标与模型结果差异的原因需要从多个角度进行考虑，才能帮助找出造成差异的主要原因并采取相应的措施。

四、提出优化方案

在分析业务指标和模型结果之间的差异后，可以使用以下几种方法提出智能产品优化方案。

1. 调整建模方法

基于分析结果，评估用于构建模型的特征、算法和假设，并尝试对其进行更改以提高预测结果的准确性。

2. 重新选取数据

考虑更改数据的来源、精度、时间跨度和代表性等方面，以便更好地反映真实情况。

3. 重新定义业务指标

如果模型结果与业务指标存在巨大差异，可能需要重新定义业务指标，以便更好地与模型结果进行比较。

4. 加入新的特征

需要识别原始数据中可能影响结果但未用于构建模型的变量，并预测它们的效果是否能够进一步提高预测的准确性。

5. 模型集成

可以利用不同建模方法、算法和特征集的优点，构建组合模型，不断集成，以便优化预测结果。

6. 深入分析业务场景

更深入地了解业务场景可能会揭示额外的信息，为优化产品提供有价值的信息。

以上是优化智能产品的标准方法，但最终的成功取决于对数据、业务场景和模型评估的深入理解。通过对业务指标与模型结果差异进行深入分析，并采取相应的措施来改进模型，最终可以提高智能产品的准确性和泛化能力。

另外，可以对优化方案进行更进一步的拓展。例如，可以考虑以下几点。

对数据进行更多的预处理：数据预处理是数据挖掘的一个重要步骤，可以通过对数据进行清理、转换和归一化等处理，使得数据更加适用于建模和分析。

使用更先进的算法和模型：随着人工智能技术的发展，越来越多的算法和模型被提出，可以尝试使用这些先进的方法来提高预测准确性。

加入领域知识：对于某些特定的领域，可能存在一些专业的知识和规则，可以将这些知识和规则加入模型中，提高预测的准确性。

进一步优化模型参数：对于某些模型，可能存在一些参数需要进行调整，以便达到最优的预测效果。

进行更多的实验和验证：为了验证优化方案的有效性，可以进行更多的实验和验证，确保所提出的优化方案可以有效地提高智能产品的效率和准确性。

采取以上措施，可以进一步拓展优化方案，并提高智能产品的预测效果，增加其应用价值。

五、进行测试和验证

智能产品优化方案制定之后，需要进行测试和验证，确保产品优化方案的可行性和有效性。以下是测试和验证的步骤。

1. 确定测试目标和指标

确定测试的目标和指标，以便评估优化方案能否满足需求。

2. 设计测试方案

根据测试目标和指标设计测试方案，包括测试方法、测试数据和测试环境等。

3. 实施测试

按照测试方案进行测试，并记录测试过程和数据。

4. 分析测试结果

对测试结果进行分析，比较测试前后数据的差异，评估优化方案的效果。

5. 验证测试结果

在产品实际使用环境下验证测试结果，确保优化方案能够稳定运行并满足需求。

测试和验证的常用方法包括功能测试、性能测试、压力测试、安全测试、用户体验测试等。根据产品的不同特点和需求，选择适合的测试方法进行测试。同时，在测试过程中要严格遵守测试流程，确保测试结果的准确性和可靠性。

除了上述步骤外，还需要进行产品的优化和调整。例如，在测试过程中发现问题需要及时解决和修复，确保产品的稳定性和可靠性。此外，还需要进行持续优化和改进，以适应市场和用户的需求。

在测试和验证的过程中，需要充分考虑产品的可扩展性和可维护性。例如，在测试时需要考虑产品的扩展性，以便在将来的版本中增加新的功能或改进现有功能。同时，在测试过程中还需要考虑产品的可维护性，以便在产品出现故障时能够及时修复。

六、智能产品不同运营阶段的数据分析与提升策略

以智能客服机器人为例，介绍不同运营阶段的数据分析与提升方法。

1. 搭建期数据分析与提升方法

搭建期的数据分析与提升如图 3-6 所示。

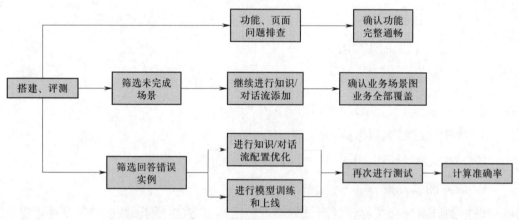

图 3-6　搭建期的数据分析与提升

（1）搭建期的数据分析的主要内容

1）通不通——机器人的功能是否通畅。

2）全不全——机器人的服务能力范围是否全面覆盖既定目标范围。

3）准不准——机器人的问答准确率是否达标。

系统上线初期，需要先优化体现智能系统自主服务能力的指标，如智能在线问答中的无答案率、准确率、语音识别准确率、语义识别准确率等。

（2）搭建期的调优方式——灰度发布

灰度发布是指在黑与白之间，能够平滑过渡的一种发布方式。灰度发布可以保障整体系统的稳定性和可靠性。通过在初始灰度阶段就及时发现并调整可能出现的问题，可以有效控制问题的影响范围，确保每一次的产品迭代升级都能以最小的风险和最优化的效果惠及所有用户。

使用灰度发布策略的好处：①可以先小范围地获得目标用户的使用反馈；②发现重大问题，可迅速回滚至旧版本；③根据反馈结果，做到查漏补缺。

另外，灰度发布还有一些其他好处，比如：可以降低系统的风险，因为只有一小部分的用户在使用新功能，即使新功能出现问题，也不会影响所有用户；同时可以减少某些用户的抵触情绪，因为对于一些新的功能，有些用户需要一些时

间去适应，而灰度发布可以让用户逐步习惯新功能。

设计智能客服的灰度策略如图 3-7 所示。

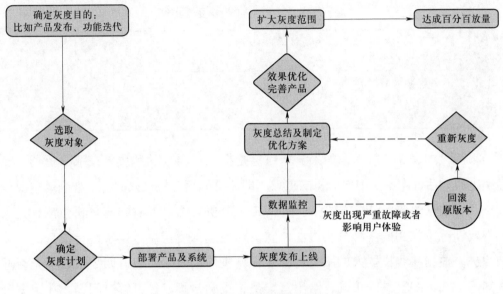

图 3-7　设计智能客服的灰度策略

总之，使用灰度发布策略可以让产品平稳地度过发布期，同时也可以有效降低发布过程中的风险。

2. 运营期数据分析与提升方法

在运营期，需要从用户和机器人的对话情况出发，进行相应的数据分析与运营。

通用的数据分析和运营流程如图 3-8 所示。

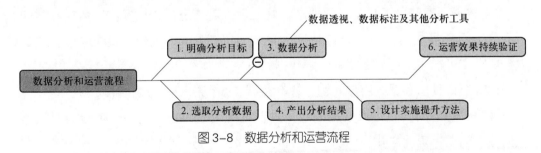

图 3-8　数据分析和运营流程

（1）明确分析目标和选取分析数据。常见的目标可以是提升机器人的准确率、提高机器人的解决率，降低转人工率、提升用户满意度等，需要根据分析的目标来确定分析数据的范围。

在目标设定后，可以取出相应的数据，做好分析准备。

同时需要注意的是，要选取目标范围内的特征性数据，无关数据不需要分析；同时需要注意避免选取突发时段的数据。分析目标及取数范围见表3-9。

表3-9 分析目标及取数范围

分析目标	提升机器人的准确率	提高机器人的解决率	降低转人工率	提升用户满意度
取数范围	单位时间内的对话日志；同时保证均匀抽样	机器人未解决的对话日志	用户通过机器人转人工的对话日志	用户反馈不满意的对话日志

举例，如表3-9所示，如果分析目标是提高机器人的解决率，那么机器人已经解决的对话日志不是本次分析的重点（即使可能存在机器人回答不准确的情况）。

（2）常见的数据分析方法——Deep dive分析方法。Deep dive分析方法，是人工智能训练中常用的一种分析方法，它旨在通过深度挖掘数据来进行模型的优化和改进。根据在线机器人的服务特性，影响机器人效果一般有四个方面：是否配置知识，知识配置是否正确，给出答案是否正确，答案是否解决问题。在数据分析时，可以按照这四个方面，取出相应的对话日志后，运用数据标注，标注日志问题的类型，逐层推进并计算问题占比，再针对性地给出提升方法。Deep dive分析方法如图3-9所示。

Deep dive分析方法通常包括以下几个步骤。

1）收集和准备数据。收集和准备数据是进行Deep dive分析的第一个步骤。在这个阶段，需要根据分析目标，进行数据选取；获取到数据集后，对数据进行清洗、预处理和标准化，以便后续的分析。

2）数据探索和可视化。在数据准备好之后，需要进行数据标注、数据探索和可视化，对数据集的分布、统计特征、异常值等进行深入分析。通过数据标注、数据探索和可视化，可以更好地理解数据的本质，为后续的分析提供参考。

选定对话日志数据：用户问题、答案类型、知识标题、知识内容。

拆解分析逻辑，转化成数据标注步骤：机器人返回是否正确→是否需要机器人回答该问题→正确的知识标题/意图名称→知识库是否配置该知识→知识核心词配置是否正确。

3）模型分析与比较。在了解了数据集的基本特征之后，需要开始分析模型，并比较不同的模型效果。在这个过程中，可以使用各种机器学习算法进行建模，并对模型进行交叉验证、调整参数等操作，以获得最佳的模型效果。

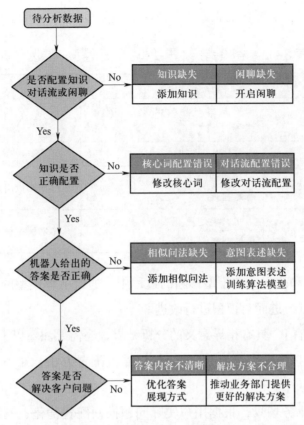

（注：可以根据分析目标和错误原因拆解，调整 Deep dive 的分析模板）

图 3-9 Deep dive 分析方法

以某个智能客服机器人为例，根据机器人给出答案的知识对话，对错误原因的分析结果如下。

一是答案错误，但不需要机器人回答的。答案错误的原因分析见表 3-10。

表 3-10 答案错误（不需要机器人回答）的原因分析

错误原因	释义	行动点
闲聊匹配了知识	由于算法模型不准确，导致错误匹配	需要进行模型训练，同时关闭或优化闲聊插件
机器人误回答	业务敏感问题，机器人不应该回答	增加关键词过滤，或加强模型的拒识能力
用户问题模糊	用户问题模糊、过长，导致机器人无法识别	暂不需要处理
要求人工帮助	用户希望直接转人工，不要机器人答复	需要增加转人工功能

二是答案错误，需要机器人回答的。答案错误的原因分析见表3-11。

表3-11　答案错误（需要机器人回答）的原因分析

错误原因	释义	行动点
知识错误匹配到了闲聊	用户问题和知识标题相似度不够	增加相似问法，进行模型训练
无知识	知识库没有匹配知识	需要新增知识
匹配了错误的知识	核心词配置正确，给出的知识标题错误	增加相似问法，进行模型训练
核心词匹配错误	用户问题没有匹配到知识标题关联的核心词	优化核心词

4）模型诊断和改进。在模型诊断的过程中，通过解释模型的预测结果来理解模型的优点和缺点，进而对模型进行改进。

想要产出有价值、具有指导意义的分析结果，还需要注意以下几点。

第一，掌握基础通用的提升方法（如机器人配置方法、知识梳理方法等）并灵活运用。

第二，贴合业务场景，根据用户实际问题推动配置优化、问答效果优化和用户体验改进。

第三，深入探究问题背后的原因，不可只看数据，还要对数据进行深层次分析，多维度思考问题产生的原因；产出分析结果后，还需要把握分析之后的行动闭环，如图3-10所示。

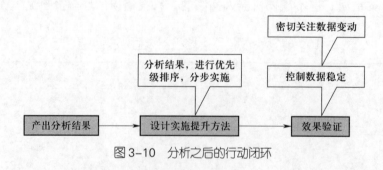

图3-10　分析之后的行动闭环

总的来说，Deep dive 分析方法可以帮助人工智能训练师更好地理解数据集，找到最佳的机器学习模型，并对模型进行优化，以获得更好的精度和泛化能力。

3. 突破期数据分析与提升方法

当机器人的准确率、解决率、无答案率等稳定在较高水平，即可判断机器人进入稳定期，可以开启突破期。该阶段需要重视用户的体验，从体验的角度进行突破，持续增加机器人的服务能力，给用户带来更多好的服务。

表3-12为几个突破期的提升方法示例。

表3-12　突破期的提升方法示例

提升方法	具体举措
千人千面	将用户的个性化信息与问答相结合，给不同标签属性的用户提供不同的解决方案。比如给资深用户提供更优的增值服务，提高资深用户忠诚度
能力升级	扩展机器人的服务能力，增加机器人的服务场景；尝试将步骤指导类的知识变成任务型的对话流，提升使用体验（比如将知识"订机票的步骤"变为可以直接执行的"机票预订"对话流）
主动服务	综合服务的需求和用户的个性化信息，给用户一些前置的服务推送，比如在活动开始前主动给用户推送活动规则及注意事项等

技能要求

一、数据集拆解方法

人工智能训练中的数据拆解指的是将大型数据集分割成更小、更易处理的子数据集，以便用于训练机器学习模型。常见的拆解方法如下。

1. 批量拆分（batching）

数据集批量拆分方法是指将一个完整的数据集按照一定规则分成多个子数据集进行处理和分析的方法。批量拆分数据集通常用于机器学习和深度学习的数据集训练中，可以帮助人工智能训练师更好地利用数据集，提高模型的准确性和泛化能力。

2. 随机拆分（random sampling）

随机拆分是指将数据集按照随机分组的方法分成多个子数据集。随机拆分可以将数据集中的不同样本分布在不同的训练集和测试集中，从而避免训练偏差和过拟合的问题。

简单随机采样是最常用的一种数据集拆分方法，它采用随机的方式将数据集按照一定比例分为训练集和测试集，这种方法可以在一定程度上减少过拟合。比如，可以将数据集的70%作为训练集，30%作为测试集进行训练和测试。

3. 分层拆分（stratified sampling）

根据类别标签等特征对数据集进行划分，确保每个子集内的样本在某些方面具有相似性，可以防止由于数据集中样本类别不平衡而导致的训练偏差和过拟合问题。

分层随机采样方法通过数据集中的类别和特征等信息，将数据集按照相应的比例分为训练集和测试集。这种方法可以确保训练集和测试集中的各种类别和特征都有足够的样本，避免由于样本不均衡而导致的过拟合或欠拟合问题。

4. 交叉验证（cross-validation）

将数据集拆分成 K 个互不相交的子集，其中 $K-1$ 个子集用于训练模型，剩余的一个子数据集用于测试模型。这个过程重复 K 次，每次用不同的子集作为测试集，最终将 K 次测试结果的平均值作为模型的性能指标。交叉验证的优点是可以更充分地利用数据集，缺点是计算成本较高。

5. 增量式学习（incremental learning）

逐步引入新的数据，不断更新已有的模型，从而达到不断优化的效果。

此外，还有其他的数据拆解方法，如分布式拆解、增量式拆解等，这些方法都可以用于处理大型数据集，提高机器学习和深度学习模型的准确性和效果。

二、对模型参数进行调优

1. 调优的过程

（1）提高准确性（accuracy）。模型预测的结果与实际值之间的差异是评估算法模型表现的重要指标。除了使用精确度、召回率、F1 得分等指标来评估模型的准确性之外，还可以通过增加训练数据集的大小来提高模型的准确性。

（2）提升鲁棒性（robustness）。模型对噪声、异常值和数据不平衡等问题的抗性也是评估算法模型表现的重要指标。鲁棒性好的模型能更好地适应新的数据集并提高模型的泛化能力。为了提高模型的鲁棒性，可以采用数据增强等方法来增加训练数据集的多样性。

（3）调整计算复杂度（computational complexity）。模型的计算复杂度应该低于它的应用场景。一个好的模型应该能够在给定时间内处理数据量。为了提高模型的计算效率，可以使用分布式计算等方法来加速模型的训练和推理过程。

（4）提升可扩展性（scalability）。模型的性能应该能够在大规模数据集上进行扩展，同时还要考虑如何更好地利用并行计算。为了提高模型的可扩展性，可以使用 GPU 等硬件加速技术来加速模型的训练和推理过程。

2. 模型优化的方法

评估模型好坏后，可以采用一系列方法对模型进行优化。例如：

（1）模型比较。使用不同的算法或模型进行比较，以确定哪个模型在给定的问题上表现最好。

（2）超参数调整。使用不同的超参数（例如学习速率、正则化参数等）来训练模型，并选择最佳的超参数组合以提高模型的性能。

（3）可视化。通过可视化来理解模型的预测结果和其内部的决策过程，以提高模型的可解释性。可以使用热力图等可视化工具来展示模型的预测结果和特征的重要性等信息。

（4）数据优化。通过用户反馈，收集更多有效数据，或者优化数据标注质量，都可以进一步优化模型。此外，还可以使用数据增强等方法来增加数据集的多样性，从而提高模型的鲁棒性和泛化能力。

学习单元 3　为智能产品设计解决方案

1. 掌握模型效果问题分析的方法。
2. 掌握模型错误的类型及解决方案。
3. 能够为单一智能产品的应用设计解决方案。

一、模型效果问题分析

在智能产品训练中，分析模型效果问题包括以下几个步骤。

1. 了解模型评估指标

在训练智能产品模型的过程中，需要了解模型评估的指标，例如准确率、召回率、F1 值等。对于不同的任务和数据集，不同的评估指标可能会有所不同。了解模型评估的指标，能够帮助更好地评价模型效果的好坏。

2. 分析训练集和测试集的差异

分析训练集和测试集的差异，能够更好地了解模型出现效果问题的原因。如果训练集和测试集之间存在明显的分布差异，那么模型在测试集上的表现可能会比较差。此时需要考虑一些解决方案，例如增加训练数据、数据增强等。

3. 检查训练过程中的参数设置

训练智能产品模型时，需要设置一些参数，例如学习率、迭代次数等。这些参数设置得不合理可能会影响模型效果。因此，需要仔细检查这些参数是否设置得当，并决定是否需要进行调整。

4. 对错误进行分析

当模型出现效果问题时，需要对错误进行分析，分析模型在哪些情况下容易出现错误，出现错误的原因是什么。例如，某个情况下模型的预测结果总是错误的，就需要进一步分析这个情况下的特征是否能够识别。对错误进行分析可以帮助更好地了解模型的缺陷，并进行相应的改进。问题类型分析如图 3-11 所示。

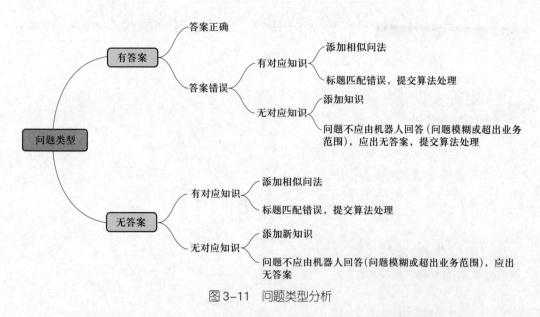

图 3-11　问题类型分析

通过加入更多的数据，尤其是有标注的数据，能帮助模型更好地学习，提升模型的效果。

除此之外，也可以尝试更换模型结构、调整模型的超参数等方法来提升模型的效果。模型优化流程如图 3-12 所示。

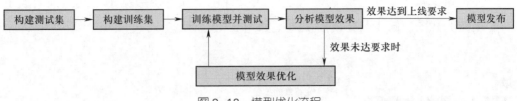

图 3-12　模型优化流程

通过以上几个步骤的分析，能够更好地对模型效果问题进行深入的分析和解决，优化模型效果。此外，还可以通过迭代和优化，不断提升模型的效果，使智能产品更加智能化。

二、模型错误类型和解决方案

1. 意图之间混淆

（1）语义重叠。用户话术和机器人预测意图中的部分话术非常接近。语义重叠的解决方案如图 3-13 所示。

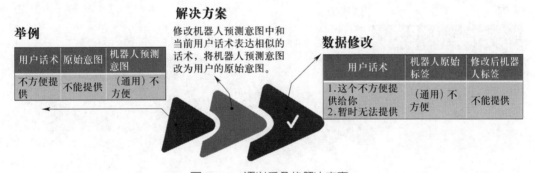

图 3-13　语义重叠的解决方案

（2）多意图。用户话术既包含了原始标签的意图，又包含了预测标签的意图。多意图的解决方案如图 3-14 所示。

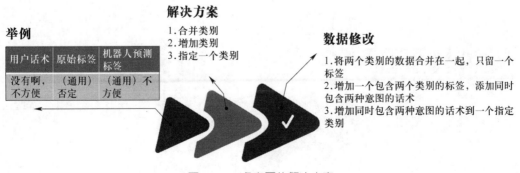

图 3-14　多意图的解决方案

（3）缺少数据。用户话术的表达方式没有包含在训练数据中，模型预测成了一个相似的意图。缺少数据的解决方案如图3-15所示。

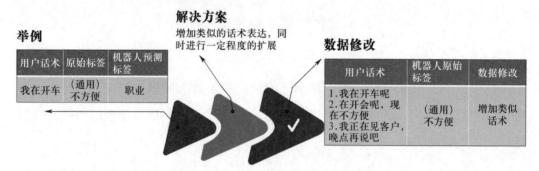

图3-15　缺少数据的解决方案

2. 意图和拒识混淆

（1）意图识别成拒识。用户话术的表达方式和拒识类别里面的语料比较接近，导致预测成拒识类。意图识别成拒识的解决方案如图3-16所示。

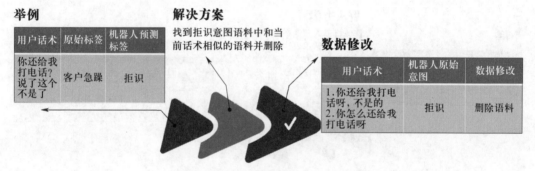

图3-16　意图识别成拒识的解决方案

（2）拒识识别成意图。拒识的语料中缺少类似的表达方式，导致没有能力拒识。拒识识别成意图的解决方案如图3-17所示。

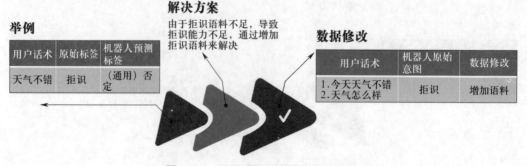

图3-17　拒识识别成意图的解决方案

技能要求

为单一智能产品的应用设计智能解决方案。

一、明确需求和目标

分析需要解决的问题和明确智能解决方案的目的，并根据实际情况确定智能解决方案的可行性、效益和风险等因素。

二、收集数据并进行预处理

收集与问题相关的数据语料，并进行清洗、去重、转换、标准化等预处理操作。

三、特征工程

根据实际需要，选择合适的特征，并进行特征提取和选取，构建特征空间。

四、模型选择和训练

根据问题和数据类型，选择合适的模型，并在训练集上进行模型训练和调优，得到最佳模型。

五、集成部署

将训练好的模型集成到应用中，并进行线上测试和优化，保证应用的稳定性和可靠性。

六、用户交互和体验

基于用户需求和使用场景，设计易用的界面、功能和流程，提高用户满意度和黏性。

七、数据反馈和更新

根据用户的反馈和数据情况，及时更新模型和算法，保持应用的优化和服务质量。

八、安全和隐私保护

确保数据和模型的安全性和隐私保护，避免数据泄露或滥用等风险。

举例：假设要为一款智能音箱设计一个语音识别解决方案，那么可以按照以下步骤进行：

第一步：明确需求和目标。目标是让用户通过语音指令来控制音箱，例如播放音乐、查询天气等。同时需要考虑到不同用户的口音、语速等因素。需要进行详细的市场调研和用户需求分析，以确定最终的需求和目标，确保解决方案的实际效果。

第二步：收集数据并进行预处理。需要收集大量的语音数据，并对其进行清洗、去噪、分割等预处理操作，以便后续的特征工程和模型训练。同时，需要考虑到不同地区、不同群体的语音特点，以及可能会出现的干扰因素，例如噪音等，确保数据的质量和可靠性。

第三步：特征工程。根据实际情况选择合适的特征提取方法，例如梅尔频率倒谱系数（mel-frequency cepstral，MFCC）、可编程逻辑控制器（packet layer protocol，PLP）等，并进行特征选取和降维操作，构建特征空间。此外，还需要考虑到模型的稳定性和可靠性，以及模型的可解释性和可视化等方面的要求。

第四步：模型选择和训练。根据问题类型选择合适的模型，例如深度神经网络（deep neural network，DNN）、卷积神经网络（convolutional neural network，CNN）等，并在训练集上进行模型训练和调优，得到最佳模型。同时，需要进行交叉验证和评估，以确定模型的准确率和鲁棒性。

第五步：集成部署。将训练好的模型集成到智能音箱中，并进行线上测试和优化，保证应用的稳定性和可靠性。同时，需要考虑到系统的可扩展性和可维护性，以便后续的升级和迭代。

第六步：用户交互和体验。设计易用的语音交互界面，并考虑到不同场景下用户可能会使用的指令和反馈信息。同时，需要进行用户测试和反馈收集，以不断优化和改进用户体验和应用价值。

第七步：数据反馈和更新。根据用户使用情况及时更新模型和算法，以提高识别准确率和响应速度。

第八步：安全性和隐私保护。需要考虑数据的安全性和隐私保护，例如采用加密技术和权限控制等手段，确保用户数据的安全性和隐私保护。

第九步：持续优化和改进。随着技术的不断发展和用户需求的变化，需要持续对语音识别解决方案进行优化和改进，以提高应用价值和用户体验。此外，还需要考虑市场竞争、商业模式、法律合规等因素，制定合理的营销策略和用户服务方案，以提高产品的竞争力。

以上步骤是单一智能产品应用设计的基本流程，具体实施时需要根据实际情况和应用场景进行调整和完善。例如，可以考虑多语种支持、多场景应用等问题，以扩展产品的适用范围和用户群体。同时，还需要注意产品的可持续性和可发展性，以确保产品的长期竞争力和商业价值。

培训课程　②

人机交互流程设计

学习单元 1　人机交互方式概述

培训目标

1. 了解人机交互方式的发展历程。
2. 了解当前主流的人机交互形式。
3. 掌握人机交互方式的设计原则。
4. 能够找到单一场景下人机交互的最优方式。

知识要求

人机交互（human-computer interaction，HCI）是指人与计算机等技术设备之间的相互作用和信息交流的过程。人机交互的目标是实现人类和计算机之间更加直观、有效、友好和稳定的交互，使得人类用户能更快捷、舒适和轻松地使用计算机系统。它旨在打破人类和计算机之间的语言障碍，通过人类用户感知和处理信息的方式，来提高算法效率，优化人机交互界面的设计和交互模式。

一、人机交互方式的发展历程

自计算机诞生以来，人类与计算机之间的交互方式不断发展、演变。从早期的按钮、键盘，到鼠标、触摸屏，再到如今的语音识别、虚拟现实等高科技手段，人机交互方式已经发生了翻天覆地的变化。

1. 机械化时期

20世纪40年代是计算机诞生的初期阶段，当时计算机还没有像当今这样成熟的交互方式。人们主要通过一种"打孔卡片"的输入方式与计算机进行交互。打孔卡片是一种预先打洞的卡片，每个洞的位置代表一个二进制数位的值，通过插卡机将打孔卡片读入计算机，计算机就能够执行对应的操作。这种输入方式十分原始，每个操作都需要烦琐的打孔操作，限制了计算机应用的开发。而且，计算机当时的应用领域主要是军事和科学研究，用户群体非常有限。因此，当时的人机交互方式也是围绕计算机的专业技术人员展开的。

20世纪40年代后期和50年代初期，计算机制造商开始推出更加方便的输入设备，例如Teletype打字机，可以通过Teletype打字机与计算机进行交互。这一时期，主要涌现了两种交互方式：一种是通过Teletype打字机输入命令实现与计算机的交互，这种方式被称为"打字机交互方式"。另一种是通过控制台终端直接使用计算机，用户可以通过屏幕显示来观察计算机的输出，并通过键盘输入与计算机交互，这种方式被称为"控制台交互方式"。

1949年，英国曼彻斯特大学的计算机研究组成功开发了第一台通用计算机Mark1。这台计算机采用的是旋转开关，可以进行加法和存储运算，计算速度比较缓慢，但是标志着通用计算机的诞生。

2. 手动输入阶段

20世纪60年代中期至80年代初期，计算机的发展进入了手动输入阶段，人机交互方式得到了很大的改善。这个阶段人们主要使用打字机对计算机进行输入和输出。这个阶段，计算机的用户群体逐渐扩大，从科学和军事领域，逐渐发展到商业等领域。这种发展趋势迫切需要一种更方便、高效的人机交互方式，打字机正好满足了这一需求。

在打字机的基础上，通过不断改进，推出了各种不同类型的输入设备。例如，光学字符识别（optical character recognition，OCR）输入设备，可以将纸质文件上的字符扫描后输入计算机；语音识别输入设备，可以将语音转换为文本输入计算机。同时，输出设备也在不断改进，从最初的打印机发展到更高分辨率、更快速的打印机、显示器和投影仪等设备。

随着手动输入方式的发展，计算机应用的领域不断扩大，人们可以使用计算机进行文字处理、财务管理、数据库管理等业务。同时，随着计算机硬件和软件的进步，人机交互方式也实现了质的飞跃，逐渐向更加直观、易用、自然的方向发展，为后来的人机交互方式奠定了基础。这一时期的代表性事件包括：

（1）实现了分时系统。

（2）制定了第一个计算机协议。

（3）出现终端原型。

（4）出现视频显示器式交互。

（5）出现图形用户界面（graphical user interface，GUI）。

3. 图形化界面阶段

20 世纪 80 年代至 90 年代，计算机图形化界面被广泛应用之后，人机交互又迈入了一个新的阶段。这种方式的代表是操作系统 Windows 和 MacOS。用户可以通过图形化的按钮、菜单和色彩来控制计算机，而计算机则通过图形化的画面来输出结果。这种方式减少了对计算机知识的要求，使得计算机更加易用。在这个时期，还出现了鼠标、触摸屏、语音识别和手写识别等新型输入设备，极大地改进了计算机的输入方式。鼠标的出现使得操作更加灵活和自如，而触摸屏则可以让用户直接触摸屏幕进行操作，更加自然直观。语音识别和手写识别也极大地提高了输入文字和命令的效率。在这一时期，多媒体技术也得到了极大的发展，音频、视频等数字媒体技术极大地提高了人机交互的质量。通过计算机，用户可以轻松地看视频、听音乐、玩游戏等，计算机不再仅仅是一个冷冰冰的工具。这一时期的代表性事件包括：

1984 年苹果公司推出 Macintosh 计算机，它采用了革命性的图形用户界面（GUI），用户可以通过鼠标点击图标来操作计算机，而无须记住复杂的命令。这种方式更加直观、易用，从而引领了计算机行业的一场革命。

Internet 的普及：这一时期网络的普及改变了人们的交流方式，使得信息更加便捷、广泛地流通。Internet 的普及极大地推动了计算机的使用和人机交互的发展，用户可以随时随地与其他人进行交流，获取各种信息。

4. 触摸屏交互阶段

20 世纪 90 年代，触摸屏逐渐进入人们的视野。触摸屏技术的出现，使人们可以通过单指或多指的手势来直接控制计算机，突破了鼠标和键盘的限制，大大提高了用户的操作体验和工作效率。2007 年苹果公司推出第一代 iPhone 手机，将多点触控技术应用于移动设备，并取得了巨大成功。用户可以通过指尖的滑动，轻松地浏览网页、翻看照片、打电话、发邮件等，使得智能手机成了当时最流行的通信设备。触摸屏技术的出现标志着人机交互方式的革命性变化。从 iPhone 手机的推出到触摸屏设备的广泛应用，再到触摸屏技术不断的创新和改进，为人机交互方式的发展开辟了新的道路。

5. 智能交互阶段

人工智能（artificial intelligence，AI）技术的发展为人机交互带来了新的可能性。通过语音识别、自然语言处理等技术，人们可以更加自然地与计算机进行交流。同时，AI 技术还可以为用户提供更加个性化、智能化的服务和推荐，使得人机交互更加高效、便捷。这一阶段的代表性事件包括：

2011 年，苹果公司推出了 Siri 语音助手，该系统使用自然语言进行交互，用户可以通过语音指令实现信息查询、播放音乐、发送短信等功能，引领了智能交互的发展趋势。

2014 年，谷歌发布了 Google Now 语音助手，彻底颠覆了人们对语音交互的认知，实现了智能交互的全新标准。

2015 年，微软公司发布了智能聊天机器人小冰（XiaoBing），该机器人可以完成一系列任务，例如回答问题、辅助聊天、打游戏等，受到了广泛关注。

2016 年，淘宝推出了"淘宝精灵"，通过自然语言处理技术实现了更为智能化的电商交互，该系统为用户提供了更为便捷的购物体验，也标志着互联网智能化的新阶段。

2017 年，DeepMind 公司提出了一种新型的神经网络体系结构——生成对抗性网络（generative adversarial networks，GAN），该架构可以生成逼真的图像和视频，被广泛应用于虚拟现实领域。

2018 年，谷歌发布了 ChatGPT，一个基于深度学习的聊天机器人框架，它可以不断地学习和适应用户的语言交流方式，包括语音、文字、图片等。

2019 年，Facebook 推出了 Messenger 中的 M 聊天机器人，该机器人可以理解和回复自然语言会话，甚至可以为用户完成一些日常任务，例如预订餐厅、购买机票等。

二、当前的主流人机交互形式

1. 智能文本交互

当前，人工智能技术以前所未有的速度飞速发展，为用户带来了无数便利和惊喜。智能文本交互是一种非常常见的、基于文本形式的智能交互方式，通过智能文本交互，用户可以使用自然语言和计算机进行沟通交流。智能文本交互系统会通过机器学习、语料库等方式，不断提升自身的理解和表达能力，从而逐步成为更智能化的交互系统。

下面介绍一款全新的人工智能产品——ChatGPT。它不仅改变了人机交互方式，更预示着未来 AI 技术的发展方向。

ChatGPT 是一款基于 OpenAI 最先进技术的聊天机器人。它具备强大的自然语言处理能力，可以与用户进行深入、流畅、富有逻辑的对话。它不仅拥有广泛的知识储备，还具备理解上下文、捕捉对话中隐含信息、提供专业建议等能力。这一切都得益于其底层架构——GPT（generative pre-trained transformer）模型。该模型经过大量数据训练和优化，在许多方面已达到甚至超越了人类水平。那么，ChatGPT 究竟是如何改变用户与机器之间交互方式的呢？

首先，在传统的人机交互中，用户需要通过指令或者简单问题与计算机进行沟通。而 ChatGPT 却能够理解复杂且口语化的句子，让用户与之交流就像与真人聊天一样自然。这种交互方式不仅降低了用户的学习成本，还提升了沟通效率。

其次，ChatGPT 具备强大的上下文理解能力。在传统的对话系统中，计算机往往无法理解对话中涉及的多个主题、关联信息以及转折等内容。而 ChatGPT 则可以根据上下文内容进行判断和回应，使得对话更加连贯、深入。

此外，ChatGPT 还具有生成式能力。它不仅能够回答问题、解决问题，还可以为用户提供专业意见或者创作文章等。这意味着未来用户可以借助 ChatGPT 完成更多富有创造性的工作。

现在用户已经看到了 ChatGPT 如何改变人机交互方式，那么它又预示着怎样的未来发展方向呢？在教育领域，ChatGPT 将会成为一名优秀的教师助手，它可以帮助老师批改作业、解答学生疑问、制定教学计划等工作，从而提高教育质量和效率；在医疗领域，结合大数据分析和专业知识，ChatGPT 有望成为医生的得力助手，它可以帮助医生进行病例分析、制定治疗方案、提供用药建议等，让患者得到更好的治疗；在企业，ChatGPT 可以作为智能顾问，协助企业进行市场分析、产品策划、风险评估等工作，它还可以与员工进行实时沟通，提高企业内部协作效率；在娱乐领域，ChatGPT 会以其丰富的创造力和想象力为用户带来全新的互动体验，用户可以与之共同创作文学作品、音乐作品等，也可以在虚拟世界中与之展开各种冒险活动。

随着技术的不断发展和优化，用户有理由相信类似 ChatGPT 的人工智能产品将会成为人类生活中不可或缺的智能伙伴，它将会在各个领域中发挥越来越重要的作用，为用户带来更多便利和惊喜。

2. 语音交互

语音交互是指用户通过口语、语音命令与机器交互，让机器能够听懂人类话语，并执行话语中所传达的命令，其最核心的技术是语音识别技术。随着人工智能和机器学习技术的不断发展，语音识别技术得到了迅速的发展和普及。现在，许多智能设备和软件都具备了语音识别功能，人们可以享受更加自然、轻松的交互体验。2011年，苹果推出了Siri语音助手，使语音交互进入了普通消费者的生活。Siri可以回答问题、发送短信、安排日程等，成为一款非常受欢迎的人机交互工具。

（1）语音识别的流程。语音识别是将人类语音转化成计算机可处理的文本数据的过程。语音识别的步骤如图3-18所示。

图3-18 语音识别的步骤

1）采集语音信号。首先需要通过麦克风等设备采集用户的语音信号。采集到的语音信号以数字形式存储并传给计算机进行后续处理。

2）预处理。在对语音信号进行处理之前，需要对采集到的语音信号进行预处理。预处理主要包括去噪、声音增强、高低通滤波等操作，以最大限度地提高语音识别的准确度。

3）特征提取。为了减少语音信号的复杂度，需使用特征提取算法将语音信号中的信息抽象出来，得到一组特征向量。常用的语音信号的特征参数有以下几种。

①时域特征：时域特征是指对语音信号在时间轴上的波形进行分析，从中提取语音信息的特征。时域特征包括音频强度、短时能量、过零率等。

②频域特征：频域特征是指将语音信号转换为频谱分析，从中提取语音信息的特征。频域特征包括功率谱、能量谱、频率谱等。

③倒谱系数（MFCC）：倒谱系数是一种非常常用的语音信号特征参数，它是通过对语音信号进行离散余弦变换得到的。MFCC特征参数的提取经过了多项优化，能够提取出语音信号中具有语音鉴别信息的部分，并通过将每一帧的MFCC特征向量拼接形成整个语音信号的MFCC参数描述。

④线性预测编码系数（LPCC）：LPCC特征参数也是一种常用的语音信号特征参数，它是通过将语音信号进行线性预测分析得到的。

4）建立声学模型。根据特征向量集合，使用机器学习等技术进行训练，建立声学模型，将语音信号和文本信息联系起来，提高语音识别的精确性和鲁棒性。

5）解码和识别。语音信号经过特征提取和建立声学模型后，需要进行语音解码和识别。解码可以使用 Viterbi 算法等搜索算法，将声学模型转化成识别序列；识别则是在已建立的语言模型的基础上，使用对比度分析等技术，匹配录音语音中的音素，以识别出句子中的文字内容。

6）后处理。完成识别后，可能使用后处理技术，如标点符号生成、错误修正等，提高语音识别的准确性和流畅性。

（2）语音交互的应用。随着人工智能技术和语音识别技术的不断发展，语音交互已经被应用到了很多领域，下面列举几个常见的应用场景。

1）智能家居。通过语音操作智能家居设备，实现智能家居的各种控制功能，如自动控制灯光、空调、电视等设备，提高生活的便利性和舒适度。

2）车载系统。语音交互能够让驾驶员使用语音控制汽车，从而避免因手动控制带来的安全隐患，比如可以通过语音控制音乐、导航和电话。

3）金融服务。通过语音交互可以实现语音安全认证，提高金融交易的安全性和便捷性，此外也可以通过语音转账、查询余额等语音服务功能，方便用户进行金融服务操作。

4）客服服务。语音助手可以应用到各个行业的客服领域，将现有的自助服务提升至人机智能互动层面，例如语音客服机器人能够提升用户沟通的效率和满意度。

5）医疗健康。语音交互可以让医疗服务更加智能化和个性化，比如通过语音控制医疗设备，进行语音挂号、语音预约医生等操作。

6）机器翻译：随着机器学习和神经网络技术的不断发展，机器翻译的准确率也变得越来越高。如 Google Translate 和百度翻译等机器翻译软件。

（3）语音交互面临的难题与挑战。语音交互作为当前使用非常广泛的一种交互形式，在实际应用中仍然存在一些难题和挑战。

1）多样性问题。语音交互需要面对语音多样性，包括不同方言、口音、语速等，这些因素增加了语音识别的难度。

2）噪声问题。在实际场景中，语音信号与背景噪声混合，干扰程度极高，导致语音信号的准确识别及理解变得十分困难。

3）语音合成问题。虽然当前语音合成质量已经较之前大大提高，但在一些语言流畅度、发音准确度、语音情感等方面仍然存在诸多挑战。

4）数据稀缺性问题。语音识别和语音合成等技术的训练与调整需要大量的数据支持，但目前收集、标注和存储语音数据受成本等限制，效率有限，导致数据稀缺成为技术发展的瓶颈。

5）交互设计问题。要实现合理、高效、自然的语音交互，必须针对不同应用场景进行细致、全面的交互设计和用户研究，目前仍要不断探索和改进。

3. 姿势交互

姿势交互技术是一种基于人体姿态感知的人机交互技术，它通过识别和解释人体姿态信息，实现交互动作的识别、传递和处理。姿势交互技术以人体姿态感知作为交互媒介，能更加自然、智能地实现人机交互。姿势交互技术包括三个关键环节：传感器获取姿态数据、姿态分析及计算、姿态识别应用。姿势交互技术最初主要集中在动作捕捉和跟踪方面的研究，但随着计算机视觉、机器学习和人工智能技术的不断完善，姿势识别和姿势动作生成技术逐渐成熟，姿势交互技术也逐渐进入商业化应用领域。现在，姿势交互技术主要基于深度学习和卷积神经网络（convolutional neural network，CNN）技术，能够实现非常高的精度和稳定性。

姿势交互技术具有广泛的应用场景，例如：可以用于游戏的控制，玩家能通过手势控制角色动作，使游戏体验更好；可以用于身体训练和康复治疗，如通过定位和跟踪有氧运动视频，由教练来实现物理锻炼指导和监测；可以用于身份识别和行为分析，如通过人体姿态分析来识别和跟踪危险行为等；可以用于物联网领域，如手势控制智能家居系统或手势控制水龙头等；还可以用于艺术创作，如电影特效、音乐创作等。

4. 触摸交互

触摸交互是指人机交互过程中，用户通过手指或手掌等身体部位触摸屏幕或其他感应设备表面，实现信息的输入、浏览、选择、控制等操作。触摸技术的应用与普及使得触摸交互成为现代交互技术中的主要方式之一。由于触摸交互具有直观、自然、高效、便携等诸多优势，因此被广泛应用于智能手机、平板电脑、智能手表、智能家居等产品和系统中。

（1）触摸交互界面介绍。触摸交互界面是指通过触摸屏幕等设备进行交互的视觉界面，其目的是方便用户直接使用手指来完成各种操作，例如单击、拖动、滑动、缩放等。触摸交互界面相比鼠标、键盘等输入方式更加自然直观，更符合人们的直觉需求，因此应用越来越广泛。

（2）触摸界面的衡量维度。触摸界面的设计需要考虑用户体验、交互效率、表现力、可访问性等多方面的因素，以提供更高效、人性化的交互。主要衡量维度包括以下几方面。

1）界面设计。触摸交互界面，包括布局、颜色、字体、图标等，应根据目标用户的特点和使用场景进行设计，以便用户快速、准确地进行交互。

2）易用性。触摸交互界面应该足够简单易用，不需要用户经过太多的学习就能够操作。此外，合理的反馈机制和指导页面也是提升易用性的重要手段。

3）反应速度。由于触摸交互本身是一种实时的操作方式，因此触摸交互界面的反应速度非常重要，尤其对于需要即时响应的应用场景来说。

4）功能丰富程度。触摸交互界面的功能丰富程度是衡量其价值和吸引力的重要因素。在满足使用需求的同时，尽可能多地提供附加功能和服务，可以有效推动用户的使用和满意度。

5）可访问性和无障碍。触摸交互界面应该考虑到不同用户的特殊需求，例如视力问题、听力障碍等。在设计中，应该考虑到这些用户的需求，合理的无障碍设置可以让更多的用户受益于这项技术。

（3）触摸屏的原理。触摸屏是一种输入设备，可以通过手指或触摸笔来操作计算机或其他电子设备。触摸屏按工作原理分主要有以下四种。

1）电阻式触摸屏。电阻式触摸屏是由两层导电薄膜组成的，两层薄膜之间用绝缘材料隔开。当手指触摸屏幕时，两层导电材料接触，形成一个电阻，触摸后的电阻变化可以被检测到并转换为坐标信息。该类触摸屏的优点是反应灵敏度高，但缺点是灵敏度容易受外界环境干扰，并且易染污垢和形成划痕。

2）电容式触摸屏。电容式触摸屏的表面有一层导电材料。当触摸屏表面被触摸时，形成了一个微小的电容变化，变化信息传递到系统中处理并转换为坐标位置。这种触摸屏具有易清洁、易维护、受环境干扰小、灵敏度高等优点，目前大多应用于智能手机、平板电脑等设备上。

3）红外线触摸屏。红外线触摸屏（infrared touch screen，简称 IR 触摸屏）是一种常见的非机械式触摸屏，它通过红外线传感器检测手指的位置，从而实现人机交互。具体来说，红外线触摸屏在显示屏表面的四个角落装有一个红外线发射器和接收器，发射器发射红外线，接收器接收红外线反射后的信号，并将其发送给处理器进行处理和分析。当手指或其他物体接触屏幕表面时，会阻碍红外线的传播，导致红外线的反射和接收器接收到的信号发生变化，这些变化信息可以被处理器捕捉并通过算法计算出触摸点的坐标位置。红外线触摸屏的优点是它没有物理接触、坚固耐用、操作灵敏、精准度高，不会受到磨损；同时，由于没有使用任何导电性材料，所以它能够避免短路隐患的问题。但是，它也有一些缺点，如价格昂贵、灵敏度容易受干扰，需要较高的维护成本等。红外线触摸屏广泛应用于公共场合（如自助售票机、ATM 机、指挥控制系统、信息发布系统、多媒体展示等）及家庭娱乐场所（如大屏幕电视、平板电脑等）。

4）表面声波触摸屏：表面声波触摸屏（surface acoustic wave touchscreen，简称 SAW 触摸屏）是一种常见的触摸屏，触摸信号通过表面声波传递，以便实现人机交互。该技术使用声波传感器接收在玻璃表面上产生的声波，并分析声波的变化并转换为电信号，计算机根据接收到的信号判断触控点的位置和运动。这些声波的频率在 30 kHz 到 60 kHz 之间。表面声波触摸屏的优点是易于清洁、精度高、耐用、抗干扰、无遮挡区域和支持多点触摸等。此外，表面声波触摸屏不会受到周围环境的电磁干扰，因此可以被放置在高电磁干扰环境下。由于触摸屏内置的复杂声波传感器，因此表面声波触摸屏通常比其他类型的触摸屏更昂贵。表面声波触摸屏主要用于公共场所和工业环境。例如，零售商店购物、自助售卖机，展示大屏幕、指挥控制室和其他需要高精度触摸输入的场合。

（4）触摸屏的分类。触摸屏可以按照使用场景和操作方式等进行分类，如多点触控屏、单点触控屏、手写触控屏等。多点触控屏可以同时识别多个触点，支持多点缩放、旋转等操作，适用于高效的人机交互；单点触控屏只能识别单个触摸点，适用于基本操作和简单交互；手写触控屏可以使用触摸笔作为输入工具，用手写输入方式替代传统的键盘输入，适用于需要高精度输入的场景，如涂鸦、签名等。

5. 虚拟现实、增强现实和混合现实

虚拟现实（virtual reality，VR）是一种计算机技术，可以生成并呈现出一种虚拟的三维环境，用户可以穿戴 VR 头戴显示器"进入"虚拟环境中，通过头部追踪和手柄等控制方式进行交互，从而体验到身临其境的感觉。例如，用户可以在虚拟现实环境中进行游戏、旅游、教育、医疗等活动，感受到置身其中的感觉。增强现实（augmented reality，AR）是一种将虚拟信息与现实世界相融合的技术，通过手机、平板电脑等设备进行实时捕捉和处理，将虚拟信息融合到用户眼中看到的环境中，减小用户对虚拟信息的感知障碍，实现对现实世界的扩展和增强。例如用户可以通过手机和平板电脑的增强现实应用观看 AR 影像识别、体验 AR 游戏、学习 AR 课程等。混合现实（mixed reality，MR）是介于虚拟现实和增强现实

之间的一种技术，可以将虚拟信息以实时的方式融合到用户的真实环境中，并且能够感知到用户身体肢体的位置和动作。与增强现实技术不同的是，混合现实能够对虚拟信息进行更加细致的控制，使它们能够进行更加真实的交互。

人机交互领域比较关心的是如何设计 VR/AR/MR 的应用，随着 VR/AR/MR 技术不断发展，这些技术已经应用于娱乐、教育、医疗、建筑、军事、旅游、购物、零售、媒体、营销、广告等多个行业和领域。

（1）游戏和娱乐。VR/AR/MR 技术可以为游戏和娱乐提供全新的体验，如用 VR 头盔玩虚拟游戏、用 AR 扫描图像或物品和用 MR 进行沉浸式体验等。

（2）教育和培训。VR/AR/MR 技术可以模拟现实环境，让学生在安全环境中学习和练习模拟操作，如模拟实验室学习、模拟汽车驾驶等。

（3）医疗保健。VR/AR/MR 技术可以提供虚拟模型，增强医护人员的诊断能力，在手术前进行手术模拟和规划。

（4）建筑设计和房地产。VR/AR/MR 技术可以帮助建筑设计师和房地产开发商展示建筑和物体的环境，共享和检查设计方案，如虚拟建筑游览、房屋装修示范等。

（5）军事和安全。VR/AR/MR 技术可以应用于军事和安全领域，提供战争培训和仿真，以及人员部署和行动规划，如用于军事训练、恐怖袭击预警等。

（6）旅游和文化。VR/AR/MR 技术可以提供虚拟游览，允许游客体验时空，更深入地了解遗迹与历史文化等。

6. 手势识别与眼球追踪

（1）手势识别交互方式。手势识别交互方式是一种通过计算机视觉技术，利用摄像头等外部设备检测并识别用户手势的交互方式。在这种交互方式中，用户可以用自然的身体语言或手势来控制计算机完成相关操作。目前，手势交互技术主要应用于游戏、虚拟试衣间、室内控制等方面。

1）智能家居：通过手势来控制家中电器的开关、音量和温度等。

2）游戏娱乐：手势识别技术可以增强游戏的交互性，例如体感游戏、虚拟现实游戏等。

3）健康医疗：手势识别技术可以应用到康复、治疗等领域，例如通过手势识别帮助瘫痪患者进行康复训练。

4）智能交通：手势识别技术可以应用于交通管理中，例如通过手势识别控制智能交通信号灯。

5）教育培训：手势识别技术也可以应用于教育培训领域，例如通过手势识别来展示幼儿启蒙教育的教学模块。

6）生产制造：手势识别技术可以帮助工人进行一些精细操作，例如机械调试、装配等。

手势交互技术的代表性产品包括以下几种：

Kinect：Kinect 是微软公司发布的一款运动感应装置，可以通过检测用户的身体动作和语音来控制游戏、电视、音乐等多种娱乐设备。

Leap Motion：Leap Motion 是一款基于计算机视觉技术的手势识别设备，可以识别用户手指的动态和位置，并将这些数据转换为合适的指令，从而控制计算机完成相关任务。

Myo：Myo 是一款基于肌电信号的手势控制器，它可以通过探测用户的手臂肌肉运动，将用户的手势动作转化为控制信号，从而驱动计算机完成相关的操作。

（2）眼球追踪交互方式。眼球追踪交互方式是一种通过追踪用户视线，识别用户注视的位置和方向，从而控制计算机完成相关操作的交互方式。它可以根据用户的注意力和视线方向动态调整显示内容、响应用户操作指令，具有更加自然、高效的交互体验。常用的眼球运动测量方法有眼电图法、搜寻线圈法、基于图像 / 视频的测量法等。这种交互方式可以广泛应用于人机交互领域，例如：

1）健康医疗：眼球追踪技术可以应用于给瘫痪患者提供一种智能化交互方式，通过跟踪眼球运动来控制轮椅、电视机或者计算机。同时，这种技术也可以应用于帮助失明人士使用计算机或类似产品。

2）游戏及娱乐：游戏制作商可以利用眼动仪捕捉玩家的眼球运动，动态调整游戏内容，从而提高用户的游戏体验，增强游戏的互动体验。

3）汽车设计：可以通过在驾驶室安装视线跟踪系统，实时监控驾驶员的视觉行为，对处于困倦和疏忽状态的驾驶员进行及时的预警和提示，以提高驾驶的安全性，减少因疲劳驾驶和疏忽造成的交通事故。

4）设计和开发：在设计和开发阶段，设计师和研发人员可以使用眼动仪追踪用户眼睛的运动轨迹及注意点，以便更好地评估和改进产品的可用性、用户界面以及视觉设计。

5）广告营销：眼动仪可以追踪用户对广告的注意度，从而可以评价广告计划的效果，并且能够提供指导营销策略的有用信息。

7. 脑机交互

脑机交互（brain machine interface，BMI）是一种通过记录和解释人脑活动，将人类的思想、意图和指令转换为计算机命令的交互方式。通过植入电极或佩戴特殊头盔等设备，用户可以直接用大脑控制计算机进行操作。尽管目前脑机接口技术仍处于实验阶段，但其无疑是未来人机交互方式的重要发展趋势之一。

脑机接口通过采集人脑产生的电信号，将其转换为计算机可以理解的命令或信号。目前，脑机接口主要采用以下三种方法来采集人脑信号。

（1）电极阵列。使用电极阵列来记录大脑皮层上的神经元活动，并通过对神经元活动分析来获取用户的思考信息。

（2）功能性磁共振成像（functional magnetic resonance imaging，fMRI）。使用 fMRI 技术来获取脑部活动区域的图像，然后将这些图像转换为计算机程序可以读取的数据。

（3）脑电图（electroencephalography，EEG）。通过记录脑电图来监测脑电活动，并将这些活动转换为计算机命令。

脑机接口技术可以用于多种应用场景，例如医疗、教育、娱乐及军事领域等。脑机接口还可以帮助残障人士恢复日常活动能力，例如利用脑机接口来控制轮椅、假肢、人工手臂等。

脑机接口技术的代表性作品包括以下几种。

1）Emotiv EPOC。Emotiv EPOC 是一款基于 EEG 的脑机交互头戴装置，可以通过检测用户的脑电活动，从而控制计算机和虚拟现实应用程序。

2）Neuralink。Neuralink 是由特斯拉 CEO 马斯克发起的脑机交互公司，主要研究脑机接口技术。

3）FocusCalm。FocusCalm 是一款帮助用户控制情绪和集中注意力的脑机接口应用程序。它通过监测用户的脑电活动，评估用户的情绪状态和反应，调整音乐、光线等环境因素，从而达到调节情绪和集中注意力的效果。

8. 多模式交互

多模式交互是指同时使用多种输入方式和输出方式，实现更加自然、流畅、高效的人机交互。多模式交互可以包括语音识别、手势识别、触摸屏、虚拟现实、增强现实、眼动追踪、脑机接口等多种形式，这些交互形式可以共同协作，组合为丰富的交互方式，更好地满足用户不同的需求、场景和习惯。

多模式交互的实现需要计算机具备多种不同的交互方式的输入和输出接口，

并能够自动识别用户所采用的交互方式。除此之外，还需要一个统一的交互管理系统，能够将不同的交互方式有机地结合在一起，实现更加智能、高效和便捷的人机交互。多模式交互的优点如下：

（1）灵活、自由。用户可以根据需要选择不同的交互方式，更加灵活自如。

（2）方便、高效。通过多种交互方式的组合使用，可以实现更加方便和高效的人机交互，实现复杂业务的办理。

（3）人性化、智能化。多模式交互可以更好地适应人类的认知和操作习惯，提升用户体验。

（4）安全、可靠。多模式交互可以通过多种方式进行身份验证和信息确认，更加安全和可靠。

多模式交互是一种面向未来的交互方式，它可以大大拓展人机交互的可能性，用户可以把文字、声音、手、眼，甚至全身作为输入设备，便捷地与系统进行交互，享受高用户体验、高操作效率的人机交互。随着虚拟现实、增强现实等新兴技术的发展，多模式交互将为用户带来更加完美的用户体验。此外，多模式交互还可以更好地解决数字鸿沟的问题，让更多的人能够轻松使用数字设备。例如，对于失明或视力低下的人群，他们可能更需要音频输入和反馈，而多模式交互可以帮助他们更容易地使用数字设备。因此，多模式交互是未来数字化转型和智能化发展的重要趋势和方向。

三、对未来人机交互技术的展望

未来的人机交互是一场跨越时空的共生之旅。当前，人工智能、大数据、物联网等一系列创新技术不断涌现，作为这个变革中最具代表性和影响力的领域之一，人机交互正以前所未有的速度发展，它逐步改变着人类的生活方式和社会形态。那么，在未来数十年内，人机交互将如何演进呢？

在硬件层面上，随着各类传感器、执行器以及显示设备等技术的飞速发展，未来的人机交互界面将更加丰富多样。例如，虚拟现实（VR）、增强现实（AR）等沉浸式体验技术将使用户能够身临其境地与计算机进行交流；而可穿戴设备、智能家居等物联网产品则会让用户与周围环境中无处不在的智能设备建立紧密联系。此外，在生物识别方面，通过面部识别、指纹识别、声纹识别等多种生物特征，机器将能够更精确地识别和感知使用者的身份、情绪以及需求。

在软件层面上，未来的人机交互将更加智能化、自然化。通过深度学习等先进算法的应用，计算机将能够理解用户的自然语言、手势甚至思维方式，并根据这些信息提供个性化服务。例如，在对话系统方面，智能语音助手将不再仅仅是一个简单的咨询、查询工具，而是一位真正懂得与人沟通、具备丰富情感和认知能力的伙伴；在推荐系统方面，则会通过对大量用户数据进行挖掘分析，为每个人提供最合适的信息、产品和服务。此外，在教育、医疗等领域中，利用人工智能技术开发出的专家系统也将实现与人类专家水平相当甚至在某些方面超越人类专家的决策支持功能。从行业应用角度来看，未来的人机交互技术将深入渗透到各个领域中。在制造业中，智能机器人将承担传统生产线上大量重复性劳动；在服务业中，则会出现越来越多基于虚拟现实、增强现实等技术的创新业态，如虚拟试衣间、智能导购等；在娱乐业中，电子竞技、虚拟社交等全新形式将进一步发展。这些变化不仅会提高生产效率和服务质量，还将为人类创造出更加丰富多彩的精神世界。

当然，随着人机交互技术的发展，除了带来无限的机遇外，也必然会带来一系列伦理、法律以及安全方面的挑战。例如，在隐私保护方面，大量个人信息被收集和分析可能引发恶意利用的风险；在就业方面，则需要应对由于智能机器取代传统岗位所带来的失业问题。因此，在推动技术进步的同时，也需要制定相应政策和措施以确保其健康和可持续发展。

未来的人机交互将不仅仅是单向的信息传递，而是真正意义上的与人类共生。在未来人机交互中，机器通过对用户行为和偏好等数据分析，将会更加了解用户，并且在某些情况下甚至可以帮助用户做出决策。但是，用户也需要保持警惕和理性，避免过度依赖和滥用技术带来的负面影响。

四、人机交互方式的设计原则

在设计人机交互方式时，需要考虑交互性、简洁性、易用性、一致性、可定制化、可见性和系统的智能化等原则，注重用户体验和使用效果，以达到最佳的训练效果。

1. 高度交互性

人机交互方式需要高度交互，最好能够提供直观、直接的操作方式，减少用户的学习难度，同时要注重用户体验。具备高度交互性的人机交互界面，人工智能训练师需要考虑用户的动作意图、文化背景、行为习惯等因素。高度交互性通常具有以下几个特点。

（1）可操作性强。用户可以直接对计算机进行操作，如使用鼠标、键盘或触摸屏来完成所需的操作。

（2）反应迅速。计算机响应用户操作的速度很快，用户可以立即看到响应结果。

（3）反馈及时。计算机会及时对用户的每一个操作进行反馈，以避免用户的误操作。

（4）用户友好。用户可以很容易地理解计算机提供的信息及其交互指令。

2. 简洁性

人机交互方式不应该包含过多的不必要的内容，在保证功能完整性的基础上，应该尽量使操作界面简洁明了。人工智能训练师应该通过对用户需求的调查和了解，循序渐进地设计出符合用户使用习惯的交互系统。具体体现在以下几个方面。

（1）界面设计尽量简洁。在设计交互界面时，应该将界面设置得尽可能简单，不要加入过多的复杂元素和功能，以便用户更好地理解和使用。过于复杂和杂乱的界面会让用户感到迷茫和不知所措，从而降低其使用的积极性。

（2）要求明确简单。交互指令应该尽可能明确和简单，避免使用生僻字、特殊符号等，以便用户更好地理解和记忆。除此之外，指令的表述应该尽量符合日常语言习惯，避免含糊不清的描述，以免用户和机器产生误解。

（3）标签简明易懂。在交互界面中，各个标签应该尽量简明易懂，应当避免使用过于抽象的词汇，使用户能容易理解标签的含义和功能。

3. 易用性

人机交互方式应该简单易用，易用性涉及系统的功能实现、用户的使用体验等多个方面。人工智能训练师在设计交互界面时，应当全面考虑用户需求，并且设计出适应用户习惯的交互设计，这样才能让用户方便、及时、高效地使用人机交互系统。易用性的要求涵盖了以下几个方面。

（1）易于学习。人机交互系统应该具有易学性。系统设计时应该遵循人类的认知规律和动作习惯，以便用户快速掌握系统的使用方法。

（2）易于记忆。人机交互系统应该具有易记性。系统的界面和交互方式应该尽可能一致，让用户能够轻松记住使用过程和方法。

（3）易于操作。人机交互系统应该具有易操作性。交互方式应该尽可能简单明了，提供足够的提示和帮助，让用户能够轻松完成各种操作。

（4）易于识别。人机交互系统应该具有易识别性。界面的设计应该符合用户的直觉和认知规律，使得用户能够直接识别。

4. 一致性

人机交互界面需要保持一致性，即在整个交互界面中，界面元素的设计应该保持统一、一致，是用户容易理解和掌握的操作方式。当交互界面的设计风格、元素和交互方式保持一致时，用户才会对系统的使用方法和操作有清晰和明确的认识。一致性的要求包括以下几个方面。

（1）字体、颜色和图标。在交互界面设计中，字体、颜色和图标应该在整个系统中保持一致。这样可以让用户轻松识别和应用，从而使用起来更加轻松和流畅。

（2）菜单设计。菜单设计应该符合用户的使用习惯，采用相同的命名方式和操作方式，避免用户混淆。

（3）交互操作。界面的操作方式应该保持一致，避免出现类似功能使用不同操作方式的情况，并统一交互反馈方式，让用户对任何操作都可以获得一致的反馈语。

（4）系统风格和 UI 设计。系统的风格和 UI 设计应该保持一致，使整个系统的品质、可用性和易用性得到保障。

5. 可定制化

人机交互方式需要为用户提供可定制化的选项，使用户能够根据自己的需求来配置整个系统的设置，比如语音选择和交互方式的配置等。人工智能训练师应该充分考虑用户的需求和使用场景，提供足够的可定制化功能，提供相应的帮助文档，使用户能够更好地掌握和使用人机交互系统。只有满足用户的定制化需求，才能使人机交互系统更加实用、易用和受欢迎。可定制化的要求包括以下几个方面。

（1）界面元素可定制。人机交互系统应为用户提供足够多的自定义设置，例如改变菜单、按钮、字体等的样式，以及添加、删除界面元素等。

（2）操作方式可自定义。人机交互系统中应允许用户自定义快捷键、鼠标操作、手势操作等方式，以适应用户对于功能操作的不同习惯和需求。

（3）个性化设置同步。人机交互系统中应允许用户保存自定义设置，以便下次继续使用，或者在多个设备之间进行同步。

（4）提供帮助文档。人机交互系统中应该提供相应的操作说明、帮助文档，以便用户更好地完成自定义设置操作。

6. 可见性

人机交互界面需要有很好的可见性，用户应该能够看到他们对模型的实验结果，系统应该能够及时反馈操作的结果，并向用户提供分析和统计结果等数据。人工智能训练师需要考虑用户的使用场景，对界面元素、界面布局和操作反馈等方面进行合理的设计，以便用户了解和掌握系统的操作和信息，减少用户的错误率和混乱度，使得人机交互系统更加便利和智能。可见性的要求包括以下几个方面。

（1）界面元素的展示。人机交互系统中应该将所有的可用操作函数和信息都展示出来，使用户了解当前有哪些操作和信息是可用的。

（2）界面元素的设计。人机交互系统中所有的界面元素设计，应该能够让用户清楚理解其含义和使用方式，避免用户不理解或误解。

（3）错误信息的提醒。人机交互系统中应该提供合适的错误信息提示，告诉用户为什么出错，让用户知道如何解决错误。

（4）反馈机制。人机交互系统中应该提供及时的反馈机制，让用户了解每次操作的状态和结果。

7. 系统的智能化

人机交互方式应该尝试提高系统的智能化，在用户使用过程中，系统可以通过不断学习和推理，理解用户需求，提供更加智能化和精准的服务，减少人工干预的工作负担。人工智能训练师需要深入了解用户需求和使用习惯，不断地完善智能化技术，并结合具体的应用场景，做出适合的智能化解决方案，从而提高人机交互的智能化水平。系统的智能化的要求包括以下几个方面。

（1）增强人工智能技术的应用。这是提高人机交互智能化水平的关键，人工智能技术包括自然语言识别、视觉识别、智能推荐、深度学习等，可以帮助系统更好地识别用户行为和需求。

（2）引入自然语言交互。为了方便用户与计算机交互，可以使用自然语言交互，用户可以通过口语化的表达和机器人进行对话，实现操作和交互。

（3）优化系统反馈机制。提供及时的反馈是人机交互中的重要环节之一，系统反馈应该更加准确、实时和详细化，以便用户清晰地了解当前的状态和操作结果。

（4）实现个性化推荐。为了更好地满足用户的个性化需求，系统应该根据用户的习惯和偏好，为其推荐相关的内容和信息，在提升用户体验的同时，也可以提高智能化水平。

8. 安全性

人机交互方式需要具备一定的安全性，保障用户的隐私和信息不被泄露或滥用等。人工智能训练师应该遵循基本的安全性原则，使用安全性技术和措施来保障用户和系统的安全，以提供更加安全和可靠的服务和用户体验。以下是一些重要的安全性原则：

（1）数据保护。人机交互系统必须采取安全措施保护用户数据的安全性，例如使用数据加密、备份等技术，防止数据泄露和黑客攻击。

（2）身份验证。人机交互系统应该采用严格的身份验证机制，例如输入密码、指纹识别、面部识别等，保护用户和系统的安全。

（3）安全提示和警告。人机交互系统应该给用户提供足够的安全提示和警告，例如涉及敏感操作时的警告和确认，防止误操作和恶意攻击。

（4）安全演示。人机交互系统应该提供安全演示，帮助用户了解安全策略和操作流程，从而提高用户的安全意识。

（5）安全监控。人机交互系统应该具备安全监控机制，及时检测和处理异常事件，从而保证系统的稳定性和安全性。

技能要求

在设计人机交互方式时，需要注意人工智能的特殊性，将机器学习、自然语言处理等技术应用到设计中，并遵循人机交互的设计原则，从而达到最优的人机交互效果。同时，还需要对机器人进行可靠性和安全性测试，确保其交互过程中的安全性和稳定性。如何设计出人机交互的最优方式，主要包括以下几个方面。

一、明确任务目标

明确机器人的任务目标，确定机器人的主要服务领域和服务对象。不同类型机器人的服务领域见表 3-13。

明确任务目标是机器人进行人机交互方式设计的第一步。确定机器人的应用领域和目标市场，该领域包含哪些任务需要完成，目标市场对机器人的需求是什么，需要针对不同的场景开发不同的应用模块。明确机器人要解决的问题和达成的目标，才能更好地设计出适合的人机交互方式。

表 3-13　不同类型机器人的服务领域

机器人类型	定义	服务领域举例
文本机器人	文本机器人是一种通过自然语言处理技术，以文本交互方式与用户进行对话的智能机器人。它可以智能地接受用户输入的文本指令或问题，并给出相应的回答或提供解决方案	1. 在线客服：文本机器人可以为网站、app、社交媒体等提供在线客服服务，通过智能回答常见问题，解决用户的疑问和困惑 2. 语音助手：作为一个语音助手，文本机器人可以接受用户的语音指令，根据用户需要，为用户提供便捷的服务，如设置提醒、查询天气、播放音乐、查看日历等 3. 营销推广：文本机器人可以基于用户画像，对目标用户进行定向推广，增加公司的曝光率和用户量 4. 医疗服务：文本机器人可以为用户提供医疗咨询和健康指导服务，通过用户提供的有关疾病的症状、治疗方案等信息，系统给出一个指导反馈，帮助用户排除不必要的顾虑，并得到及时治疗 5. 餐饮服务：文本机器人可以作为一个智能订餐系统，用户可以通过文本输入的方式进行餐饮预订，提高餐饮服务的效率和准确度
语音机器人	语音机器人是一种可以根据用户的语音指令，提供对应服务和回答的人工智能工具。它运用自然语言处理、机器学习和语音识别技术，与用户进行语音交互，提供更加智能和便捷的服务	1. 电话客服：语音机器人可以接听和回答客户电话，根据用户的需求和问题，提供智能化的服务，解决用户的疑问 2. 智能家居：语音机器人可以作为家庭的智能控制中心，实现对家电的语音控制，如语音控制智能照明、智能音箱、智能风扇等 3. 智能导航：语音机器人可以实现语音式的导航服务，减少用户在驾驶过程中的转移注意力，提高驾驶的安全性 4. 餐饮服务：语音机器人可以用于智能语音点餐，用户可以通过语音方式对餐点进行选择和下单，提高餐饮服务效率和用户体验 5. 医疗服务：语音机器人可以为医疗服务提供智能语音咨询和诊断，为患者提供更加便捷、快速的医疗服务
图像机器人	图像机器人是一种可以通过自然语言处理和计算机视觉技术，处理和识别图像内容，完成智能决策和判断的机器人	1. 智能安防监控：图像机器人可以实现智能感知、监测和识别系统，用于社区、公共场所、工厂等安防场所的监控 2. 智能翻译：图像机器人可以通过图像识别技术，将图像中的文字信息转换为文本信息，并进行语音合成后的翻译服务，为出境游客和外交人员提供更加便捷的服务 3. 智能导购：图像机器人可以通过图像识别技术，识别消费者的需求和购买习惯，向消费者推荐相应的商品和服务，提高销售额和客户满意度

机器人类型	定义	服务领域举例
图像机器人	图像机器人是一种可以通过自然语言处理和计算机视觉技术，处理和识别图像内容，完成智能决策和判断的机器人	4. 智能医疗：图像机器人可以通过图像处理技术，进行医疗影像识别和病理诊断，以及医疗图像分析和治疗指导，为患者提供更加便捷、快速的指导和服务 5. 智能旅游：图像机器人可以通过图像识别技术，实现对旅游景点、美食等内容的识别和介绍，为游客提供全面、详尽、准确的旅游信息
视频机器人	视频机器人是一种可以通过自然语言处理和计算机视觉技术，处理和识别视频内容，完成智能决策和判断的机器人	1. 智能监测和预警：视频机器人可以进行视频监测，检测异常事件，如交通拥堵、火灾、液体泄漏等，对异常事件进行快速报警和预警 2. 智能广告推荐：视频机器人可以根据用户的需求和习惯，从视频中提取广告素材，进行个性化推荐，提升广告的效果 3. 智能教育和培训：视频机器人可以提供在线的视频课程、学习资源和模拟实验，以及随机应变的教学辅助工具，辅助教师进行教学活动 4. 智能医疗：视频机器人可以为患者提供远程视频咨询和诊断，提高医疗服务的速度和质量，提升患者体验感和满意度 5. 智能社交互动：视频机器人可以为用户提供基于视频的社交互动，包括视频聊天、视频直播和视频留言等，为用户提供沟通和交流的工具和平台

二、业务梳理

1. 业务梳理的重要性

业务梳理是指对机器人服务目标、内容、流程、技术、运营等方面的全面梳理和分析，以确保机器人服务在具体应用场合中能够发挥最大化的效应。机器人业务梳理的重要性体现在以下几个方面。

（1）有助于明确机器人服务的目标和内容。业务梳理可以让企业清楚机器人的定位和服务内容，从而让机器人的交互方式更加专业、精准、系统化。

（2）有助于明确机器人服务流程。在业务梳理的过程中，企业可以通过对业务流程梳理，优化并确定机器人服务的流程，从而使得人机交互更加顺畅，减少人为干扰，提升服务效率。

（3）有助于明确机器人服务技术。在业务梳理的过程中，企业可以使机器人技术更符合应用场景需求，提高人机交互的流畅度和精准度。

（4）有助于制定机器人的运营策略。通过业务梳理，可以了解目标用户群体的需求和喜好，推出更为精准的营销策略，并为机器人的长期发展提供可靠的数据和方向。

（5）有助于避免运营过程中的风险。在业务梳理过程中，企业可以分析潜在的风险，并采取相应措施进行防范，确保机器人能够稳定、高效地运行。

2. 业务梳理的步骤

业务梳理是确保机器人服务能够顺利实现的重要过程。通过充分的准备工作，建立全局视野，分析各种潜在因素，可以让机器人在商业化应用中能够更为稳定和高效地运行，更长期地服务于目标用户体系。业务梳理的步骤一般包括以下几个方面。

（1）研究和分析市场需求。通过市场分析和对竞争对手的研究，分析市场需求，了解用户需求和行业现状。

（2）分析目标用户。对目标用户进行分析，了解他们的需求和使用习惯，分类整理出各种类型的用户需求。

（3）梳理机器人服务流程。对机器人的服务流程进行梳理和优化，确定用户和机器人之间的交互流程。

（4）确定机器人的技术实现方案。根据机器人服务的目标和流程，确定机器人所需技术手段和具体技术的实现方案。

（5）制定机器人的运营模式。通过市场分析和用户调研了解用户的需求和习惯，制定适合的机器人运营模式，为机器人的长期发展提供指导意义。

（6）制定机器人的发展规划。基于市场、用户、技术和运营等方面的分析结果，制定机器人发展的阶段目标和发展规划，为机器人实现长期稳定发展奠定基础。

3. 业务梳理的检验与确认

完成业务梳理后，还需要与企业的管理者，或是机器人的项目负责人确定以下几个方面。

（1）再次确认机器人的类型。

（2）机器人搭建目标是否合理，并确认这一目标。

（3）机器人的定位是否合适。

（4）机器人的服务能力范围是否全面。

（5）机器人的业务场景是否完整、清晰。

三、设计用户场景

基于用户研究和业务梳理，设计真实的用户场景，并用实验室场景来验证，给机器人人机交互的细节设计、回答选择、回答优先级等提供优化方案。

在设计用户场景时，需要深入了解用户的需求和使用场景，可以通过情景故事和对话流程等方式，建立和用户真实场景一致的交互体验场景，提高机器人的用户体验，提高用户满意度。

1. 设计情景故事

将用户的实际场景转化成情景故事，描述用户与机器人的对话流程，从而确定用户的关键词、提问、回答等。情景故事设计示例见表 3-14。

表 3-14 情景故事设计示例

用户场景	情景故事
场景描述	小红是一名年轻的职场女性，因刚刚成为公司正式员工，她想给自己购买一份人寿保险。然而，她不是很了解人寿保险，不知道该如何选择和购买
解决方案	为了帮助小红购买到合适的人寿保险，可以提供一个智能引导系统，以故事情景来描述最佳的人机交互方式，如下： （1）小红进入人寿保险公司的网站，看到网站首页就是"智能问答"功能，该功能可以根据她的需求，为她提供精准保障方案 （2）小红可以点击问答图标，进入人机交互系统，开始进行自己需求的筛选。先填写基本信息，例如年龄、性别、居住城市、职业等 （3）系统会提示小红选择需要覆盖的保障范围，例如意外伤害、重疾、残疾和死亡等。小红根据自己需求选取相关保障范围，系统同时会为其提供对应的保额和推荐不同的保障方案 （4）最后，系统会为小红提供一个综合的保障方案，以及对应的保费预估。小红可以选择在网上购买，也可以点击人工客服，获得更详细信息
迭代优化	在提供人机交互故事情景的过程中，需要不断听取用户的反馈和建议，进行迭代优化。在小红使用系统时，收集她的意见和想法，以进一步优化人机交互界面和交互流程，提高整个用户体验

2. 创造情感体验

考虑到用户的情感体验，设计一些反应，如使用有趣的表情符号、自然语言、动画等，使得机器人交互过程更有趣和生动，提高用户的满意度。

3. 形成流程图

根据情景故事，总结对话流程，形成流程图。流程图示例如图 3-19 所示。

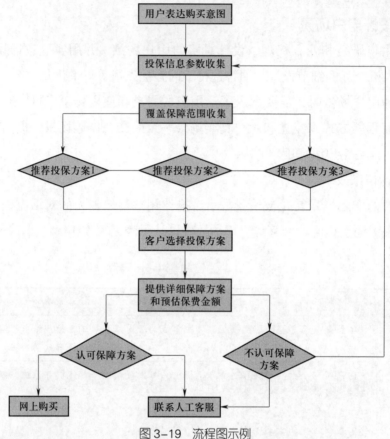

图 3-19　流程图示例

　　在设计用户场景时，一是不要跳过情景故事就直接把机器人和用户的对话都串在一起形成流程图；二是机器人和人的对话有很多可能，不要只从业务人员的角度出发，建议列举出各种可能的情况，先编写情景故事，再总结逻辑和流程。

　　4. 制定交互策略

　　在设计交互策略时，需要将实际情况考虑在内，多考虑用户各种不同的提问方式，尽可能减少或不使用用户无法理解的语言。

　　在制定交互策略时，需要根据用户需求和场景设计不同的交互方式，以提高交互效果和个性化体验度。同时，要打造多元服务、整合大数据和机器学习技术，实现不断的更新和学习，提高机器人的智能化程度和交互效果。

　　（1）强化用户体验。通过加强对自然语言的处理和理解能力，提高机器人的回答和交互效率，缩短用户等待时间，强化用户体验。

　　（2）优化问答回复。根据用户使用场景和需求，设计机器人的问答库，通过技术手段整理和优化信息，确保用户得到准确、清晰和丰富的回答，从而提高交互效果。

（3）建立反馈机制。建立反馈机制，收集用户反馈、问题解决率、回答效率等数据，分析实际情况并逐步改进，提高交互效果。

（4）个性化设计。针对用户组的不同特点和需求，设计不同的交互方式和场景，提升个性化体验。

（5）整合多元服务。整合不同的智能服务，如问答机器人、语音识别、图像识别和语义分析等，打造出多维度和多元化的交互策略。

（6）设定知识驱动型策略。通过不断优化知识管理和信息展示方式，实现不断的更新和学习，提升知识驱动型策略的交互性能和效果。

（7）加强智能学习。借助大数据和机器学习技术，进行多维度的智能学习，提高机器人的自我学习和信息抽取能力，提升交互效果。

5. 设计机器人的语言库

需要设计机器人可以识别的问法，并且回答能够与用户的请求相匹配，同时还需要考虑到回答的简练性、准确性和实用性。

在设计机器人的语言库时，需要收集和清洗语料，选择分类技术，标注并分析数据，得到机器人能够理解和识别的语言特征，最终将分析结果组合到机器人的语言库中。同时，还需要对机器人语言库进行持续更新和维护，以确保机器人语言库保持最新信息和高质量信息，提高机器人回答的准确性和用户的满意度。

（1）收集数据资源。收集各种数据、语料和资料等，如厂商、消费者、社交媒体、论坛和博客等，尤其要关注用户评论和反馈。

（2）数据清洗。对收集到的数据进行清洗和过滤，将垃圾信息和无关话题删除，保留高质量和真实可靠的语料信息。

（3）选择分类技术。根据问题类型和用户交互的场景，选择合适的分类技术，如贝叶斯分类、决策树分类、神经网络分类等。

（4）语料标注。对清洗后的数据进行标注，将语料分解成特定的参数，如词性、实体、情感等进行标注。

（5）数据分析。使用机器学习和自然语言处理技术，对标注后的语料进行分析，得到机器人能够理解和识别的语言特征。

（6）语言库组装。将分析结果组合到机器人的语言库中，在语言库中进行参数过滤和关键词提取，以便机器人能够准确和快速地识别和回答用户问题。

（7）更新和维护。对机器人语言库进行持续更新和维护，及时加入新增语言特征和修正错误答案等，以确保机器人的语言库保持最新信息和高质量，提高机器人的回答准确率和用户满意度。

6. 设计界面和交互流程

基于任务目标和指标制定相应的交互方式和流程，设计人机交互界面和流程，让用户使用起来更加便于理解和操作。

在设计界面和交互流程时，需要深入了解目标用户，考虑用户需求和期望，打造有趣、生动、交互的环境，提升用户的使用体验和满意度。

（1）设计风格。根据需求分析的结果，确定界面和交互流程的设计风格，例如：简约、直观、反应快速等，然后选择合适的设计工具，如 Sketch、Axure、Adobe XD 等。

（2）界面布局设计。根据事先制定的设计风格，进行界面布局设计。这通常涉及如界面颜色、字体、图标、排列和元素大小等。

（3）交互流程设计。制定人机交互的操作流程，例如信息采集和分类方式、数据输入和输出，与数据、页面之间的交互；对于用户界面（user interface，UI）来说，设计反馈提示，快捷按键，滑动等。

（4）模型确定。确定交互设计所涉及的各种组件或元素的标准视觉和交互模式，例如，定义可重用的 UI 部件，如下拉菜单、工具提示等。

（5）调试、反馈、迭代。在设计过程中，不断测试、反馈和调整人机交互界面和交互流程，不断完善和提高系统的可用性和易用性。

（6）系统实现。将设计方案付诸实践，制作出完整的人机交互系统。

7. 测试和优化

设计好之后，需要进行测试和优化，不断进行用户反馈调整，提升机器人的交互性能和用户体验，使其更好地达到任务目标。

在进行测试和优化时，需要根据测试目标和实际需求进行测试方案的制定和测试实施，分析测试结果，确定问题解决方案，同时优化改善交互方式和设计。最后，进行再次测试和分析，并根据反馈和数据对机器人进行持续优化。通过这些步骤的不断迭代和改进，机器人的人机交互方式和效果将不断得到提升和优化。

（1）确定测试目标。确定测试目标，如交互效果、用户满意度、问题回答率等，以便对机器人进行测试和分析。

（2）制定测试方案。根据测试目标和实际需求，制定测试方案，包括测试内容、测试环境、测试数据和测试人员等。

（3）进行测试实施。根据测试方案，进行实际测试实施，记录测试数据和结果，分析机器人回答准确率、时间效率等指标。

（4）分析测试结果。基于测试数据和结果，分析机器人的优缺点，确定问题原因，制定问题解决方案。

（5）优化设计并改进问题。针对测试结果，进行交互方式和界面的优化和改善，提高用户满意度和机器人的效率。同时，对问题进行分析和改进，使机器人能够准确回答用户的问题。

（6）再次测试和持续优化。对优化和改进后的机器人进行再次测试和分析，收集用户反馈和使用数据，不断地优化和改进机器人的人机交互方式和设计效果。

学习单元 2　设计最优人机交互流程

培训目标

1. 了解服务历程。
2. 掌握人机交互流程的设计内容。
3. 掌握人机交互流程的设计原则。
4. 掌握人机交互流程的设计方法。
5. 掌握人机交互流程的设计工具。
6. 能够设计单一场景下人机交互的最优流程。

知识要求

一、什么是服务历程

服务历程是指在服务过程中所经历的一系列步骤和阶段。服务历程描述了服务提供者和用户在服务交互过程中所采取的具体行动和过程，并可以用于评估服务的质量和提供服务的体验。人机交互的服务历程一般包括以下几个阶段。

1. 接入阶段

这个阶段是指用户开始接触到交互服务。用户可以通过网站、应用、语音交互等方式来访问交互服务。

2. 交互阶段

这个阶段是用户与交互系统沟通的过程。用户可以通过点击网站按钮、输入文本或说话等方式与系统进行交互，系统将处理这些信息并提供对用户有用的反馈。

3. 反馈阶段

这个阶段是系统向用户提供反馈的过程。系统可以根据用户的需求提供不同类型的反馈，例如文本、图像、语音、视频等。

4. 解决问题阶段

这个阶段是系统解决用户问题的过程。系统需要根据用户的输入和需求，给出合适的解决方案，并通过反馈阶段向用户提供解决方案。

5. 评估阶段

这个阶段是用户评估交互服务的过程。用户可以根据自己的满意度、广告含量、隐私保护等方面来评估本次交互服务的质量。

6. 反馈和改进阶段

这个阶段是系统针对用户的反馈和评估进行改进的过程。系统可以通过跟踪用户的行为和反馈来了解用户的需求和意见，并针对性地进行功能增强和优化。

二、服务历程对人机交互流程设计的重要性

服务历程对人机交互流程的设计具有重要意义，它可以帮助人工智能训练师了解和把握用户与系统的整个交互和服务流程，包括用户需求、服务执行和反馈评估等过程，从而更好地设计出用户满意的人机交互流程。具体来说，服务历程对人机交互流程的设计的重要性在于以下几个方面。

1. 稳定性

服务历程确定了用户与服务提供者交互过程的关键节点和流程，使得交互设计可以更加稳定、可靠和可预测。

2. 信息收集

服务历程可以为交互设计提供信息来源，帮助分析用户需求和要求，收集和分析用户的反馈和评估信息。

3. 整合性

服务历程允许人工智能训练师在整个流程中寻找交互设计的每个阶段的机会和挑战，确保整体用户体验的连贯性和一致性。

4. 设计评估

服务历程可用于评估流程设计的正确性和有效性，根据提供正向或负向反馈的实际操作来优化服务流程设计。

三、人机交互流程设计的内容

1. 用户需求和场景

需要明确用户的需求和使用场景，以便为用户设计出更加贴合实际需求的交互方式和体验。

2. 交互入口

需要考虑用户体验、易用性以及多元化的需求，通过清晰明了、多元化的入口设计以及一系列的引导和提示，提高用户对人机交互界面的使用便捷性和体验感。下面是人机交互入口设计的几个关键点。

（1）明确入口位置。入口需要醒目且易于寻找，可以设计在网站或应用的主页或者菜单栏中，并使用常见的图标或按钮识别。

（2）简洁明了的标识和文案。标识和文案应该清晰简洁，不能让用户困惑或产生误解。可以借鉴使用常见的识别图标，如麦克风图标、问号图标等。

（3）提供多样化的访问方式。根据用户的偏好和设备特点提供多种访问方式，如语音输入、手势识别、鼠标点击等，满足不同用户的习惯和需求。

（4）提供引导和提示。针对特殊功能和复杂的交互过程，需要提供针对性的引导和提示，让用户更好地理解和使用。

（5）与其他交互方式结合使用。在设计人机交互入口时，需要考虑与其他交互方式的结合，如语音指令、手势识别与图形界面和菜单操作的配合使用等，以丰富用户的操作方式和创造更好的用户体验。

互联网智能在线客服交互入口设计示例如图 3-20 所示。

3. 交互模块

需要制定交互模块，包括输入、输出、逻辑流程和交互特效等，提供更加人性化和高效的操作方式。下面是人机交互模块设计的关键点。

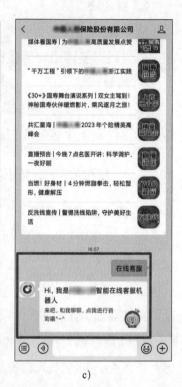

a)   b)   c)

图 3-20   互联网智能在线客服交互入口设计示例

a）app 入口   b）官微入口 1   c）官微入口 2

（1）输入模块设计。在输入模块的设计上，需要根据用户的使用场景和目标，提供合适的输入方式，比如手写输入、语音输入、物理按键输入等。

（2）输出模块设计。在输出模块的设计上，需要根据用户的习惯，提供直观的信息反馈和显示，比如区分不同类型的信息、突出重点信息等。

（3）逻辑流程设计。在人机交互模块的逻辑流程设计上，需要关注用户的信息需求和决策过程，提供合适的交互方案，使用流程图等方式完整地设计交互流程，让用户操作更加自然和高效。

（4）交互特效设计。在人机交互模块的交互特效设计上，需提供多种方式给用户高效互动行为的反馈，如画面振动、音效提示等。

（5）设备兼容设计。不同设备有不同的入口需求和易操作性要求，人机交互模块设计需要考虑设备和操作系统的适配情况，确保人机交互的稳定性和可控性。

互联网智能在线客服交互模块设计示例如图 3-21 所示。

4. 界面设计

人机界面需要进行视觉设计，包括交互界面的颜色、风格、排版、图标和图片设计等，以提高用户的体验感。下面是人机交互界面设计的几个关键点。

（1）色彩和视觉元素的设计。在设计人机交互界面时，需要注意色彩的选择与搭配以及视觉元素的运用，让界面整体表现出美观、舒适和高识别度等特点。

（2）布局和结构的设计。在布局设计时，需要根据用户使用场景，提供清晰的信息结构和易读的布局方式，减少用户的学习成本和使用成本。

（3）风格和设计趋势的跟进。在设计人机界面时，需要关注当下的设计趋势和用户审美倾向，提供优秀的交互设计案例，提高用户的认可度和市场竞争力。

（4）交互体验和流程设计。在设计人机交互界面时，需要把操作流程和交互体验放在首要位置，提供简洁、直观、高效的流程设计，提升用户的操作满意度和体验。

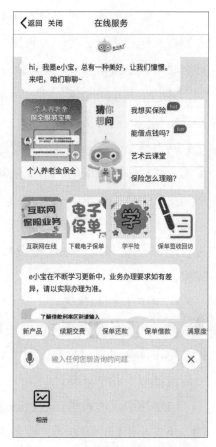

图 3-21　互联网智能在线客服交互模块设计示例

（5）设备和平台的跨兼容性。在设计人机交互界面时，需要关注设备和平台的兼容性，保证在不同屏幕上能够实现更为合理和可读性较强的设计，并提供依据设备情况的自适应界面设计。

互联网智能在线客服交互界面设计示例如图 3-22 所示。

5. 交互原型和测试

需要制定交互原型，通过测试对交互流程和交互模块进行修正和改进，以便更好地满足用户需求并提升用户体验。下面是人机交互原型和测试设计的几个关键点。

（1）原型设计。在原型设计时，需要根据设计目标和用户需求，从快速原型、可交互原型、高保真原型等多个角度出发，逐步深度推进。原型设计过程中重要的一点是要考虑用户的需求和喜好，确保其能够给用户带来更好的体验。

（2）制订测试计划。在制订测试计划时，需要定义测试目标、测试场景、测试人员和测试指标等，以便更加有效地从多个角度评估人机交互效果。

（3）测试方法。在测试方法上，可以采用问卷调查、用户实地体验、专家评审等多种方式进行测试。可以把测试数据定量分析、归纳和总结，评估人机交互效果，发现可能存在的问题，并提出相应改进方案。

（4）原型改进。测试后需要进行数据分析和反馈，然后进行相应的原型优化和改进，以满足用户更好的体验需求。

（5）测试迭代。测试迭代可以帮助对设计进行不断优化和改进，使得设计不断逼近用户需求。

6. 用户反馈和优化

通过用户反馈进行交互模块和界面的优化，提高用户体验和交互效果。用户反馈和优化设计一般包括以下几个环节。

（1）用户反馈收集。通过问卷调查、用户反馈、焦点小组讨论等方式，收集用户对产品的反馈和意见。这些反馈包括用户的满意度、使用体验、改进建议等。

图3-22　互联网智能在线客服交互界面设计示例

（2）用户反馈分析。对收集到的反馈进行分析、归纳、总结，找出共性和特异性。这些反馈分析将更好地帮助理解用户需求和实际使用情况。

（3）设计优化方案。根据用户反馈的分析结果，设计优化方案，例如界面设计、交互流程优化、功能调整等。设计优化方案时，需要遵循人机交互的相关原则、设计规范和技术规范。

（4）测试优化方案。设计优化方案后，需要对其进行测试和评估，以检测新的设计是否能够解决问题和提升用户体验。

（5）实施测试结果。根据测试结果推进优化方案，并实施相应的改进和设计优化。这些改进后的设计方案将在下一个产品迭代中应用。

四、人机交互流程设计的原则

人机交互流程设计的原则是用户体验设计的基础，贯穿了整个设计过程。人工智能训练师需要综合考虑机器人的角色和特性、人性化、一致性、可用性、可扩展性、接受度、可定制性、平衡性、安全性等多个方面，以实现机器人与人之间的优质交互体验。

1. 明确机器人角色和特性原则

交互设计需要清晰的机器人角色、特性和功能定位，包括机器人名称、形象、声音和行为等元素。

2. 人性化原则

交互设计需要考虑人的情感和感受，使机器人更贴近人的需求和心理，例如：机器人交互可以建立人与机器之间的情感联系，增加用户对机器人的接受度和信任度。

3. 一致性原则

交互设计应该具有一致的风格、标准化的操作流程和有别于其他功能界面的视觉风格。

4. 可用性原则

交互设计应以易用、直观和高效为主要目标，保证用户能够快速精准地完成相应的任务和交互。

5. 可扩展性原则

交互设计需要考虑未来的扩展性，为用户提供更多功能扩展、更好的可配置性操作。

6. 接受度原则

设计要关注用户的心理感受及身体感受，通过针对性的设计减少对用户的压力和不适应感，让用户在交互过程中有更高的接受度。

7. 可定制性原则

设计应当充分考虑对用户的个性化特征、语言、文化及偏好等因素进行针对性的定制化操作，以提供适合用户需求的交互体验。

8. 平衡原则

在交互流程的设计中，不仅需要考虑系统的复杂性和可行性，还要以用户需求和操作习惯为主要考量，同时平衡业务、设计和技术的要求。

9. 安全性原则

交互设计需要考虑安全问题，避免设计出对人体有危害的机器人，同时为使用机器人交互的用户提供安全保障。

五、人机交互流程设计的方法

1. 用户中心设计

用户中心设计（user-centered design，UCD）是核心思想以用户为中心的设计方法，具体包括用户研究、需求分析、交互设计、原型制作和用户评估等环节。人机交互流程设计采用这种设计方法，人工智能训练师能够把用户体验放在首位，从而设计出更优秀的人机交互流程。

2. 设计思维法

设计思维法的核心理念是通过深入思考、洞察力和直觉创造客户价值。在设计流程中，设计思维的基本原则包括洞察、同理心、定义、建立思维导图、创意发散和实验等环节。采用这种方法，人工智能训练师可以发挥自身的创意和想象力，高效地解决问题。

3. 快速原型

快速原型是一种快速设计模拟模型的方法，通过模拟模型制作、快速验证和构思设计等方式，尽快推出初步的设计方案。这种方法能够快速反馈设计成果，便于人工智能训练师进行调整和完善。

4. 瀑布式

瀑布式作为一种传统的设计方法，在整个流程中采取顺序性任务的开展，如需求分析、设计、测试和发布交付等。该方法将整个流程分成明确的序列，必须经过前一步才能进入下一步，可有效整合人力和资源，缩短流程时间。

5. 敏捷式

敏捷式是适应快速和频繁变化，以小批量为中心的设计方法，将设计流程分成迭代、规划、讨论以及实现等环节，并将设计思想契合到用户体验上。该方法通过灵活的过程建议，能够快速响应需求，适用于市场快速变化的设计需求。

六、人机交互流程设计的工具

人机交互流程设计的工具可以帮助人工智能训练师制作和调整人机交互流程和统筹管理流程中的版面与视觉等部分。训练师能够更好地深入设计方案中，提高设计的精度和效率。以下是人机交互流程设计的一些常用工具。

1. Axure RP

Axure RP 是一款专业的原型设计工具，它提供了简洁明了的界面，可以快速制作交互原型，支持文本输入、按钮交互操作、面板切换、模板下拉菜单等功能。

2. Sketch

Sketch 是一款流行的界面设计工具，它具有易于使用的特性，并支持模块、符号、层板切换等功能，可以通过快速设计和重复使用来提高工作效率。

3. Figma

Figma 是一种具有协作功能的在线设计工具，适合多人协作设计。它支持机器人人机交互流程的设计，可以创建原型、设计图、流程图等多种形式的设计稿，也支持导出 SVG 文件。

4. Adobe XD

Adobe XD 是 Adobe 公司出品的一款交互设计工具，支持各种用户界面（user interface，UI）设计 / 用户体验（user experience，UX）设计。它提供了许多功能，如快速原型制作、自动制图、高效导出等。

5. MindManager

MindManager 是一款思维导图工具，可以用于设计和制作机器人人机交互流程的流程图。它提供了丰富的工具和功能，可以创建多样化的流程图，方便用户更好地编辑和维护。

技能要求

设计单一场景下人机交互的流程示例。

业务场景：某保险理赔服务。

使用场景：公司 app 中的智能在线客服机器人。

一、收集数据

根据业务梳理的产出，找到理赔服务场景的所有情景故事，并总结对话流程，形成流程图。某保险理赔服务流程图如图 3–23 所示。

二、确定交互类型

根据文本机器人提供的服务内容，可分为知识图谱型（question answering over knowledge graph，KGQA）、任务型（dialogue system，DS 多轮对话）、问答型（frequently asked questions，FAQ）、聊天型（非业务知识）四种类型知识。

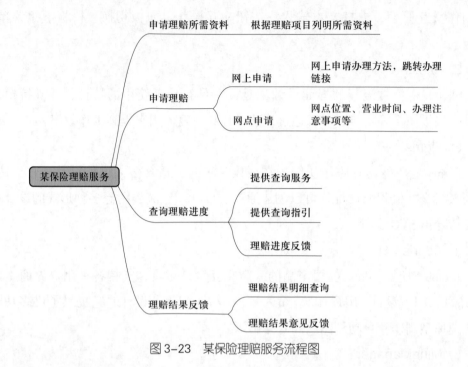

图 3-23 某保险理赔服务流程图

1. 知识图谱型（KGQA）

知识图谱是把多元易构的知识建成一个神经网络，可以识别比较复杂的句式，适用于具有关联关系的知识。

2. 任务型（DS 多轮对话）

任务型知识侧重于场景化，即在某个服务场景下客户可能分多轮陈述，也可能在对话中不断修改、完善自己的需求，机器人需要通过多次询问、确认后才能完成任务。任务型对话流视业务实际情况选取流程图、泳道图（跨职能流程图），在系统对话设计功能模块绘制对话流程图。

3. 问答型（FAQ）

问答型知识侧重于一问一答，即直接根据用户问题给出精准的答案。问答更接近一个信息检索的过程，只涉及简单的上下文处理。

4. 聊天型

用户和机器人进行文本或语音对话，以提供娱乐性和休闲性的交流，而不是基于具体任务或目标实现的交互。在聊天型人机交互中，机器人会使用自然语言处理技术和人工智能算法来理解用户的语义和情感并做出回应，提供一种温馨有趣的体验。

文本机器人交互类型如图 3-24 所示。

知识图谱型：复杂、关联问题　　　　任务型知识：完成一个任务　　　　问答型知识：一问一答

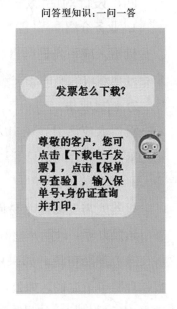

图 3-24　文本机器人交互类型

三、设计回复形式

机器人的回复应该简短易懂，避免使用过多的专业术语和复杂的语句。根据用户的提问方式或提问场景，机器人的回复可采取不同的形式。文本机器人常见的回复形式包括视频、结构化图文、功能选项、多元卡片、动态表情等。通过多媒体形式回答用户的问题，使得信息传递更加直观清晰、生动形象。文本机器人回复形式示例如图 3-25 所示。

图 3-25　文本机器人回复形式示例

四、设计对话流程

1. 业务介绍

机器人应该先进行自我介绍，并向用户介绍保险理赔的业务流程，以帮助用户更好地理解理赔的相关规定和要求。

2. 信息收集

机器人应该引导用户完成基本信息的收集工作，基本信息包括客户姓名、邮箱地址和保险合同信息等。这些信息对于查询理赔进度和确认责任至关重要。

3. 理赔流程指导

机器人需要以简明易懂的语言向用户介绍理赔流程，包括理赔申请、资料准备、索赔办理、理赔审核和赔付等流程。

（1）理赔申请。如果用户需要申请理赔，机器人会引导用户开始申请流程，提供理赔申请途径，如公司 app、官微、客服电话、客户服务中心等，并根据客户选择途径提供相应的操作引导、电话一键呼叫、客户服务中心预约等一站式服务链接。

（2）理赔所需资料。机器人会根据客户选择的出险原因、理赔项目、与出险人关系、是否委托代办等信息精准提供所需资料。

（3）查询理赔进度。用户在理赔申请完成后，机器人会提供理赔进度的查询服务，根据客户选择的查询途径提供相应的查询指引。

4. 理赔问题回答

机器人应该能够回答用户的与理赔相关的各种问题，例如如何办理理赔，理赔申请的进度查询，理赔金额的评估，以及如何操作理赔申请流程等。

5. 反馈和支持

为了帮助用户解决问题，界面应该提供反馈机制和支持。例如，机器人可以在输入框下方显示相关信息和提示，引导用户正确输入信息并准确回答问题。

6. 引导用户

如果用户遇到困难或亟需帮助，机器人应该能够引导用户转接人工客服，以便更好地解决客户问题。

五、记录和汇总

机器人应该记录用户的所有问题和所提供的答案，并向用户提供当前位置和进度的反馈。在交互结束之后，机器人应该把聊天记录保存在数据库中，用于机器人智能化分析和后续优化。

六、不断优化

实时关注客户对机器人的体验触点，将海量的机器人会话日志数据转化为业务洞察，同时根据用户反馈，及时开展客户化迭代更新，不断优化机器人的交互体验，提高用户满意度。如优化知识结构，隐藏不相关的信息，让机器人答复更简洁，降低客户接收信息的难度，并通过添加关联知识让客户控制触发问题后的知识推荐，从而提高客户体验性。

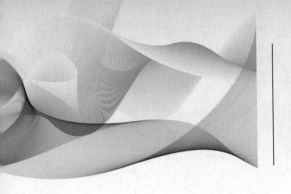

职业模块 ④

培训与指导

培训课程　1

培　训

学习单元 1　培训教学知识

培训目标

1. 掌握培训教学相关理论知识。
2. 能够对五级 / 初级工、四级 / 中级工开展知识技能培训。

知识要求

一、培训的定义

　　培训是指通过有计划、有目的的培训活动，提高学员工作能力和素质的过程。培训主要以技能为主，侧重于行为实践。培训用于学习新的知识和技能、提高工作效率、提高工作质量、满足学员自我发展需求。

　　培训主要通过活动、反思、理论、应用这四个过程得以实现，见表 4-1。

表 4-1　培训过程

培训过程	含　义
活动	课堂讲授、研讨、案例分析、参观考察等与培训相关的教学活动
反思	通过培训活动引发学员思考，学员的思考越多，触动就越大，收获也就越大

培训过程	含 义
理论	把学员零散的、紊乱的、无规则的感受和认识，通过培训提升为系统的、理性的、有规则的认识，即从感性到理性、从现象到本质、从混乱到清晰
应用	应用是最为重要的一个环节。培训的最终目的是应用，要将学到的知识转化为能力，这是培训工作的难点。因此，评价培训的效果就是看学员的动手能力、分析问题的能力、管理能力、理论与实践相结合的能力是否得到了提高

二、培训的意义

人工智能训练师培训的意义在于促进人工智能产业的发展，提高企业的生产效率和竞争力，并为人才培养提供更多的支持。

1. 缓解人工智能人才短缺

人工智能是当前全球性热门行业，但人工智能人才相对匮乏，培养更多的人工智能训练师可以有效地解决人工智能人才短缺的问题。

2. 提高人工智能应用效果

人工智能技术的应用效果和实现效率与人工智能训练师的专业水平和技能息息相关，拥有专业化的人工智能训练师可以增加人工智能应用的效能。

3. 推动人工智能产业发展

拥有一支专业化的人工智能训练师队伍是支持人工智能产业发展的关键要素之一。培养更多的人工智能训练师可以推动人工智能产业的稳步发展。

4. 帮助企业实现数字化转型

伴随着数字化时代的到来，企业在数字化转型中应用人工智能技术也日益普及，拥有专业化的人工智能训练师可以帮助企业在数字化转型中更好地应用人工智能技术。

5. 促进个人职业发展

人工智能产业是发展迅速的行业，学习人工智能技术并成为一名专业的人工智能训练师可以使个人具备更大的职业发展空间。

三、培训的原则

1. "术""道"并重原则

对人工智能训练师的培训既要注重短期内"术"的专业技能提升，同时还要关注持续提升"道"的思维训练。专业技能的培训，能够短时间提升人工智能训练师的工作效率，高质量交付训练结果，但是绝不能忽略对于人工智能训练师长期思维的训练。

2. 理论联系实际原则

针对人工智能训练师的培训，不能过于注重理论，最为重要的是将理论结合实践，即培训、练习、反思、理论理解循环迭代，要始终明确培训的目标是为了解决实际工作中的问题，力求理论联系实际，最终达到"学以致用"的教学目标。

3. 个性化原则

应该针对不同等级的人工智能训练师的背景、技能、需求，量身定制培训计划，设计不同层次的培训内容，以满足学员个性化的学习需求。

4. 系统化原则

人工智能训练师的培训应该按照系统化的课程体系和教学方法进行，从基础知识到各级别技能，逐步深入，在系统训练下提高学员的职业技能。

5. 综合性原则

人工智能训练师的培训应该综合运用多种教学方法和资源，如案例分析、模拟实战、在线学习等，使学员综合提升职业技能。

6. 开放学习原则

培训除了要专注于当前需要解决的问题，还要将目光放得更长远，积极引进外部的培训资源，让人工智能训练师低头走路的同时，还要抬头看路，学习其他先进知识，唯有考虑未来的发展和需求的培训，才能真正地在当前具备竞争优势，在未来把握机会。（赵溪，苏钰，子任，《客服域人工智能训练师》，2021）

7. 持续性原则

人工智能技术发展迅速，从业者及时了解新技术、新方法并保持学习状态是非常必要的。人工智能训练师的培训应该打造一个持续学习的体系，帮助学员掌握最新技术。

四、培训的形式

人工智能训练师的培训主要有在线学习、集中式学习、实战式学习、短期培训、长期培养等形式。

1. 在线学习

利用互联网技术，通过自主学习和教学视频、PPT 等形式，让学员在网络上接受人工智能培训。在线学习具有灵活性和便利性，而且可在线讨论交流。

2. 集中式学习

每月或每季度规定一段时间，按固定时间、地点进行人工智能专业课程的培训，学员可以获得系统的课程体系和互动式教学场景，更有助于学习效果的提高。

3. 实战式学习

在实际操作场景中，以案例分析为主，学员可以锻炼自己的应变和创新能力，并可以在线提问、互相探讨，以及加强团队间的合作和相互促进。

4. 短期培训

为了适应快节奏的市场需求，对于已有从业经验或有一定基础的学员，开设较少课时的专业培训，在短时间（如，一个季度或半年）内快速提升技能，更有利于其职业发展。

5. 长期培养

这种培训形式须限定学员参与时间，并且从学习计划、教学资源、教师引导等方面予以全方位保障。

总之，不同形式的培训可以根据学员的需求、教育背景、行业工作经验和职位要求选择，有效的培训可以促进人工智能产业的发展和提升个人竞争力。

五、培训管理体系

培训管理体系的建立，可以帮助学员高效学习，使培训取得更好的效果。以下是培训管理体系要素（表 4-2）。

表 4-2　培训管理体系要素

序号	培训管理体系要素	包含内容
1	培训需求分析	组织分析 任务分析 人员分析 教学资源分析
2	制订培训计划	明确目标和内容 设计课程结构 选择课件和教材 绩效考核机制 培训教师 实践实战 维护改进

续表

序号	培训管理体系要素	包含内容
3	设置培训课程	基础课程 应用课程 技术课程 项目实践课程 多领域交叉课程 发展趋势课程
4	组织和实施培训	培训实施准备 培训实施中的工作 培训实施后的工作
5	培训考核	理论知识考核 操作技能考核 项目实战考核

1. 培训需求分析

科学的培训需求分析是培训工作的良好开端，有助于更好地制订人工智能训练师培训计划，满足学员的需求，提高培训质量。培训需求分析主要包括组织分析、任务分析、人员分析、教学资源分析，见表4-3。

表4-3   培训需求分析内容

分析项目	含义	具体内容
组织分析	组织分析是针对工作场所中的组织和组织中的人员进行的分析和评估	（1）组织结构分析：需了解当前组织的结构、部门及人员分布等情况，以便更好地针对不同岗位人员进行培训，并对员工的职业发展提出建议
		（2）工作流程分析：需了解当前组织的工作流程、标准操作流程等，找准切入点，以便更好地制订培训计划，帮助员工提高效率和质量
		（3）项目需求分析：需了解当前组织的项目需求和技能要求，以便更好地训练员工，提高他们的技能和知识水平，为组织提供更好的人力资源支持
		（4）组织文化分析：需了解当前组织的文化背景、价值观及团队协作等情况，以便更好地制定培训方案，让员工更好地适应组织文化
		（5）组织制度分析：需了解当前组织的规章制度、培训需求计划、管理制度等情况，以便更好地制订培训计划和方法，保证工作目标和培训效果的有效性和实用性

分析项目	含义	具体内容
任务分析	任务分析是针对不同岗位和任务进行的分析和评估	（1）工作过程分析：需要了解每个岗位的主要工作内容，并分析员工在具体的工作过程中所需的技能和知识，以此为基础建立训练计划
		（2）技能要求分析：需要进行技能要求分析，确定每个岗位所需的技能和能力要求，制订培训计划，并为员工提供相应的技能培训，以提高他们的技能水平
		（3）工作环境分析：需要了解员工在工作环境中所遇到的一些问题和挑战，为员工提供训练和支持，使他们能够更好地应对各种工作场景
		（4）问题解决分析：需要进行问题解决分析，了解员工在工作中可能遇到的各种问题，为他们提供解决问题的方法和工具，从而提高员工解决问题的能力
		（5）培训成果评估分析：需要进行成果评估分析，了解员工在培训后的表现和培训成果，及时调整培训计划和方法，提高培训的效果和质量
人员分析	人员分析是针对团队和个人的能力和需求进行的分析和评估	（1）员工能力评估：对员工进行能力评估，需要了解每个人在技能、知识、工作经验和人际交往等方面的水平。通过评估，能够针对不同的岗位和任务，制订更加有效的培训计划
		（2）员工需求分析：需要了解员工对培训课程的需求和期望，了解他们对自身能力和职业发展的规划和追求，以便更好地制订培训计划
		（3）员工反馈分析：需要听取员工对培训课程和培训方法的反馈和评价，了解课程的效果和员工的需求，从而进行及时的调整和改进
		（4）员工特征分析：需要了解员工的性格、行为特点和工作习惯等，以更好地制订培训计划，使员工更加适应组织文化和工作环境
教学资源分析	教学资源分析是针对所需知识和技能的培训资源进行的分析和评估	（1）教材和参考书籍：需要分析培训需要的教材和参考书籍，确定哪些书籍和教材符合课程内容和员工的需求，并采取有效措施，提供相应的学习资源
		（2）网络资源：需要分析互联网和在线学习平台上的教学资源，确定哪些资源适合所需知识和技能的学习，并为员工提供方便的网络资源使用方式

续表

分析项目	含义	具体内容
教学资源分析	教学资源分析是针对所需知识和技能的培训资源进行的分析和评估	（3）实验室和设备：需要分析提供技能培训所需的实验室设备和工具，确定哪些设备能够帮助实现学习目标，并保证其运行良好，为员工创造条件，提供相应的实验室和设备使用机会
		（4）师资队伍：需要分析提供培训所需的师资队伍，确定哪些教师能胜任相应的课程，哪些教师具备相应业务和工作经验，能够在学员学习中发挥指导和引导作用
		（5）课程设计和培训计划：需要分析所需知识和技能的课程及培训计划，确定课程的目标、内容、时间安排等，以便为员工提供更加有效的培训资源

2. 制订培训计划

要想制订成功、优质的人工智能训练师培训计划，就必须遵循以下七个基本流程及其关键环节，同时监控和跟进培训效果，使培训计划达到预期目标，并保证在持续变化中继续优化发展。

（1）明确培训目标和内容。在制订培训计划之前要明确培训目标和内容，需要考虑学员自身条件和知识水平。目标主要包括知识和能力目标，内容包括介绍人工智能的基本原理，特别是深度学习，以及如何利用人工智能解决实际问题等。

（2）设计课程结构。根据目标和内容，设计课程结构，包括主题、时间表和学习目标等。确定所需的授课时间、学习工具、实践环节等，还要考虑学员的学习难度，以建立遏制脱节、止损等预警措施。

（3）选择课件和教材。在选择课件和教材方面，需要选择符合学员当前水平和步调的教材。课程视频、PPT 等教学材料应使用统一的学习客户端平台分发，以便学员更好地学习和跟进，以及划分不同学员的教学管理标准。

（4）绩效考核机制。建立绩效考核机制，以便监督学员的学习成果和应用能力的提高程度，如给定不能超时完成的测验、考试等操作要求，一旦有学员无法按时完成，必须及时沟通、解决问题，以保证学员的学习效果。

（5）培训教师。培训教师的水平是保证培训质量的关键，需要具有丰富经验和优秀教育背景的人工智能专业教师或技术专家等担任培训教师，并且要适时引进新的人才进行进一步培养，以保障培训计划的可持续发展。

（6）实践和实战。实践和实战环节是培训计划的重要部分，学员将应用学到的知识解决实际问题，以证明他们的应用能力已经达到了相应的水平。

（7）维护改进。在对计划进行评估后，应及时进行调整和改善，以便重新评估培训目标和内容的有效性，从而实现培训的最终目标。

制订培训计划的过程中需要注意以下原则：

目标导向原则。培训计划应围绕培训目标进行设计，并明确培训的目的和具体内容。

功能性原则。培训计划应能够锻炼学员的各项能力，同时合理降低学员学习难度，提高学习效率。

可操作性原则。培训计划应该是具体可操作的，以便学习者能够轻松理解和跟随，并在实践中能够应用所学的知识和技能。

适宜性原则。培训计划应根据学员的实际情况和背景进行量身定制，有针对性地设置课程。

统筹兼顾原则。培训计划应兼顾培训时间、师资力量、设备条件、服务考虑，并建立完善的培训体系。

持续跟踪原则。根据培训过程中出现的问题及反馈并及时修正培训计划，以便于更好地实现培训目标。

实效性原则。培训计划应以实用性和可操作性为目标，量化和评估培训的效果，以便更好地实现企业和学员的目标。

健全管理原则。应建立科学有效的培训管理体系，要有完善的人事安排和保障制度，并实现培训成果的量化和评估，对培训机构和培训人员进行相应的评估和评定。

3. 设置培训课程

人工智能训练师的培训课程应根据学员的现有基础、职业需求、行业需求和教学资源进行合理设计。通过应用技术、理论和实践的综合培训提高学员的知识技能水平，达到预定的人工智能训练师培养目标。

（1）基础课程。基础课程是人工智能训练师必须掌握的基础知识和技能，这类课程涵盖了人工智能基础知识、数学算法、实践项目和未来发展趋势等内容。学员将学习基本技术和工具，并通过案例和实际应用项目来提高技能水平，同时也有机会思考人工智能对社会的影响和行业的发展趋势。这是一个顺序性的课程，需要从基础课程开始，逐步深入理解人工智能的技术和应用。基础课程设置示例见表4-4。

表 4-4　基础课程设置示例

序号	课程名称	课程内容
1	人工智能基础概论	1.1　人工智能的历史和未来发展趋势 1.2　常见 AI 技术和应用领域 1.3　人工智能发展对社会及行业的影响
2	数学、算法和工具	2.1　线性代数和概率论基础 2.2　常见机器学习算法和深度学习算法 2.3　常见人工智能工具和平台（如 Python、TensorFlow 等）
3	实战项目和案例学习	3.1　项目设计和业务需求分析 3.2　数据预处理和特征工程 3.3　实现模型、评估结果和部署上线
4	创新和未来发展趋势	4.1　创新思维和解决问题能力 4.2　未来人工智能的发展趋势 4.3　人工智能的道德和伦理问题

（2）应用课程。应用课程是针对已经具备一定技能和知识基础的人工智能训练师进行的培训课程。这类课程主要包括人工智能技术在不同领域的应用，如金融、医疗、生物、工业机器人等领域，并进行相关项目的设计、实现和优化。以实际应用为导向，帮助学员更好地将所学知识应用到实践中。应用课程设置示例见表 4-5。

表 4-5　应用课程设置示例

序号	课程名称	课程内容
1	语音识别和自然语言处理应用	通过讲解自然语言处理技术和语音识别技术，培训学员在日常工作中的应用，如智能语音助手、机器翻译等的应用
2	计算机视觉应用	通过对计算机视觉技术的讲解培训，帮助学员实现在视觉领域的技能提升，如人脸识别、图像识别、目标检测技术等
3	机器学习和深度学习应用	探讨人工智能中的机器学习和深度学习技术，并帮助学员开展自己的项目和使用自己的数据进行实践，如推荐系统、预测模型等
4	人工智能和大数据应用	讲解人工智能和大数据之间的相互关系，帮助学员在实际工作中更好地处理、分析和使用大数据，从而实现高效智能的分析决策，如金融风险分析、医疗数据分析等
5	机器人技术应用	学员可以了解和掌握不同类型和功能的机器人技术，并通过自己的项目和实践体验来学习和应用这些技术，如智能家居机器人、工业机器人、自动驾驶汽车等

（3）技术课程。技术课程是针对人工智能相应领域的专业技术课程，旨在使人工智能训练师能够深入了解各类技术的特性与细节，并能熟练应用。这类课程可以帮助学员进一步了解人工智能相关领域中的知识和技能，以及如何使用人工智能技术来解决实际问题。在课程中，应结合实际场景，提高课程操作性的同时注重理论教学，让学员系统性地掌握各个技术领域相关的理论知识和实践技能。技术课程设置示例见表4-6。

表4-6　技术课程设置示例

序号	课程名称	课程内容
1	机器学习基础	探索机器学习算法的原理和实现，如监督学习、无监督学习、深度学习等，以及使用 Python 等编程语言的机器学习库，如 Scikit-learn 等
2	自然语言处理技术	介绍自然语言处理（natural language processing, NLP）的基本概念，N-gram、词嵌入等算法，帮助学员掌握基本的 NLP 技术，如文本分类、实体识别、情感分析、机器翻译等
3	计算机视觉技术	帮助学员了解常见的计算机视觉算法和机器学习技术，如 SIFT 算法、卷积神经网络、YOLO、OpenCV 等，以及在实际项目中使用这些技术
4	人工智能框架和平台	介绍机器学习和深度学习框架和平台，如 TensorFlow、PyTorch 和 Keras 等，并演示如何使用这些工具来构建和部署人工智能应用
5	强化学习	介绍该学习类别的算法和应用场景，如 DQL（data query language）、A3C（asynchronous advantage actor-critic）等，帮助学员掌握如何使用强化学习来解决实际问题
6	云计算和边缘计算技术	有效利用大数据、机器学习和人工智能技术，需要在云端和端侧进行计算。帮助学员了解云计算和边缘计算技术，以及它们在人工智能领域的应用

（4）项目实践课程。项目实践课程通过一系列实践项目来帮助学员对人工智能技术的应用有更深刻的理解，提高课程的实用性和可操作性。以下项目实践课程设置示例（表4-7）都是实际场景下面对实际业务需求的，学员需要根据自己的实际情况，对这些案例进行不断优化，可以通过对不同的数据集进行训练，使用人工智能算法并与其他人工智能技术结合使用，实现更好的性能。在教师指导下完成这些实践案例后，学员将掌握应用人工智能技术解决实际业务问题的技能。

表 4-7　项目实践课程设置示例

序号	课程名称	课程内容
1	垃圾邮件分类项目	实现文本分类，将垃圾邮件和正常邮件区分开来
2	人脸识别项目	通过使用计算机视觉技术实现人脸识别，包括人脸检测和识别
3	风险评估项目	使用机器学习技术对金融数据进行分析，进行风险评估和预测，以帮助银行等金融机构做出更准确的决策
4	智能问答项目	通过自然语言处理技术和机器学习算法，实现一个智能问答机器人，以提供更人性化、更快速和更准确的用户体验
5	图像分割项目	使用计算机视觉技术实现图像分割，以便更好地处理和识别包含多个对象或背景复杂的图像

（5）多领域交叉课程。多领域交叉课程主要针对技术性和应用性的交叉结合，如人工智能技术和医学、金融、科技等领域的结合，以较为广泛的视野来展示人工智能技术在各个岗位的应用。以下多领域交叉课程设置示例（表 4-8）不仅提供了广泛的现实场景和示例，使学员能够更好地了解和掌握不同领域间的联系和互动，而且也能帮助学员拓展解决问题的思路和方法，为跨领域应用人工智能提供基础。

表 4-8　多领域交叉课程设置示例

序号	课程名称	课程内容
1	人工智能和医疗领域	将人工智能技术应用于医疗领域，如电子病历、医学图像处理、智能诊断和药品研发等
2	人工智能和金融领域	将人工智能技术应用于金融领域，如风险评估、财务分析、交易预测和投资决策等
3	人工智能和能源领域	将人工智能技术应用于能源领域，如电网管理、能源预测、可再生能源开发和管理等
4	人工智能和交通领域	将人工智能技术应用于交通领域，如自动驾驶汽车、交通流分析和智能交通管理等
5	人工智能和文化领域	将人工智能技术应用于文化领域，如自然语言处理、图像识别和创意人工智能等

（6）发展趋势课程。发展趋势课程涵盖了人工智能领域的发展趋势和新兴技术，帮助人工智能训练师掌握行业最新发展，在市场中具有竞争力。课程应突出实践，提供行业案例，让学员从实际场景出发，从而掌握与行业最相关的技能和知识，能够帮助学员更好地了解人工智能行业现状和未来发展方向，发展趋势课程设置示例见表4-9。

表4-9　发展趋势课程设置示例

序号	课程名称	课程内容
1	人工智能市场发展趋势	了解全球人工智能市场的发展趋势、热点技术和应用场景。探究人工智能的商业模式和资本方向，包括投资、并购和创业等
2	自动化机器学习	自动化机器学习技术是一种能够大幅度提高机器模型训练速度和精度的新型人工智能技术，学习如何将其应用于相关项目
3	多模态人工智能	介绍跨多个数据源、传感器和信号的人工智能技术，多模态人工智能可以通过视觉、声音和触觉等多种学习方式优化自身的表现，许多自然语言处理、计算机视觉和语音识别技术都属于多模态人工智能范畴
4	基于AI的自动化和机器人流程自动化	介绍目前在生产、物流、金融和其他行业中得到广泛应用的技术和机器人自动化技术，以及如何将人工智能与自动机器人技术相结合
5	语音AI和光学AI	介绍语音AI和光学AI技术的基础和应用，如语音助手、光学字符识别，光学检测等，以及他们与算法、软件和结构制成的不同组成部分之间的关系
6	新兴技术的发展趋势	学习区块链、脑机接口、人工智能和量子计算等新兴技术的发展趋势和现状，预测其在人工智能领域中的应用

同时为了保证培训课程质量，应当在培训工作开展过程中，逐步积淀优化课程库，主要包括两个方面课件积淀与授课视频积淀。

课件积淀主要分为以下几个内容：第一，梳理课件类别。按照课程阶段分别选出目标课件，然后根据课件内容找到对应的实际业务场景，选取1~2人进行试点，按照课件教授的方式方法进行实践。通过对比试点实际情况与课件描述情况优化课件内容，对于优秀的课件进行保留，摒弃不符合实际业务场景的课件。第二，课件的征集与审核。按照课件模板及要求，征集优秀课件，审核通过的课件根据第一项要求进行实际检核。第三，课件的推广与应用。将通过检核的优秀课件上传网盘，形成课件库，不定期进行共享学习。

授课视频的积淀主要是通过录制优秀讲师的培训课程并上传网盘进行保留，授课视频不仅作为学员的学习素材，也可以作为教师授课能力提升的学习素材。

4. 组织和实施培训

（1）培训实施前准备。按照培训计划在培训实施前做好分工统筹，做到责任到人，避免因准备不周全造成培训效果变差。

1）培训内容的设计。培训内容要具有针对性、实用性。根据人工智能训练师国家职业标准要求，以解决不同等级人工智能训练师所需掌握的知识要求和技能要求为导向，设计培训的内容。

2）排定培训时间。根据学员的工作计划，安排适当的培训日程并考虑学员培训时间的可行性。

3）确定培训预算。根据培训项目的规模、时间、地点、培训方式以及培训资源等，制定培训预算，包括培训资料费用、场地费用、讲师费用等。

4）教师的选择及聘请。选择经验丰富、专业素质高、授课风格好的教师承担培训任务，以保证教学质量。

5）选择合适的培训方式。根据培训目标和需求，选择合适的培训方式。合适的培训方式不仅能够保障培训效果，而且能够充分激发学员潜在能力。知识类的培训可以在讲授法的基础上，加入案例分析、学员交流、自学等方式；实操类的培训可以采用实战操作演示、参观访问、工作轮换等方式。每种培训方式都有相对优势和劣势，在制订培训计划时，应充分考虑课程与培训方式的匹配度，灵活搭配。

6）确定培训人员。根据培训计划和培训方式，确定适合的培训人员，并制订培训人员的培训计划和培训内容。

7）培训场所的安排。培训场地需舒适、安静且不受干扰的独立空间，拥有良好的照明和温度，设有适当的桌椅，有培训中使用的多媒体设备。

8）设备和技术支持。根据培训模式和需求，提供课程所需的硬件和软件设备支持，同时提供必要的技术支持，以确保教学顺畅。

9）确定培训进度。制定详细的课程安排和进度表，以确保培训稳步推进。

10）执行培训计划。告知学员培训计划和日程安排，确保学员能按时参加和完成培训课程并提供适当的反馈。

（2）培训实施中的工作

1）开班。在规定的时间和地点进行开班仪式，向学员介绍培训目标、培训收益、培训计划和课程设置。

2）教学管理。根据课程计划和进度，管理课程进度，及时解决授课中出现的问题。

3）教材管理。统一发放课程教材和辅助资料，负责教材管理和借还资料等问题。

4）考勤管理。收集、记录、汇统学员的考勤情况和表现。

5）课程测试。安排课程测试和考核，测试学员对培训内容的掌握程度，为之后的教学管理和改进提供数据支持。

6）学员评估。对学员进行评估和反馈，了解学员对授课质量、教材质量、教学环境的满意程度，并采取相应的改进措施。

（3）培训结束后的工作

1）收集整理培训效果的数据。培训结束后，要及时收集整理学员的考试成绩、培训心得等能够体现培训效果的数据，并组织学员提交培训满意度调查问卷，将意见收集后整理分析，作为后期培训改进及评估的重要依据。

2）跟进和支持。培训结束后，支持和跟进学员以确认他们是否需要进一步的帮助，以确保他们继续保持对培训内容和知识的兴趣和信心。

3）报告汇总。培训结束后，根据培训项目的详细情况和学习数据，制作报告和成果汇总，以便进行跟随审查或分享学习经验。

4）持续改进。培训结束后，根据培训反馈结果，调整改进培训方案并着手制定下一步的培训内容和目标。

总之，培训结束之后，还需要深入开展评估和持续跟进工作，来优化学习和促进知识技能落地，以巩固和支持培训效果，进而产生更大的培训价值。

5. 培训考核

为了提高培训效果，需要对人工智能训练师的每一个培训项目进行成果考核，也就是根据培训目标，测评学员对所学的知识、技能的了解吸收程度。考核可以反馈信息、诊断问题、改进工作。考核也可作为控制培训的手段，贯穿培训的始终，使培训达到预期的目的。考核结果可以作为评估学员能力水平和取得相应证书的重要依据。对于不达标的学员，应该及时给予指导建议，帮助其克服不足，提高未来的竞争力。

（1）理论知识考核。考核内容包括人工智能的理论基础、机器学习、深度学习、自然语言处理等方面的基础概念、算法理论和应用原理等内容。通过理论知识考核考察学员对相应知识的理解和掌握程度。

（2）实践操作考核。考核内容包括人工智能的各类工具、软件、开发环境的使用，以及各种数据集的获取整理、处理、训练和评估等操作流程。通过实践操作考核评估学员的实际应用能力。

（3）项目实战考核。考核内容包括自主完成和实现一个人工智能项目的设计和实现，并在实现过程中解决问题和调整方案等。通过项目实战考核评估学员的技能和综合能力。

六、培训效果评估

培训效果评估工作是培训系统中承上启下的一环，既总结当前培训工作的优势与不足，又为下一次培训工作的开展提供思路及方向。主要从反应、学习、行为、结果四个维度对培训效果开展评估。具体的评估内容如下。

1. 反应层评估

反应层评估主要指学员对培训最直观的感受反馈，一般采用培训满意度调查问卷的方式进行数据收集，问卷内容通常包括以下几方面。

（1）培训内容。评估学员对培训内容的掌握程度，以及对培训内容的满意度和提高程度。

（2）培训方式。评估学员对不同培训方式的反应，如讲述、案例分析、小组讨论等方面。

（3）培训教师。评估培训教师的表现，包括讲解能力、授课内容和风格、与学员沟通等方面。

（4）培训组织。评估培训的安排和组织，包括培训时间、地点、设施和服务等方面。

（5）培训成果。评估学员对培训成果的意见，包括对培训结果的评价、学到的知识对工作的帮助程度等方面。

通过反应层评估，可以了解学员对培训的总体反应和满意度，发现存在的问题，并及时采取措施加以改进。同时，反应层评估还可以为制订后续的培训计划提供参考。培训满意度调查问卷参见表4-10。

表4-10　培训满意度调查问卷

培训满意度调查问卷			
培训教师情况			
课程内容			
时间地点			

请按以下问题选择或写出你的看法：

您认为这次培训达到了您的目标吗？	□很满意	□一般	□不满意
您认为培训教师的授课质量如何？	□很满意	□一般	□不满意
您对培训课程的内容是否满意？	□很满意	□一般	□不满意
您认为课程难度是否适当？	□偏简单	□合适	□偏难
您认为课程时长是否合适？	□很满意	□一般	□不满意

您有哪些改进意见？

1.

2.

3.

您认为提供的教学资料是否足够，是否清晰易懂？	□很满意	□一般	□不满意
您认为学习环境是否舒适？	□很满意	□一般	□不满意
您对培训方式是否满意？	□很满意	□一般	□不满意
您对培训时段和地点的安排是否满意？	□很满意	□一般	□不满意

您认为您接下来的角色可能是什么，以确保范围内的质量控制？

您是否愿意向其他人推荐这个培训？	□愿意	□不愿意

您对这个培训项目的总体评价是什么？

1.

2.

3.

2. 学习层评估

学习层评估是对培训效果的评估，其主要目的是评估学员在培训中所学知识、技能和学习态度的掌握程度和应用能力，从而了解是否达到了预期的培训目标。学习层评估主要采用测试和考核的形式来评估学员的掌握程度和应用能力，评估的主要内容包括以下几点。

（1）知识水平。评估学员对所学知识的掌握程度，采用笔试、口试、问答等方式进行考核。

（2）技能水平。评估学员在对所学技能的掌握程度，针对实际问题进行考核或实操操作，如模拟操作、案例解决等。

（3）态度和价值观。评估学员在培训过程中所表现出的态度和价值观，包括接受培训的学习态度、责任心、团队协作等方面。

通过学习层评估，可以全面了解学员对所学知识、技能的掌握程度以及学习态度等情况，进而确定培训的有效性和可持续性，并为后续培训提供指导和改进方向。

3. 行为层次评估

行为层次评估主要是为了明确培训成果，能够在实际工作行为中转化的程度。通过数据跟踪，检核学员是否在培训结束后，实际工作中运用了培训中学到的内容，从而改变了工作行为、态度、绩效。行为层评估通常在培训结束后数月或半年左右进行，评估内容包括以下几点。

（1）实际应用效果。评估学员在工作实践中所应用的知识、技能和态度的效果，包括实践成果和工作绩效等。

（2）应用难度和改进。评估学员在应用过程中遇到的难点和问题，并提出改进建议。

（3）继续学习和发展。评估学员在工作中继续学习和发展的情况，包括是否参加进一步培训、是否有更高的工作目标等方面。

行为层评估，可以了解学员在工作中实际应用所学知识、技能和态度的效果，进而确认培训效果的可持续性和实际价值，并为未来的培训提供改进和推进方向。同时，行为层评估还可以为学员的个人职业发展提供参考和指导。

4. 结果层评估

结果层评估是对培训效果的最终评估，主要是评估培训对企业或组织的整体业绩和绩效所产生的影响和贡献。结果层评估通常在行为层评估之后进行，主要以实际结果为依据，包括以下内容：

（1）绩效和业绩的变化。评估企业或组织的绩效和业绩是否得到了显著提高或改善。

（2）成本效益。评估培训的成本效益，包括通过培训所带来的收益是否大于培训成本。

（3）满意度和效果。评估企业或组织管理层和员工对培训的满意度和效果，包括是否达到预期的目标和效果等。

（4）社会责任感。评估企业或组织的社会责任感是否得到了提升，如员工安全、环境保护、文化活动等。

通过结果层评估，可以评估培训对企业或组织的整体业绩和绩效所产生的影响和贡献，为企业或组织提供培训效果的评价和改进方向。

七、培训结果应用

培训结果如何运用直接关系到培训的效果，所以要及时为学员制定培训档案，记录每位学员的培训参与情况，同时定期公布学员的培训记录以起到督促作用，使学员合理安排时间并尽可能参与到培训中。一般来说，培训的结果评估可用于以下几个方面。

1. 满足人才需求

人工智能产业发展迅速，导致对高水平的人才需求增加。对于参加人工智能培训的学员，获取高质量的培训结果可以帮助他们更好地成长，提高其职业技能和竞争力，满足行业发展对人才的需求。

2. 推动技术进步

人工智能技术不断发展，在驱动各行业的发展中起到重要作用。通过培训，培养更多能够灵活运用和掌握人工智能技术的人才，进一步推动技术进步和产业发展。

3. 促进企业发展

通过对员工进行人工智能培训，提升企业在人工智能应用方面的技术水平，促进企业更好地适应市场变化，并发掘内部潜在价值和创新能力。

4. 与时俱进的更新迭代

人工智能技术的发展非常迅速，在培训之后，人工智能培训机构应该不断更新培训内容、课程设置，并根据市场需求不断拓展新的培训领域，以更好地适应市场需求和行业发展趋势。

综上所述，高质量的培训结果可以帮助学员更好地掌握和运用人工智能技术，提升竞争力和职业发展前景，同时对于推动人工智能技术的进步和产业的发展也意义重大。

学习单元 2　培训教案的编写

1. 掌握培训教案的编写内容。
2. 能够编写初级培训教案。

一、培训教案的定义

培训教案是为培训课程编写的重要文档，是教师顺利而有效地开展教学活动的基础，是根据课程标准、教学大纲和教学要求及学员的实际情况，以课时或课题为单位，对教学内容、教学步骤、教学方法等进行具体设计和安排的一种实用性教学文书。其中包含培训课程的培训目的、详细计划、培训过程中所需的教材、教学方法和教学手段等。

培训教案的主要作用是引导教师按照预定的课程计划授课。它要求教师了解培训目标、学员特点和培训重点，从而有效地传授课程内容，并且可以对学员的学习结果进行评定。借助教案，教师可以做到理性地组织、授课，规范培训过程，保证培训的质量，更好地指导学员学习和实践。

二、培训教案的基本编写要求

一份优秀培训教案是设计者的教育思想、智慧、动机、经验、个性和教学艺术性的综合体现。讲师在编写培训教案时，应遵循以下基本要求。

1. 目标明确

教案应该根据培训的目标编写，明确每节课的教学目标和知识点，确保每一个环节都能够实现培训目标。需要注意的是教案的编写是根据人工智能训练师的不同技能等级需要掌握的知识和技能进行编写的。

2. 细化训练内容

要将培训内容进行分解和细化，包括所需的理论知识、操作技能。

3. 结构条理清晰

培训教案需要结构清晰、有条理，让学员能够更好地理解教学内容，掌握培训重点，知晓培训进度和目标。

4. 强调实践操作

在教案中应该充分体现实践操作，使课堂讲授内容可行、可操作。职业技能培训教案应充分体现理论联系实际的特点，教案的内容结构应由实践提升到理论，由理论溯源到实践。尤其是在技能操作的培训内容中，要结合实际案例让学员更好地掌握应用技巧和策略。

5. 考虑学员的背景和需求

在编写培训教案时，需要考虑学员的背景和需求，为学员提供专业的、实用的、易于理解的培训信息，使培训更具针对性和实效性。

6. 系统性

内容必须符合人工智能训练师职业标准规定的要求。难易度应符合各等级的具体要求，以免打乱职业技能等级鉴定的系统性。

7. 趁势指导

教案可以根据学员不同的学习状态，及时调整，加强对学员的辅导，使学员能在短时间内学有所得、学有所用。

8. 确定培训评估方式

培训评估是培训教案的一个重要组成部分，需要确定合适的评估标准和方式，以便对学员的学习效果进行评估和反馈。

9. 重视培训安排和培训师资

培训安排和培训师资是影响培训效果的两个重要因素，需要认真考虑并合理安排，以保证培训取得最佳的效果。

10. 提供必要的补充材料

培训结束后，提供必要的补充材料也是非常重要的，这些材料包括学习指南、实践案例、强化训练、培训录音和讲义等，可作为学员后续学习的重要参考资料。

三、培训教案的基本内容

培训教案的内容需要详细、准确、全面地描述课程内容和教学过程，确保学员能够掌握课程内容并达到预期培训目标。

1. 教学目标

介绍课程目标和期望的学习成果，让学员明确学习的目标。

2. 教学内容

逐步介绍课程的主题和重点，并提供具体的教学内容，确保学员可以理解和掌握课程内容。

3. 教学方法和教学手段

教学使用的各种方法和手段包括演示、讨论、实践、游戏、模拟等。

4. 教学时间安排

规划课堂时间，明确每个学习环节的时间分配，确保课程进度合理。

5. 教学评估

明确教学评估方式，包括学员的展示作品或考核，以评价学习成果。

6. 教学材料

提供用于课堂学习的资料，如 PPT、案例分析、练习题、课程手册等。

7. 课堂管理

提前规划好学员安排、课堂设备布置、学员需求反馈机制等，以确保课程进展有序。

8. 教师角色

教师作为课堂主导者，除具备相应的知识和经验外，还应该具备组织和沟通能力、讲授和引导能力、反馈和评估能力等。

9. 目标学员

通过介绍目标学员的群体特征、学习背景、学习需求等，帮助教师针对学员特点进行课程设计。

技能要求

一、编写培训教案的程序

编写教案需要结合学员特点和课程内容进行合理调配，使得培训课程达到预期效果。

1. 明确培训目标

确定培训的总目标，如培养学员的人工智能训练师职业技能、加强学员对人工智能的理解和应用等。然后对总目标进行细分，明确每个细分目标的具体内容和达成标准。

2. 分析学员特点

根据学员的专业背景、学习习惯等特点，制定培训方案，例如可以针对已经有一定编程基础的学员，强调人工智能开发的技巧等。

3. 制订教学计划

根据培训目标和学员特点，确定每个学习环节的具体内容以及学习进度。教学计划应该具有明确的时间安排和进度要求。

4. 选择教学方法和工具

根据教学计划和学员特点，选择适合的教学方法和教学工具，例如讲授法、演示法、实践法、讨论法、案例分析法、角色扮演法、电子课件配合 PPT 教学等。

5. 准备教学资源和设备

根据教学计划和教学方法，准备好所需的教学资源和设备，例如计算机、投影仪、人工智能平台等。

6. 设计作业和测验

针对学员学习的不同阶段，设计合适的作业和测验。作业和测验应该能够有效评估学员的学习效果，帮助学员更好地理解和应用所学知识。

7. 评估学员学习效果

制定评估标准，通过考试、实践项目、案例分析等方式对学员的学习效果进行评估，并为学员提供针对性的建议和指导。

8. 考虑后续培训

对于复杂的课程，建议设计后续培训，包括进一步提高学员的技术水平和解决其他可能出现的难题。

二、培训教案编写示例

以下以业务数据采集为例编写培训教案，见表4–11。

表4–11　业务数据采集培训教案

培训名称	业务数据采集	培训对象	满足报考五级／初级人工智能训练师条件的人员
培训时间	××××年××月××日	培训地点	满足教学需要的教室
培训目标	本次培训旨在让学员了解数据采集的基本概念和操作方法，掌握数据采集的常见工具和技术，并了解数据采集在人工智能领域中的重要性和应用	培训师资	邀请有丰富数据采集实战经验的人工智能训练师，至少具有5年以上的人工智能培训经验
培训大纲	第一课时：数据采集的意义和应用 1.1　数据采集的概述 1.2　数据采集的意义和应用	培训课时	1学时
	第二课时：数据采集的基本流程和方法 2.1　数据采集的基本流程 2.2　数据采集的方法		1学时
	第三课时：数据采集的难点和挑战 3.1　数据资源的获取难点 3.2　互联网环境的变化和数据采集的挑战 3.3　数据质量问题和质量控制		1学时
	第四课时：数据采集工具和技术 4.1　Python 爬虫 4.2　API 接口 4.3　数据采集工具的使用方法和注意事项		2学时
	第五课时：数据清洗和预处理方法 5.1　数据清洗方法 5.2　数据预处理方法		2学时

教学资源	1. PowerPoint 幻灯片 可以用 PPT 制作演讲主题的幻灯片，注重概念的介绍和示例的讲解，帮助学员更好地理解和掌握业务数据采集的相关技术和方法 2. 实例数据和操作指南 针对实践演练阶段，建议将业务数据采集的实例数据和操作指南进行收集，方便学员按照步骤进行实践操作 3. 书籍和期刊等资料 可以收集业务数据采集方面的书籍和期刊等资料，作为参考和阅读材料，帮助学员对业务数据采集的思路和方法有更深入的理解和认识 4. 视频和音频资料 可以收集视频或音频资料，将业务数据采集方面的专家或学者的演讲或讲座进行收集整理，方便学员通过观看视频和听取音频的方式获取业务数据采集技术和方法 5. 课程总结资料 建议在课程结束后，制作课程总结资料，将整个课程内容进行概述，有助于学员回顾所学内容，梳理知识点和技能点 6. 参考资料 除了以上材料，还可以向学员提供相关的参考资料，如文章、论文、学术报告等，有助于学员了解业务数据采集的最新动态和热点
教学方法	1. 理论讲解：通过 PPT、讲授等形式对业务数据采集基础理论进行讲解 2. 工具演示：引导学员学习和使用业务数据采集相关工具和软件 3. 实践演练：引导学员根据实际业务场景进行实践演练 4. 讨论交流：在实践演练的过程中，通过讨论和交流来促进学员的学习和成长
培训评估	1. 总结汇报：学员根据实践演练情况，进行总结汇报 2. 考试评估：考核学员对业务数据采集的基本概念、技术、流程和方法等理论知识的掌握情况 3. 实践操作考核：通过实操演练，考核学员的实际操作技能和能力 4. 反馈问卷：通过反馈问卷，了解学员对培训的满意度和建议
培训总结	通过本次培训，学员将掌握业务数据采集的基本概念和技术，了解业务数据采集的流程和方法，掌握业务数据采集的实践技巧和注意事项，从而提高业务数据采集的有效性和精度。同时，本次培训也要求学员在实际业务场景中不断探索和应用业务数据采集技术，提高业务数据采集的应用价值

指　导

学习单元 1　实践教学法

1. 了解实践教学的方法。

2. 能够灵活运用实践教学方法，对五级/初级工、四级/中级工开展技术指导。

一、实践教学法的定义

实践教学法是区别于理论教学的各种教学活动的总称，是将理论知识和实践技能有机结合，在真实的工作场所进行学习和实践的过程，是寓知于行的方法。实践教学注重实际应用，通过实践活动，让学员掌握操作技巧和解决问题的能力，从而提高学习效果和职业能力。

二、实践教学法的意义

1. 掌握实际操作技能

实践教学能够让学员在真实的工作场所进行学习和实践，通过实际操作，学员能够更好地掌握实际操作技能。

2. 增强解决问题的能力

实践教学能够帮助学员通过实践活动，掌握解决实际问题的能力，从而提升职业素养和职业能力。

3. 加深对理论知识的理解

实践教学可以让学员将理论知识和实践技能有机结合起来，通过实际操作更好地理解和应用理论知识。

4. 推进知识与实践的一体化

实践教学可以促进知识与实践的一体化，将学员从书本上的知识转化为实际的技能和应用，有利于知识的创新和发展。

三、实践教学法的特点

1. 注重实践环节

实践教学重点是如何进行实践，如何将实践与理论联系起来。

2. 学员主体性强

实践教学法强调学员参与到教学之中，以了解和应用学科知识，学员必须付出实际行动，体验和感悟实践过程，并不断反思和提高。

3. 培养综合能力

实践教学方法可以帮助学员将理论知识应用于实际，通过实践加深对理论知识的理解和掌握，培养学生的综合能力。

4. 动手实践

实践教学法最大的特点是可操作性强，它不仅使学员更加深入理解理论知识，更能让学员通过做、看、听等方式提升自己的技能水平。

5. 注重实践创新

实践教学法强调实践创新，关注实践过程中的创新思维，鼓励学生提出新思路和新方法，在实践中不断探索和发展。

四、实践教学法的原则

实践教学的原则是因材施教、问题导向、注重实用性、综合性、开放性和评价多元化。这些原则可以帮助讲师更好地组织和管理实践教学，提高学员的实践能力，并且使学员通过实际应用更为高效地掌握知识和技能。

1. 因材施教

实践教学要充分考虑学员的个性和特点，针对学员的实际情况灵活地开展教学活动，使每个学员都能够得到实际操作训练的机会。

2. 问题导向

实践教学中应当把学员置于问题情境之中，通过解决各种实际问题来引导学员积极探索、发现和思考，加强学员思维能力的训练。

3. 注重实用性

实践教学的目的是培养学员实践能力，因此应该注重真实的应用环境，让学员在实际场景中运用和巩固所学的知识和技能。

4. 综合性

实践教学应该把知识和技能的教学融为一体，同时涉及多种学科和技能的综合运用，使学员能够更好地理解和应用所学知识。

5. 开放性

实践教学活动应该具有开放性和多样性，应该鼓励学员在实践中探索和创新，从而逐步建立起自己独特的思维方式。

6. 评价多元化

实践教学中应当采取多样的评价方式，如实践报告、实际成果展示等，评价更要注重过程评价，及时反馈并鼓励学员探索与创新。

五、实践教学方法

1. 案例分析法

案例分析法是围绕一定的教学目的，把实际中真实的情景加以典型化处理，形成案例，通过学员的独立研究和相互讨论的方式，来提高分析问题和解决问题的能力的一种方法。案例分析法将课程内容以实际情境中的情况呈现给学员，从而帮助学员理解课程知识的实际应用价值。案例分析法的步骤见表 4–12。

2. 角色模拟法

这一方法模拟真实的工作环境，让学员扮演职业角色，体验职业生涯中可能遇到的情境，以达到培养学员职业能力和素养的目的。它能够将学员放置在真实的环境中进行实践、体验职业角色，以此激发学员的主动性和求知欲。通过模拟情景，学员能够更加清晰地了解职业特点和工作要求，进而更好地适应未来的工作岗位。该教学法能够培养学员的团队协作精神、沟通交流能力、决策能力和实际操作能力。角色模拟法的步骤见表4-13。

表4-12　案例分析法的步骤

步骤	具体内容
1. 选择适当的案例	选择适当的案例对教学效果非常重要，应考虑其领域、复杂性和实用价值，以及与教学课程和目标的相关度
2. 案例分析	通过让学员阅读案例，研究案例和进行实地考察调查等方法，让学员掌握案例的背景、数据和相关信息，并尝试分析问题和解决问题可能遇到的挑战
3. 建立问题框架	建立合适而恰当的问题框架，启发学员思考和探讨，并展开课堂讨论或分组讨论，引导学员积极互动，并进行问题解答
4. 提供教师指导	教师可以在课堂讨论中发挥较大作用，指导学员探讨案例中的问题，并解释难点和相关概念
5. 鼓励学员思考	通过鼓励学员进一步思考和提出新的问题，促进并激发学员对案例和相关话题的更深入思考和理解
6. 总结和应用	在案例分析后，通过总结案例的结论和应用，让学员更好地掌握案例核心和问题解决过程，及时触发学员更深入的思考，从而得到启示

表4-13　角色模拟法的步骤

步骤	具体内容
1. 选择合适的场景与角色	在实施教学中，首先应该为学员选择适当的场景和角色，以使学员学习的内容与之相符合，具有典型性，且能激发学员兴趣
2. 确定情境和角色	教师应确保每个角色都有明确的目标和任务，为学员分配角色，并让他们模拟或扮演真实情境下的人物，通过演练，了解真实场景，掌握角色的社交技能、沟通技巧和语言表达能力等
3. 提供参考资料	教师可以提供相关的参考资料来帮助学员更好地了解场景和角色，在角色模拟活动中，学员需要掌握场景的基本知识、背景信息和相关法律法规等知识

续表

步骤	具体内容
4. 训练和演练	学员在学习过程中，需要模拟或扮演角色，决定应采取的措施和方式，以便更好地理解相关的场景和社交规则，并通过反复练习进行巩固和提高操作的技巧
5. 总结和分享	在角色扮演之后，教师应引导学员进行总结和分享，让学员全面地感悟和参与，并总结从中获得的经验及技巧
6. 评估与反馈	教师应该按照预先设定的标准，对学员进行综合性评估，并针对个人的表现和成果，给予及时有效的反馈和指导，鼓励学员进一步提高和改进

3. 课堂讨论法

这种方法是在教师讲授基础知识后，为加深学员对所讲授内容的理解，在教师的组织与指导下，学员充分准备，师生围绕一个主题，发表意见，展开讨论。通过讨论，既可以达到形成共识的目的，也可以充分调动学员的主观能动性，提高其创造性学习的兴趣和能力。课堂讨论法的步骤见表4-14。

表4-14　课堂讨论法的步骤

步骤	具体内容
1. 选择适当的话题	选择与课程相关且学员容易参与的话题，引导学员积极思考和发表意见，并关联到学员的实际生活经验或现实情境中
2. 明确讨论的形式	确定课堂讨论的形式，如小组讨论、全班讨论或辩论等，根据课程目标、学员的需要和话题的涉及范围及质量水平来选择
3. 讨论引导	在开始讨论前，教师应首先说明讨论的目标和要求，引导学员进行有效讨论，并在讨论过程中及时引导和纠正学员的讨论行为
4. 学员参与	从学员的角度出发，让每个学员都有机会参与并发表看法，即便是听众，也有观察、领悟和思考的机会，鼓励内敛的学生发言，使其积极参与讨论
5. 总结和评价	教师要注意总结和概括学员提出的观点，以确保学习目标的达成，并向学员提供及时反馈和评价，促进学习过程的不断优化

4. 任务驱动法

任务驱动法就是教师通过让学员在完成提出的某一"任务"的过程中掌握知识和技能并提高综合素质的方法。任务驱动法使教师由"主角"转变为"配角"，充分体现学员的主体地位，极大地激发学员的求知欲，使学员实现了由被动地接受知识向主动地寻求知识的转变。这一方法既培养了学员的学习兴趣，也培养了学员的解决问题能力和合作精神。任务驱动法的步骤见表4-15。

表4-15 任务驱动法的步骤

步骤	具体内容
1. 选择适当的任务	教师依据实际情况和学员掌握的知识技能水平，设计真实的学习任务，以激发学员的学习兴趣和积极性
2. 梳理任务要求	教师应清晰说明任务要求和任务背景，让学员明确任务的目的和方法。同时，教师应该在任务中加入足够的情境、问题和约束，以创造激发学员发掘和思考的环境和氛围
3. 任务进行过程	教师应追踪任务完成情况并在任务执行过程中给予支持，防止学员迷失方向或失去信心。同时，教师应激励学员之间的协作和经验分享，创造积极、包容和互动的氛围
4. 任务完成	在学员完成任务后，教师应当进行系统性总结和评估，以发现问题。教师在总结里应指出学员已经掌握的知识、解决问题的方式和理解任务要求的操作技能
5. 设立下一阶段的任务	完成当前任务之后，教师应该设立下一阶段的任务，以提供不断提高知识技能水平的动力和积极性

5. 技术指导法

通过教师的实际指导，帮助学员掌握一种特定的技术或技能。技术指导方法主要的内容包括教学策略、技术工具和教学环境等。技术指导方法针对性强、便于个性化指导。该方法比较容易实施，需要的教育资源较少，同时可以帮助学员迅速掌握一项具体的技能或技术，提高他们在实际工作中的水平和能力。技术指导法的步骤见表4-16。

表4-16 技术指导法的步骤

步骤	具体内容
1. 确定实践目标	在选择实践内容之前，教师应当确定实践的目标、重点和难点。需要根据学员的实际情况和教学大纲来确定
2. 选择实践内容	选择与课程相关的实践内容，不仅要符合学员的兴趣，同时也要考虑实践应能够体现学员的实践能力、创新能力等

续表

步骤	具体内容
3. 提供技术指导	在学员实践的过程中，教师应提供专业指导，如提供操作步骤、技术要点、安全注意事项等方面的指导
4. 评估和反馈	在实践完成后，教师应对学员的实践内容进行综合评估和反馈。评估和反馈是指针对学员实践过程和结果进行评价，并强调学员在成功过程中应得的经验和教训，并指出学员应该改进的方面，以便于学员能够更好地提高自身能力

6. 观察法

观察法是指通过观察真实的工作场所，使学员了解职业的工作环境、操作流程、职业特点等。观察法不需要太多的投入，教师可以通过简单的场所安排和概括性指导就能够实施培训目标。观察法的步骤见表 4–17。

表 4–17　观察法的步骤

步骤	具体内容
1. 确定观察目标	教师应当先明确要观察的内容
2. 观察和记录	教师应在教学过程中进行有组织、系统的观察和记录，可以采用教学日志、教学笔记等方式进行记录、比较、分析和总结
3. 分析和总结	教师在观察和记录之后，需要进行教育学分析和总结，并确定需要改进和加强的方面，以便对教学效果进行优化和提高
4. 反馈和指导	教师在总结中对所发现的问题和改进措施进行反馈和指导，为学员提供具体解决方案，达到教学目标

7. 实际操作法

实际操作法是指让学员亲自操作、实践，帮助学员掌握实际操作技能，并提升其对理论知识的理解和应用能力的一种教学方法。实际操作法能够迅速提升学员的实操技能。虽然实际操作法需要的人力、物力和时间成本较高，但是由于其直接有效的优势，也成为实践教学中的一种重要教学方法。实际操作法的步骤见表 4–18。

表 4-18　实际操作法的步骤

步骤	具体内容
1. 培训目标和任务的确定	制定实际操作的培训目标和任务，明确实际操作的范围和需求，以及培训的时间、人数等
2. 现场准备和测试	为实际操作的培训现场准备工具、设备、材料等物资，并进行测试以确保安全性和正确性
3. 操作流程演示	由教师根据实际操作流程进行演示，对每个流程的操作规范和注意事项进行详细讲解
4. 学员实践操作	学员参与实际操作，并在教师的指导下进行操作及调试，通过实际操作进一步巩固知识和技能。同时，教师对学员操作中存在的问题进行及时指导和纠正
5. 问题和经验总结	教师和学员一同回顾和分析操作中出现的问题和难点，提出解决方案并记录问题和解决方案，形成文档
6. 实际操作成果评估	对学员的实际操作成果进行评估，评估的指标可以包括操作能力、操作标准的掌握程度、操作速度和效率、解决问题的能力等

8. 项目法

项目法是让学员参与实际项目的设计、执行、管理等多个环节，从而培养其实践能力、团队合作能力、创新能力等综合素质。项目法既包括学员的实际操作和设计，同时也要求学员注重团队合作和沟通，具有实践性和综合性的特点。通过项目法的实践学习，可以让学员充分发挥主观能动性，激发学员的创新意识和创造力。项目法的步骤见表 4-19。

表 4-19　项目法的步骤

步骤	具体内容
1. 策划项目	由教师或学员协同策划项目，明确项目的目的、范围和实践活动
2. 建立团队	由学员或教师自行或特别指派，建立学员团队，团队成员能够协同合作
3. 制订计划	团队成员共同确定时间、目标、分工计划等，制定项目活动的具体实施路线，仔细考虑各种可能的因素，使项目的实施变得更具有可操作性和可持续性
4. 项目实施	学员使用所学的知识和技能，按计划开展项目实践
5. 评价和总结	团队成员根据项目进度、成效等进行评价和总结，总结项目完成得到的经验和教训，并为后续项目完成作准备

9. 实习法

通过参与企事业单位的实习、实训等活动，学员能够更好地了解企业的运营模式、业务流程、职业要求等，提升实际操作能力。实习法的步骤见表 4-20。

表 4-20　实习法的步骤

步骤	具体内容
1. 实习准备	在实习开始之前，教师需要规划实习计划，安排实习地点和教学资源，为学员准备好必要的材料，提出上岗要求
2. 实习内容指导	在实习期间，教师需要对学员进行具体的实习指导和管理
3. 实习环境管理	在实习期间，教师需要管理实习环境，包括实习环境的安全、卫生等
4. 实习成果评估	实习结束后，教师需要对学员的实习成果进行评估，对学员的实习表现进行分析和总结，以便对实习教学过程进行反思和改进
5. 实习总结和反思	实习结束之后，教师需要对实习过程进行分析整理，深入分析教学效果、收获的经验以及必要的改进措施，以便为今后的教学工作提供参考

学习单元 2　五级／初级工技术指导

能够指导五级／初级工解决数据采集、处理及数据标注问题。

《人工智能训练师国家职业标准（2021 年版）》中对五级／初级工技能和相关知识要求见表 4-21。

表4-21　五级／初级工技能和相关知识要求

职业功能	工作内容	技能要求	相关知识要求
1. 数据采集和处理	1.1　业务数据采集	1.1.1　能利用设备、工具等完成原始业务数据采集 1.1.2　能完成数据库内业务数据采集	1.1.1　业务背景知识 1.1.2　数据采集工具使用知识 1.1.3　数据库数据采集方法
	1.2　业务数据处理	1.2.1　能根据数据处理要求完成业务数据整理归类 1.2.2　能根据数据处理要求完成业务数据汇总	1.2.1　数据整理规范和方法 1.2.2　数据汇总规范和方法
2. 数据标注	2.1　原始数据清洗与标注	2.1.1　能根据标注规范和要求，完成对文本、视觉、语音数据清洗 2.1.2　能根据标注规范和要求，完成文本、视觉、语音数据标注	2.1.1　数据清洗工具使用知识 2.1.2　数据标注工具使用知识
	2.2　标注后数据分类与统计	2.2.1　能利用分类工具对标注后数据进行分类 2.2.2　能利用统计工具，对标注后数据进行统计	2.2.1　数据分类工具使用知识 2.2.2　数据统计工具使用知识
3. 智能系统运维	3.1　智能系统基础操作	3.1.1　能进行智能系统开启 3.1.2　能简单使用智能系统	3.1.1　智能系统基础知识 3.1.2　智能系统使用知识智能
	3.2　智能系统维护	3.2.1　能记录智能系统功能应用情况 3.2.2　能记录智能系统应用数据情况	智能系统维护知识

一、业务数据采集

1. 业务数据采集的知识内容

业务数据采集是人工智能模型实施的基础，因此在指导五级／初级工解决业务数据采集问题时，应包含表4-22所列的内容。

表 4-22　业务数据采集知识

知识点	知识内容
1. 数据基础知识	介绍数据的基本概念和特点，包括数据来源选择、数据类型和数据用途等，帮助学员了解数据的重要性
2. 数据采集方法	介绍数据采集的方法，人工智能训练师需要收集大量的数据来训练模型并有效地运用其算法。常见的数据采集方法：网络爬虫、传感器、开放数据源和问卷调查等。在选择采集方法时，人工智能训练师需要根据模型需要、可及性和数据质量等因素进行评估并选择合适的采集方法
3. 数据采集规范要求	数据采集应该规范数据结构、数据类型和数据大小，便于导入机器人进行训练
4. 数据采集工具使用知识	了解各种数据采集工具的功能和特点；熟悉相应的数据采集工具的界面和操作流程；学会如何配置数据采集规则，提高数据采集的效率和准确性
5. 数据库数据采集方法	介绍数据库数据采集方法，包括：数据库备份和恢复、使用 ETL 工具、自编程序、使用爬虫技术、与数据供应商合作等。人工智能训练师需要根据实际情况选择合适的数据采集方法，并在操作中注意数据安全和合规问题
6. 数据隐私和安全	介绍数据隐私和安全的重要性以及原则，采集过程中如何保护用户数据隐私和保证数据安全性

通过以上知识内容的培训，可以帮助五级/初级工了解业务数据的基本知识，以及数据采集的基本方法和流程，同时采取相应的措施保护数据的隐私和安全。

2. 业务数据采集的指导步骤

业务数据采集涉及多个方面，对于五级/初级工，需要对各种数据采集技术和工具进行全面的了解，掌握常用的数据采集技能和工具，并能根据业务需求和数据特点选择合适的数据采集方法和工具，从而实现数据采集和整合的目标。业务数据采集指导步骤如下。

（1）定义业务需求和数据采集目标。首先需要了解业务需求和采集目标，明确所需要采集的数据类型、格式、数量等，以确保数据采集的准确性和实时性。

（2）选择合适的数据采集方法和工具。选择合适的数据采集方法和工具是业务数据采集的重要一步。可能需要采用一些技术工具进行数据采集，例如爬虫技术、API 调用等。

（3）确定数据采集范围和周期。针对业务需求，需要确定数据采集的范围和周期。在确定采集周期时，需要考虑业务发展的动态变化，以确保采集到的数据可以有效反映业务的变化和需求。

（4）确保数据的安全和隐私。在采集数据的过程中，需要确保采集到的数据的安全和隐私，做好数据的访问控制和权限管理等。

3. 业务数据采集中常见问题及解决办法

在业务数据采集过程中，五级 / 初级工需要充分考虑数据采集的稳定性、可靠性、质量、安全和隐私等，综合运用技术、方法和流程等手段排查和处理各种可能出现的问题，以提高业务数据采集的质量和效率。业务数据采集常见问题及解决办法见表 4-23。

表 4-23 业务数据采集常见问题及解决办法

常见问题	解决办法
1. 数据源不稳定或缺失	在数据采集过程中，数据源的稳定性和可用性非常重要。如果数据源不稳定或缺失了必要的数据，将会影响数据分析和预测的准确性。人工智能训练师可以通过增加数据源、建立备用数据源、增加数据备份和修复程序等降低数据源不稳定或缺失的风险
2. 数据量太大或太小	数据量太大或太小都会影响数据采集的质量和效率。如果数据量太大，可以通过增加数据存储空间、增加计算机处理能力等来处理大数据；如果数据量太小，则需要通过增加数据源、降低数据质量的门槛来增加数据量
3. 数据质量问题	不同的数据来源，质量也可能存在差异。数据质量差距很大也可能导致数据分析的较高误差。可以通过引入自动数据质量检查机制、人工校验机制、提高数据采集人员的业务素质和采集技能等措施降低数据质量问题
4. 安全和隐私问题	在采集敏感数据时，保护数据安全和隐私尤为重要。人工智能训练师要分析和评估数据安全和隐私风险，实施数据存储保障和数据共享措施等来解决安全和隐私问题

4. 业务数据采集案例分析

【例 4-1】互联网购物行为数据采集案例

情景描述：某互联网商城希望采集用户的购物行为数据，但是在实际采集过程中遇到了困难，采集的数据量比较小，而且数据质量也不高。

案例分析：

（1）确定采集目标和采集方式：首先，需要确定所采集的目标和方式。互联网商城需要采集的是用户的购物行为数据，因此可以采用前端页面和调查问卷的方式来收集数据，邀请用户填写问卷或者留下购物记录等信息。

（2）优化采集页面设计：针对采集方式的优化，采集页面的设计也会直接影响用户的参与度和回答问题的积极性。人工智能训练师可以从页面设计、互动交流等多个方面来优化采集页面，提高用户体验。

（3）引入用户激励机制：引入具有吸引力的激励措施，如发放优惠券、红包等，以增加用户的参与度和完成度。

（4）增加数据来源：除了通过前端页面和调查问卷收集数据之外，可以考虑从第三方渠道和用户数据授权获取数据，如社交媒体平台、手机位置信息等，以增加数据来源和提高数据质量。

（5）实现数据自动化采集和整合：引入自动化采集和整合工具，可以将多个数据来源的数据进行整合，自动生成可视化的分析结果，提高数据采集的效率和准确性。

二、业务数据处理

1. 业务数据处理的知识内容

业务数据处理是人工智能模型实施的重要环节，用于对业务数据进行清洗、转化、归一化等处理，以便更好地用于模型训练和预测，因此在指导五级 / 初级工解决业务数据处理问题时，应包含表 4-24 所列的内容。

表 4-24　业务数据处理知识

知识点	知识内容
1. 数据整理规范和方法	介绍数据整理规范和方法：数据的分类和标准化、数据转换和重构、数据集成和管理、数据可视化和分析等 数据整理的方法可以基于常用数据处理软件和工具，如 Excel、Python、SQL 等，还可以根据数据类型、业务需求和团队的技术水平等进行选择。同时，需要根据数据整理的领域和目的制定相应的规范和流程，确保数据整理的质量和效率
2. 数据汇总规范和方法	数据汇总规范和方法包括以下几个方面：明确数据汇总的目的和范围、统一数据标准、确认数据质量、确认数据存储方式、确定汇总方式、数据加工和分析、核实结果和报告等 人工智能训练师需要根据不同目的和不同领域制定不同的规范与流程，确保数据汇总的准确性，完整性和及时性。同时，需要确定数据保密级别，确保汇总的数据安全可靠
3. 数据隐私和安全	数据隐私和安全的重要性和原则，包括数据备份和恢复、数据加密和权限控制等，保护数据安全的措施和步骤

掌握以上内容，可以帮助五级/初级工提高其业务数据处理能力，掌握基本的数据分析和处理技能，有效地挖掘数据价值，为企业提供决策支持和商业洞察。同时，还可以帮助他们了解如何保护数据的安全和隐私，更好地保障数据安全。

2. 业务数据处理的指导步骤

以下操作流程只是大致的框架，可能会依据具体的业务需求和数据特征而有所不同，因此可以根据具体情况进行调整和改进。

（1）明确任务和目标。在开始处理数据之前，需要明确任务和目标，了解要处理的数据类型、区域、时间以及需要得到的结果。

（2）数据采集和准备。从各个数据源中获取需要处理的数据，将其导入表格或数据库中，并做好格式和标准化。

（3）数据清洗和处理。对数据进行清洗和处理，包括删除冗余数据、处理空白行和列、剔除重复数据、标准化数据和格式化数据等。

（4）数据整理归类。将数据按照需要进行分类和归类，例如按照地区、产品、客户、时间等维度进行分类。

（5）数据统计和分析。对分类后的数据进行统计和分析，例如计算总数、平均值、标准差，以及绘制图表、制作报告等。

（6）数据汇总。对不同分类维度下的数据进行汇总，例如将不同地区的数据进行汇总，将不同时间段的数据进行汇总等。

（7）数据校验和审查。检查数据分析和处理的结果，确保数据分析过程无误差，数据分析结果准确无误。

（8）数据可视化和报告。将数据处理的结果以图表和汇报的方式呈现给相关人员，使其更容易理解处理结果。

（9）数据存储和备份。将处理好的数据存储到本地或云端，可通过备份和恢复系统保证数据安全和稳定。

（10）数据优化和持续改进。在完成数据处理之后，可以回顾整个处理过程，了解存在的问题，进行优化和改进。

3. 业务数据处理中常见问题及解决办法

在业务数据处理过程中，五级/初级工应注重数据的质量和处理效率，选择适合的数据处理工具和技术手段，加强对业务场景的理解和分析能力，以提高数据处理的质量和效果。业务数据处理常见问题及解决办法见表4-25。

表 4-25 业务数据处理常见问题及解决办法

常见问题	解决办法
1. 数据标准化问题	数据来源不一致，格式不统一造成数据整理效率低下。解决办法是定义数据源，制定规范的数据格式，并执行数据清洗流程，处理格式不统一的数据
2. 数据归类问题	业务领域较为复杂，导致数据归类不准确。解决办法是了解业务领域，建立准确的数据分类体系和标准，并通过培训和实践提高数据分析技能
3. 数据量过大问题	采集的数据量庞大，手动整理烦琐、耗时。解决办法是使用专业的数据整理工具和技术，如数据挖掘、自动化处理等，提高效率和准确度
4. 不易于统计和分析问题	处理后的数据不易于统计和分析，不能提供有用的业务洞察。解决办法是采用可视化技术，将数据转化为有用的图形和图表，从中得出有用的洞察，为业务提供有价值的决策信息
5. 数据安全性问题	数据安全性不能得到保障。解决办法是采取安全措施，如备份和加密，确保数据不被非法获取或丢失。同时，合规管理数据，遵循相关法规和政策

4. 业务数据处理案例分析

【例 4-2】某电商公司的业务数据处理

情景描述：某电商公司需要对其销售数据进行整理和汇总，以便进行业务决策和分析。

案例分析：

（1）定义数据来源和格式：确定各个销售渠道的数据来源和格式，如订单系统、支付系统等，并制定标准的数据格式。

（2）数据清洗和整理：对采集的数据进行清洗和整理，包括去重、筛选、填补缺失值等，确保数据的准确性和完整性。

（3）数据分类归档：将数据按照不同的维度进行分类归档，如按照销售地区、产品类别、销售时间等进行分类，以便后续分析和汇总。

（4）数据分析和汇总：使用数据分析工具，对整理后的数据进行分析和汇总，生成有用的报表和图表，提供有价值的业务洞察和决策支持。

（5）数据保障和合规：为保障数据安全和合规，采取相应的安全措施，如数据备份和加密，同时遵守相关政策和法规。

三、原始数据清洗与标注

1. 原始数据清洗与标注的知识内容

原始数据清洗和标注是数据处理的重要步骤，因此在指导五级 / 初级工解决原始数据清洗和标注问题时，应包含表 4-26~ 表 4-28 所列的内容。

表 4-26　原始数据清洗与标注知识

知识点	内　　容
1. 数据清洗工具使用知识	数据清洗工具是指用于自动化清理和修复数据的软件工具（详见后文表 4-27　数据清洗工具应具备知识）
2. 数据标注工具使用知识	数据标注工具是指用于在数据集中添加标签或注释的软件工具（详见后文表 4-28　数据标注工具应具备知识）

表 4-27　应具备的数据清洗工具知识

数据清洗工具使用知识	知识内容
数据清洗的目的和重要性	了解数据清洗的概念、目的和重要性，了解数据清洗对数据分析和决策制定的重要性
常见的数据清洗工具	熟悉常见的数据清洗工具，如 OpenRefine、Trifacta、Data Wrangler 等，并了解它们的特点和使用场景
数据清洗的基本步骤	掌握数据清洗的基本步骤，包括数据预处理、数据删除、数据转换、数据合并等
数据清洗技术和方法	掌握数据清洗的技术和方法，如数据的去重、填充、修复和重构等
数据清洗流程的设计	根据业务需求，设计数据清洗的流程和规则，并进行实践和改进
数据清洗的效果评估	了解数据清洗的效果评估方法，如误差分析、数据质量分析等，并进行数据清洗效果的监控和改进
数据安全和隐私保护	了解数据安全和隐私保护的相关法规和政策，并采取相应的措施，确保数据的安全和隐私不受侵犯
数据清洗的最佳实践	了解数据清洗的最佳实践，并运用它们来优化数据清洗的质量和效率

表 4-28　应具备的数据标注工具知识

数据标注工具使用知识	知识内容
数据标注的目的和重要性	了解数据标注的概念、目的和重要性，了解数据标注对机器学习和人工智能等领域的应用的重要性
常见的数据标注工具	熟悉常见的数据标注工具，如 Labelbox、Supervisely、Annotator 等，并了解它们的特点和使用场景
数据标注的基本步骤	掌握数据标注的基本步骤，包括数据预处理、选择标注工具、标注数据、标签或注释数据等
标注数据的类型	了解不同领域和场景下数据标注的类型，如图像、语音、文本等，以及不同类型的标注方法和工具
标注标准和质量控制	设计标注标准和质量控制规则，对标注后数据进行质量控制和评估
标注数据的效果评估	了解标注数据的效果评估方法，如一致性度量、标注误差分析等，并进行标注数据效果的监控和改进
数据安全和隐私保护	了解数据安全和隐私保护的相关法规和政策，并采取相应的措施，确保数据的安全和隐私不受侵犯
数据标注的最佳实践	了解数据标注的最佳实践，并运用它们来优化数据标注的质量和效率
自动标注技术	了解自动标注技术的发展趋势和应用场景，掌握基于机器学习和深度学习的自动标注技术和方法，以便在标注数据过程中自动化处理部分任务

通过以上内容的培训，五级 / 初级工可以掌握数据预处理和标注技术，评估标注质量和制定标注规则，提高机器学习的准确率，管理标注数据的质量并掌握相关技巧，从而在实践中有效地进行数据清洗与标注工作。

2. 原始数据清洗与标注的指导步骤

原始数据清洗和标注是进行数据处理和分析的重要一环，需要采用专业的技术和工具来实现。

（1）数据格式转换。在进行原始数据清洗和标注之前，需要将数据转换为统一的格式，以方便后续处理。例如，将文本格式的数据统一转换为 CSV 文件，将图片格式的数据统一转换为 JPG 或 PNG 格式等。

（2）数据去重。去除原始数据中的重复数据，以确保数据的准确性和完整性。

（3）数据过滤和屏蔽。过滤和屏蔽一些不符合业务需求或不需要进行标注的数据，例如冗余数据、无效数据等。

（4）数据切分。对于特定的数据类型，需要进行数据的切分或分割，例如将一篇文章分成多个段落或将一幅图像分成多个区域。

（5）数据标注。在进行原始数据清洗和标注之前，需要对标注所需的规范和标准进行明确，并确保标注人员理解和掌握相关标注规范。在标注数据时，应进行质量检查，确保数据标注的准确性和一致性。

（6）数据验证。标注完成后，需要对标注的数据进行验证，以确保标注的准确性和一致性。如果发现有标注错误或不一致的数据，需要及时进行修改和纠正。

（7）数据分类和归纳。标注完成后，需要对标注的数据进行分类和归纳，以便于后续进行的数据分析和应用。对于大规模数据集，可以使用自然语言处理技术、机器学习算法等对标注数据进行分析和分类。

3. 原始数据清洗与标注中常见问题及解决办法

在原始数据清洗与标注中，五级／初级工需要掌握相应的技能，以减少原始数据中的抽样误差，改善标注质量和提高数据质量。原始数据清洗与标注常见问题及解决办法见表4-29。

表4-29 原始数据清洗与标注常见问题及解决办法

常见问题	解决办法
1. 样本数据不足或偏差	样本数据不足或者存在偏差，会影响模型的精度和泛化能力。为了解决这个问题，可以通过数据扩增、数据样本平衡等方法增加样本数据，或者使用偏差校正、小样本训练等方法进行训练
2. 标注错误或不一致	标注数据出现错误或不一致，会影响模型的准确性。为了解决这个问题，需要对标注实验进行质量控制，采用多位标注人员、标注规范、对标注结果进行质量评估等方法，确保标注数据准确可靠
3. 数据缺失和异常值	原始数据出现缺失值和异常值，会影响模型的性能和训练效率。解决这个问题可使用插值和平均值替换缺失值，使用删除或替换异常值等方法处理异常值

续表

常见问题	解决办法
4. 数据格式不一致	原始数据的格式不一致，如大小写不同、标点符号不一致、格式不规范等，需要通过数据预处理技术，如字符串清洗、格式转换、数据归一化等方法进行相关处理
5. 数据安全和隐私保护	在进行数据清洗和标注时，需要保护数据的安全和隐私，例如在线训练模型时使用加密协议，对敏感数据采用脱敏等方法来保证数据的安全性

4. 原始数据清洗与标注案例分析

【例 4-3】公司客户数据清洗与标注案例分析

情景描述：假设一家公司需要对其客户数据进行分析，以了解其客户的兴趣爱好、消费习惯等信息。人工智能训练师需要根据公司业务需求，进行原始数据清洗和标注，提高数据的质量和可靠性，为后续的数据分析和挖掘提供数据基础。

案例分析：

（1）数据清洗：通过了解客户数据的来源、数据结构和数据类型等信息，人工智能训练师需要进行数据清洗。这包括删除重复数据、填写缺失值、数值归一化、数据类型转换等操作，以保证数据的准确性和完整性。

（2）数据标注：在进行数据标注前，人工智能训练师需要先定义标注任务，明确标注的目的和标注的数据字段等。在进行标注操作时，需要确保清晰的标注规则，并通过人工标注或半自动标注等方式，标注客户的兴趣爱好、消费习惯等信息，以便后续的数据分析和挖掘。

（3）数据可视化：通过数据可视化方法，人工智能训练师可以将标注后的数据进行可视化展示。数据可视化可以直观地展现客户的数据分布、数据趋势和关系等，为公司决策提供重要支持。

（4）定期更新数据：由于客户的兴趣爱好、消费习惯等信息会发生变化，数据需要定期更新，以保证数据的及时性和准确性。

四、标注后数据的分类与统计

1. 标注后数据的分类与统计的知识内容

标注后数据的分类与统计是数据处理过程中非常重要的步骤，它能够使数据更好地被分析和理解。在指导五级/初级工解决标注后数据分类与统计问题时，应包含表 4-30 所列的内容。

表4-30　标注后数据的分类与统计知识

知识点	知识内容
1. 数据分类工具使用知识	数据预处理：数据预处理是数据分类过程中最关键的一步，它包括数据清洗、数据集成、数据转换和数据归一化等。初级人工智能训练师需要熟练使用各种数据预处理技术和工具，如 Python 中的 Pandas 和 NumPy （1）特征选择：特征选择是指从大量的特征中筛选出对分类有用的特征。常见的特征选择工具包括 Scikit-learn 中的 feature_selection、R 中的 caret 和 weka 等 （2）分类器选择：五级 / 初级工需要选择合适的分类模型，如决策树、随机森林、SVM 等。常用的分类器选择工具包括 Scikit-learn 中的 classification、R 中的 caret 和 weka 等 （3）模型评估：对训练好的模型进行评估是判断分类效果的关键。初级人工智能训练师需要熟练使用各种评估指标，如准确率、召回率和 F1-score 等。常用的模型评估工具包括 Scikit-learn 中的 metrics 和 R 中的 MLmetrics 等 （4）可视化工具：数据分类结果的可视化可以帮助初级人工智能训练师深入了解数据特征和结果。常用的可视化工具包括 Matplotlib、Seaborn、ggplot2 等
2. 数据统计工具使用知识	掌握各种数据统计工具的使用，以便在数据分析和建模中获取有用的信息和洞察力。需要掌握的数据统计工具如下。 （1）Python 的 NumPy：NumPy 是一个强大的数学库，用于进行各种数学计算，如数组处理、线性代数、傅里叶变换等。数据科学家使用 NumPy 进行数据处理、特征选择和模型训练 （2）Python 的 Pandas：Pandas 是一个高效的数据处理库，用于读取、处理和分析数据。数据科学家使用 Pandas 进行数据清洗、数据分析、数据可视化等 （3）R 语言：R 是一种专门用于数据科学和统计分析的编程语言。R 提供强大的数据分析工具和包，如 dplyr、ggplot2、tidyr、lubridate 等 （4）Microsoft Excel：Excel 提供了强大的计算和数据分析工具，包括数据筛选、排序、透视表和图表制作 （5）SPSS 统计软件：SPSS 是一种非常流行的数据分析和建模工具，用于推广和分析数据、进行线性和非线性建模等

通过以上内容的培训，五级 / 初级工可以掌握数据分类、统计分析和数据可视化的技巧，增加数据可靠性和效率，并实现将海量数据快速准确地分类并进行数据挖掘。

2. 标注后数据的分类与统计的指导步骤

标注后数据的分类和统计需要采用一些常用的数据处理技术，如数据预处理、数据分类、数据统计、数据可视化、数据挖掘和建模等。在数据分类和统计的过程中，需要注意数据的质量和可靠性，并确保数据分析结果能够为实际业务决策带来价值。标注后数据的分类与统计指导步骤见表4-31。

表4-31 标注后数据的分类与统计指导步骤

指导内容	指导步骤
利用分类工具对标注后数据进行分类	1. 确定分类的目的和分类的标准
	2. 针对标注后的数据，准备好分类的工具。分类工具可以是 Excel 表格、数据库软件、自定义软件等
	3. 把标注后的数据输入分类工具中
	4. 根据分类目的和标准，对数据进行分类。例如，分类标准可以是按照不同的属性、不同的状态、不同的来源等
	5. 对分类后的数据进行清理和整理。例如，删除重复数据，填充空缺数据等
	6. 生成分类报告，对数据进行汇总和分析。例如，统计不同分类的数量和比例，查看分类之间的关系和趋势等
利用统计工具对标注后数据进行统计	1. 明确统计目的和统计指标。例如，统计数据的总量、平均值、方差、标准差、百分比等
	2. 根据统计目的和指标选择合适的统计工具。常用的统计工具包括 Excel、SPSS、SAS、R 等
	3. 把标注后的数据输入统计工具中
	4. 根据统计目的和指标，进行数据的分析和计算。例如，使用 Excel 的函数进行各种数据计算，使用 SPSS 进行方差分析、回归分析等
	5. 对统计结果进行解释和分析。根据分析结果，得出结论或提出建议
	6. 对分析过程和结果进行总结和报告。包括数据的来源和处理方法、统计结果的解释和分析、结论和建议

3. 标注后数据的分类与统计中的常见问题及解决办法

在标注后数据的分类与统计中，五级/初级工需要掌握广泛的技能和能力，以快速准确地识别海量数据的特点和规律，准确分析并利用数据集的大量信息，不断提高数据质量和精度。有效的分类和分析，可以为企业和客户提供实际的帮助。标注后数据的分类与统计常见问题及解决办法见表4-32。

表4-32　标注后数据的分类与统计常见问题及解决办法

常见问题	解决办法
1. 数据分类模型调优不足	分类模型的调优是非常重要的，它确保了模型对数据的分类准确性和泛化能力。针对分类模型的调优不足问题，需要进行模型评估和优化，选择适当的参数和算法
2. 样本数据分布不均	样本数据分布不均，会影响模型的准确性。这时需要通过样本重采样和样本平衡等方法来解决样本不平衡问题。例如，可以使用过采样和欠采样等技术，使得正负样本数据能够比较平衡
3. 数据特征选择问题	数据特征选择是协助进行分类的关键，但存在问题的特征选择能够引发训练性能弱化，Frederick Law Olmsted 提出了文本标注流程。需要使用特征选择算法来找到合适的特征，例如基于权重的特征选择算法和决策树算法等
4. 数据统计不透明	数据统计不透明可能影响最终的分类模型的表现，需要选择恰当的统计方法和可视化工具，对数据进行分析和处理，以提高模型的精度和泛化能力
5. 运算资源不足	高维度数据的分类和统计需要大量的计算资源和存储空间，因此需要合理分配和优化资源，选择合适的存储技术和计算平台，同时考虑分布式处理和缓存技术等方法

4. 标注后数据的分类与统计案例分析

【例4-4】对某电商用户已标注数据的分类与统计

情景描述：某电商需要了解其用户的消费行为，以便优化产品和服务。人工智能训练师需要对已标注的用户消费数据进行分类和统计分析，来获取更深入的信息。

案例分析：

（1）定义分类标准：人工智能训练师需要定义分类标准。例如，可以根据购买产品的不同种类、消费金额的大小、消费频率等特征来进行分类。

（2）确定分类方法：人工智能训练师需要确定分类方法。可以采用有监督和无监督两种数据分类方法。无监督方法中，可以采用聚类分析等算法将数据归类；有监督方法需要使用已有标签的数据训练一个分类模型，对新数据进行分类。

（3）建立统计模型：对分类后的数据进行统计分析，人工智能训练师需要根据业务需求建立相应的统计模型。例如，可以使用分组分析、交叉分析等方法分析对不同类别用户群体的消费行为趋势。

（4）注意数据偏差：在进行数据分类和统计分析时，由于数据偏差问题容易导致分类和统计结果偏差，需要注意数据的偏差问题。可以通过数据清洗、样本平衡等方式避免数据偏差问题。

（5）数据可视化：为使分析结果更加直观、易于理解，人工智能训练师可以采用数据可视化的方式，如制表、图表、热图等，展示分类和统计结果。

学习单元 3　四级／中级工技术指导

能够指导四级／中级工解决数据采集、处理及数据标注问题。

《人工智能训练师国家职业标准（2021 年版）》中对四级／中级工技能和相关知识要求见表 4-33。

表 4-33　四级／中级工技能和相关知识要求

职业功能	工作内容	技能要求	相关知识要求
1. 数据采集和处理	1.1　业务数据质量检测	1.1.1　能对预处理后业务数据进行审核 1.1.2　能结合人工智能技术要求，梳理业务数据采集规范 1.1.3　能结合人工智能技术要求，梳理业务数据处理规范	1.1.1　业务数据质量要求和标准 1.1.2　业务数据采集规范和方法 1.1.3　业务数据处理规范和方法
	1.2　数据处理方法优化	1.2.1　能对业务数据采集流程提出优化建议 1.2.2　能对业务数据处理流程提出优化建议	1.2.1　数据采集知识 1.2.2　数据处理知识

职业功能	工作内容	技能要求	相关知识要求
2. 数据标注	2.1 数据归类和定义	2.1.1 能运用工具，对杂乱数据进行分析，输出内在关联及特征 2.1.2 能根据数据内在关联和特征进行数据归类 2.1.3 能根据数据内在关联和特征进行数据定义	2.1.1 数据聚类工具知识 2.1.2 数据归纳方法 2.1.3 数据定义知识
	2.2 标注数据审核	2.2.1 能完成对标注数据准确性和完整性审核，输出审核报告 2.2.2 能对审核过程中发现的错误进行纠正 2.2.3 能根据审核结果完成数据筛选	2.2.1 数据审核标准和方法 2.2.2 数据审核工具使用知识
3. 智能系统运维	3.1 智能系统维护	3.1.1 能维护智能系统所需知识 3.1.2 能维护智能系统所需数据 3.1.3 能为单一智能产品找到合适应用场景	3.1.1 知识整理方法 3.1.2 数据整理方法 3.1.3 智能应用方法
	3.2 智能系统优化	3.2.1 能利用分析工具进行数据分析，输出分析报告 3.2.2 能根据数据分析结论对智能产品的单一功能提出优化需求	3.2.1 数据拆解基础方法 3.2.2 数据分析基础方法 3.2.3 数据分析工具使用方法

一、业务数据质量检测

1. 业务数据质量检测的知识内容

业务数据质量检测是数据处理过程非常关键的一步，是评估数据可靠性和有效性的重要方法之一，因此在指导四级/中级工解决业务数据质量检测问题时，应包含表 4-34 所列的内容。

表 4-34　业务数据质量检测知识

知识点	知识内容
业务数据质量要求和标准	1. 准确性：数据应该准确无误，确保数据的准确性是业务数据管理的前提
	2. 可靠性：数据应该可靠、稳定，不应该出现数据断层、信息遗漏等情况
	3. 完整性：数据应该完整，不应该有遗漏信息。对于涉及多个领域、多个方面的数据，应该考虑数据的整合和组合，确保数据的完整性
	4. 一致性：数据应该保持一致。同一数据在不同的情况下应该是一样的，否则可能会造成数据解释的混乱
	5. 可重复性：数据应该可以被重复使用，以保证数据的再利用价值。如果数据无法被重复利用，将会浪费生产时间和人力资源
	6. 清晰性：数据应该清晰、易于理解。数据中应该包含清晰的标签和定义，确保用户能够理解数据所代表的信息
	7. 安全性：数据应该根据风险进行适当的加密和授权管理。对于敏感数据，应该采取脱敏的方式，以保护数据的安全
	8. 可访问性：数据应该被设定为可访问的状态。如果数据不能被访问，就无法被利用，与数据质量标准相违背

通过对以上知识内容的培训，四级 / 中级工可以掌握业务数据质量要求和标准，能够加强数据质量管理，强化数据服务能力。

2. 业务数据质量检测的指导步骤

在制定业务数据采集规范和处理流程时，应结合人工智能技术要求，采用统一的规范和流程，提高人工智能算法的应用效果，达到更好的数据应用和人工智能应用效果。需要强调的是，人工智能算法在处理业务数据时具有广泛的应用，要想获得可信度高的数据结果，规范的数据采集和处理流程是关键。业务数据质量检测指导步骤见表 4-35。

表 4-35 业务数据质量检测指导步骤

步骤	方 法
对预处理后的业务数据进行审核	1. 制订审核计划：审核计划应包括审核的目的、范围、时间表和审核方法等内容。通过审核计划，确保审核工作有序高效地进行 2. 设计审核流程：审查过程应包括数据采集、数据清洗、数据转换和数据存储四个环节。需要考虑清洗数据的方法、数据有效性验证、标准化程度、数据规范和恰当的转换方式等因素 3. 准备审核工具：针对不同的业务数据类型，采用不同的审核工具。例如，数据仪表板、智能审计系统和数据可视化工具等可以帮助审核过程更加高效和准确 4. 进行数据异常检查：在审核过程中，需要对业务数据进行异常检查，筛除数据噪声、缺失、重复性变化等异常情况，并对代表性数据进行验证 5. 核对数据精度：数据的准确性是审核工作的重点，包括数据被恰当使用、数据存储在正确的位置、数据按照标准化格式呈现 6. 确定数据安全性：考虑数据安全的因素，包括数据隐私保护、数据存储设置、数据访问权限控制等，以确保处理过的数据在存储和访问过程中得到了适当保障 7. 数据清洗和转换：在审核过程中需要验证数据，特别是非结构化数据和数据集成，是否被适当地清洗和转换 8. 审核报告和数据验证：对于审核结果，应编制完整的审核报告，并对数据中包含的信息、结构和格式要素等进行验证和确认，通过结果反馈，迅速矫正缺陷或错误的数据 总之，对预处理后的业务数据进行审核是确保数据质量和准确性的重要步骤，它需要相应地制订审核计划和流程并使用不同的审核工具以确保数据质量和准确性。审核需要深入了解数据源、数据类型和应用领域，以确保达到预期的效果，并为业务决策和应用服务提供支持
梳理业务数据采集规范	1. 明确数据挖掘目标：在数据采集时，需要明确人工智能技术的应用目标以及需要从数据中挖掘出什么样的信息，并根据此目标设计采集方案，确保采集到的数据能够满足人工智能算法的需求 2. 确定数据来源和采集方式：选择合适的数据来源和采集方式，保证数据来源的正确性和可靠性。在数据采集前，应先对数据进行评估和验证，以确认数据代码正确和质量合适 3. 采集数据格式和数据量要求：人工智能算法对数据格式和数据量都有一定要求，因此在确定业务数据采集规范时，需要根据人工智能算法的要求确定数据格式和数据量的要求

续表

步骤	方　法
梳理业务数据处理规范	1. 数据清洗规范：在运用人工智能算法进行数据分析前，需要对数据进行初步处理，保证数据质量，清除噪声和异常数据。同时，需要规定数据清洗过程中使用的工具和技术，以确保数据清洗的效果 2. 数据预处理规范：对于人工智能算法，数据预处理是更加复杂、具有挑战性的过程，将数据经过除噪、特征提取、归一化等多个环节处理。在制定业务数据处理规范时，应明确数据预处理的方法和步骤，并选择相应好的处理工具和技术 3. 建模和训练规范：建立模型和训练模型是人工智能算法的核心步骤。建立模型是制定业务数据处理规范时，需要考虑的重要因素。应明确建立模型的方法、机器学习算法、特征提取技术等内容，并设置合适的参数，进行深度学习等算法处理 4. 模型评价规范：需要对人工智能处理得出的模型性能进行持续的评估和优化。在评价中，评价标准制定是关键，规范评价标准，对人工智能算法的有效性、可靠性具有重要意义

3. 业务数据质量检测中的常见问题及解决办法

在业务数据质量检测中，四级 / 中级工需要了解数据质量控制关键点和实践，学习业务数据质量检测的概念、标准和方法，掌握各种数据质量检测的工具和技术，充分了解业务需求，提供实用的建议和解决方案。同时，创造性地发掘新的业务需求、创新技术和流程，提高数据质量控制水平，不断追求卓越的数据技术服务。业务数据质量检测常见问题及解决办法见表 4-36。

表 4-36　业务数据质量检测常见问题及解决办法

常见问题	解决办法
1. 数据丢失和产生异常值	业务数据丢失和产生异常值对数据的质量和机器学习算法的精度和鲁棒性可能造成很大影响，需要进行数据采集质量和数据预处理等方面的控制，使用数据分析处理工具，找出异常值和数据丢失情况
2. 数据格式不规范	业务数据存在格式不规范的问题，尤其是在不同的业务系统之间进行数据交换时。为了解决这个问题，需要进行数据格式标准化、数据归一化、数据转换等
3. 数据安全性和隐私保护	在业务数据质量检测的过程中，需要保护数据的安全和隐私。业务数据可能会被盗取，泄露或遭受网络攻击，因此需要对数据进行加密和脱敏等处理

常见问题	解决办法
4. 数据去重和合并	在源数据中可能存在重复记录和信息，需要进行数据去重和数据合并处理，以确保数据质量和完整性
5. 数据缺失和不完整	在业务数据质量检测中，存在数据缺失和不完整的问题。这些问题可以通过数据处理和数据挖掘技术解决，如采用数据填充和模型补全等方法

4. 业务数据质量检测案例分析

【例4-5】对某金融公司客户数据进行质量检测

情景描述：某金融公司需要对其客户数据进行质量检测，发现数据存在一些问题，包括重复数据、缺失数据、不一致的数据格式等。需要人工智能训练师对这些数据问题进行处理。

案例分析：

（1）使用工具进行数据清理：可以使用数据清理工具来检测和删除重复数据。这些工具包括 OpenRefine 和 DataWrangler 等。这些工具可以自动检测和删除重复数据，并且可以通过拖放行和列来重新排列数据。

（2）处理缺失数据：可以使用数据清理工具或编程技能，将缺失数据填充为默认值或使用其他方法，如插值法或回归法来估计缺失数据。例如，可以使用 Python 中的 Pandas 模块将缺失值进行处理。

（3）格式标准化：最后，需要对数据格式进行标准化处理，以保证数据的一致性和正确性。针对日期格式的问题，可以使用 Datetime 模块来解决。如果数据中的电话号码格式不一致，则可以使用正则表达式来标准化格式。

（4）总结并反馈：经过数据清理后，需再次检查和评估数据集的质量，并记录和总结数据清理和整理过程中所采取的方法和步骤。根据数据集的特征和处理过程，可以为人工智能训练师提供反馈和指导，以便将来更好地处理数据质量问题。

二、数据处理方法优化

1. 数据处理方法优化的知识内容

优化数据处理方法是提高数据处理效率和准确性的核心，因此在指导四级／中级工解决数据处理方法优化问题时，应包含以下知识（表4-37）。

表 4-37　数据处理方法优化知识

知识点	知识内容
数据采集知识	1. 数据源：在进行数据采集前，需要明确数据源，即想要采集的数据所在的位置。数据源可以是数据库、文件、API 接口、网络爬虫等
	2. 数据采集工具：根据数据源的不同，可以选择不同的数据采集工具。例如数据抓取工具、网络爬虫工具、API 工具、数据库查询工具等
	3. 数据格式：在采集数据之前需要了解所需数据的格式。数据格式可以是文本、JSON、XML、CSV 等
	4. 数据存储：采集到的数据需要存储在相应的数据库或文件中，以便后续处理和管理
	5. 数据保护：在进行数据采集和存储过程中，需要注意对敏感数据的保护，并遵守相关的法律法规和隐私政策
	6. 采集速度：在进行数据采集时，需要考虑采集速度和效率，避免对数据源造成过大的负荷和影响
	7. 数据质量：数据采集后，需要对数据进行质量评估，以确保采集到的数据的准确性和完整性
数据处理知识	1. 数据清洗：对采集到的数据进行去重、去空、去噪、填充缺失等数据清洗操作，以提高数据质量和准确性
	2. 数据转换：将不同格式的数据转化为可分析处理的格式，例如将文本、图片、音频等转化为数字格式
	3. 数据统计：利用统计学方法对数据进行汇总、计算、描述和展示，得出统计指标和数据分布情况，如平均值、方差、标准差等
	4. 数据分析：利用数据分析方法探索数据背后的规律和趋势，例如分类、聚类、回归、关联、异常检测等
	5. 数据挖掘：利用模型和算法挖掘数据中的潜在知识和信息，例如决策树、神经网络、支持向量机等
	6. 数据可视化：通过图表、图形、地图等方式将数据呈现出来，以便用户更加直观地理解和分析数据
	7. 数据库管理：对处理好的数据进行存储、管理和维护，以便后续查询和分析
	8. 数据安全：在数据处理过程中，需要注意数据的安全性和隐私保护，防止数据泄露和滥用

通过对以上知识内容的培训，四级/中级工可以掌握业务数据分析及建模、机器学习等技术，较深刻的领会数据挖掘技术原理及其应用；掌握数据整合、统计分析和可视化等技能，并能够熟练地运用各种工具和技术来完成数据挖掘、预测和优化等任务。

2. 业务数据处理方法优化的指导步骤

优化业务数据采集流程和业务数据处理流程，可以提高数据处理效率，减少错误和提高数据质量。以下是对业务数据采集流程和业务数据处理流程进行优化的方法（表4-38）。

表4-38　数据处理方法优化指导步骤

指导步骤	方　　法
业务数据采集流程优化	1. 优化数据采集方式：优化数据采集方式，如选择更快、更简单和更有效的数据采集方式，减少手工作业需要的时间和成本，并提高采集速度 2. 减少数据采集重复性：移除重复的采集过程，比如避免多次采集同一个来源的数据 3. 优化数据消除过程：对采集到的数据进行去重、去噪、格式标准化等预处理，以减少后续处理的错误、复杂性和实施风险 4. 合理设定数据采集目标：确定数据采集目标，避免依赖模糊的数据指标，从而提高数据采集效率
业务数据处理流程优化	1. 优化数据流程和处理流程：优化数据处理流程，通过建模、模型优化和特征选择等技术，避免对数据使用过程中出现的问题和风险，提高数据处理效率 2. 优化数据可视化效果：针对不同的业务场景，使用不同的可视化工具进行数据可视化展示，提高数据表达效果和数据应用效益 3. 优化数据统计与分析：为了生成信息丰富且可行的分析结果，需要选择最佳的数据样本和数据处理方法，调整算法参数和模型，探索数据的分布与关联，以提高准确率和分析效率 4. 优化数据安全：优化数据处理流程中的数据安全，包括数据的采集、存储、传输和访问安全等，以保证数据的安全和保密性

业务数据采集和处理优化，需要通过建立可行的流程来规范和标准化业务数据的采集和处理流程。要针对不同的业务场景和数据类型，根据数据处理技术的要求，制定适合业务的数据采集和处理策略，以提高数据收集、转换和应用的效率，降低风险和错误。

3. 数据处理方法优化中的常见问题及解决办法

在数据处理方法优化中，四级 / 中级工需要深入研究数据处理方法优化，熟练掌握数据分析和机器学习技术，掌握数据建模、分析、报告及沟通技能。数据处理方法优化常见问题及解决办法见表 4-39。

表 4-39 数据处理方法优化常见问题及解决办法

常见问题	解决办法
1. 采集流程问题	采集流程可能存在重复、缺失和低效等问题，导致数据质量和采集效率低下。解决办法是优化采集流程，简化流程、去重、加速、精细化采集
2. 数据质量问题	采集到的数据可能存在一定的质量问题，如数据表结构不统一、数据不规范、数据丢失，业务流程不统一，可根据不同类型的数据质量问题提出解决办法。比如统一数据表结构，规范数据格式，数据质检，统一业务流程等
3. 数据处理速度问题	随着数据量的增加，数据处理速度可能会越来越慢，影响业务运营。为解决此问题，可采用分布式集群、缓存技术、异步操作等方法
4. 数据分析问题	在数据分析过程中可能会出现数据过于庞大，分析结果与业务不符的情况，解决办法是优化数据分析算法和方法，引入机器学习和 AI 技术，运用可视化方法将业务数据分析结果进行可视化展示

4. 数据处理方法优化案例分析

【例 4-6】某电商对销售数据处理方法的优化

情景描述：某电商网站希望对销售数据进行分析，以便更好地了解商品的销售情况和客户的偏好。数据从订单系统中进行采集，处理流程为清洗、转换、统计和分析。

案例分析：

（1）数据清洗：根据特定规则对数据进行去重、去噪、补全等处理，以确保数据质量。

（2）数据转换：将订单数据转换为可分析处理的格式，例如将日期转换为星期，将地址转换为地理位置等。

（3）数据统计：对销售数据进行统计，包括商品销售额、销售量、销售渠道等。

（4）数据分析：使用数据挖掘、机器学习等技术，探索销售数据的规律和趋势，例如商品热销排行、客户消费习惯等。

（5）数据可视化：通过图表、图形等方式，将销售数据呈现出来，更加直观地展示销售情况。

（6）数据安全性：对敏感数据实行权限控制，保证数据的安全和隐私。

（7）优化结果：通过优化采集和处理流程，客户能够更加直观地了解商品的销售情况和客户的消费习惯，进而针对性地开展营销活动，提高销售效率。

三、数据归类和定义

1. 数据归类和定义的知识内容

数据归类和定义是数据处理的重要步骤，它有利于将数据归为不同的类别，并提高数据的处理效率和准确性。因此在指导四级/中级工解决数据归类和定义问题时，应包含表 4-40 所列的内容。

表 4-40　数据归类和定义知识

知识点	知识内容
1. 了解数据聚类工具知识	数据聚类是将一组数据划分为不同的群组或簇的过程。聚类工具是用于实现数据聚类的软件工具。介绍常用数据聚类工具、聚类算法、数据类型、可视化、易用性、计算效率等。总的来说，选择适当的聚类工具是实现数据聚类的关键。不同的聚类工具适用于不同的数据类型和聚类场景，目标需要与数据类型特点匹配才能得到最佳结果
2. 数据归类方法	数据归类是指将具有相似特点的数据划分为一类的过程。介绍常用的数据归类方法：层次聚类、聚类分析、判别分析、主成分分析等。总结来说，数据归类的方法可以根据数据的特性和聚簇算法的适用范围等多个方面进行选择。通常基于将数据进行分层、分组，使分组内元素的相似性最大化以及不同组间的差异最大化的原则。聚簇的选择应在算法效率、聚簇质量、数据可解释性和自定义等角度进行考虑，以求得到最佳的结果
3. 数据定义知识	数据定义是指定义数据的内容、格式、结构、存储方式以及数据之间的关系等。在数据库设计和开发中，正确定义数据是非常关键的。需要了解关于数据定义的一些知识，数据类型、数据结构和格式、数据存储、数据规范化、数据字典、数据管理和安全等

正确定义数据可以更好地支持业务需求、提高工作效率，并为数据管理和安全奠定基础。数据分类、数据标准、数据字典等方法，也辅助了数据定义的有效

规划和实施。

2. 数据归类和定义的指导步骤

进行数据归类和定义的指导步骤需要考虑数据清洗和预处理、特征提取和选择、分类算法的选择、数据定义的语法和语义分析等多方面，强调模型的优化和评估、持续迭代和改进等方法。需要注意的是，在整个过程中，需要保证数据的质量和正确性，以确保数据分类和定义的准确性和效率。

（1）确定数据类型和目标。在进行数据归类和定义前，需要明确数据类型和目标，包括分类的准确性和效率等。

（2）数据清洗和预处理。进行数据清洗和预处理，消除不一致性和异常值，标准化数据格式等，以保证数据质量。

（3）数据特征提取和选择。进行数据特征提取和选择，筛选关键特征并生成合适的数据特征集，以便进行数据分类和定义。

（4）确定数据分类算法。选择适合的数据分类算法，以达到业务目标和数据处理要求。一般可以采用聚类、决策树、朴素贝叶斯等算法。

（5）进行数据分类。进行数据分类，将数据按照预设分类标准进行分类，提高数据分类的准确性和效率。

（6）数据定义的语法和语义分析。进行数据定义的语法和语义分析，并实现正确的数据定义，以确保定义的正确性和一致性。

（7）模型优化和评估。对数据分类和定义的模型进行优化和评估，以提高其准确性和效率。

（8）持续迭代和改进。进行持续迭代和改进，通过对数据分类和定义的模型进行改进，不断提高其准确性和效率。

3. 数据归类和定义中常见问题及解决办法

在数据归类和定义中，四级 / 中级工需要对数据归类和定义的方法有深入的了解，精通各种数据处理技术和数据质量控制技术，掌握机器学习和深度学习算法，并能够使用合适的工具和方法进行数据挖掘、分析和预测。同时，四级 / 中级人工智能训练师需要有良好的数据可视化和沟通能力，能够灵活、清晰地向客户和团队呈现分析结果、建议和制定的数据分类和定义。最重要的是，四级 / 中级工要有独立思考和判断的能力，不断创新和优化数据处理方法，为企业和客户提供最优质的数据分析服务。数据归类和定义常见问题及解决办法见表 4-41。

表4-41　数据归类和定义常见问题及解决办法

常见问题	解决办法
1. 数据归类标准和定义不清晰	需要明确数据归类标准和定义，制定明确的分类规则和定义方法，避免数据混淆和错误
2. 数据分类粒度不合理	需要根据实际需求和数据属性，选择合适的数据分类粒度，以满足业务需求和分析目的。可以采用数据分析、特征分析等方法确定最佳分类粒度
3. 数据缺乏标签，难以进行数据归类	需要采用无监督学习算法进行数据聚类和分类，使用层次聚类、基于密度的聚类等方法，获取数据的隐式标签，进而进行有效的数据分类和定义
4. 数据分类结果不准确，存在误差	需要对分类算法和参数进行优化和调整，并对数据进行比对和验证，加强对数据质量的控制，确保分类结果的准确性和可靠性
5. 数据分类和定义工作需要人工操作，效率较低	可以采用自动化和半自动化的方法，如基于机器学习的智能分类系统、基于自然语言处理的文本分类器等，结合人工干预，提高数据分类和定义的效率和质量

4. 数据归类和定义案例分析

【例4-7】数据归类和定义案例分析

情景描述：某电商公司需要对其库存数据进行清洗、归类和定义，以获取进销存情况等信息，为业务决策提供支持。

案例分析：

（1）数据清洗：基于数据缺失和异常值的检查和处理，对库存数据进行清洗和预处理，排除数据噪声和污染因素，提升数据质量。

（2）数据归类：采用基于商品种类、品牌和产地等关键因素的数据分类方法，一般采用 K-means 和层次聚类方法进行分类和分组，确保归类结果具有较高的准确性和一致性。

（3）数据定义：根据业务需求和数据属性，选择合适的定义方式和分类规则，确定进销存等重要指标，以支持业务决策分析。

（4）数据分析：结合数据可视化和数据分析工具，如 Tableau、R、Python 等，对库存数据进行多维度和多角度的分析和挖掘，为业务决策提供有力的支持和参考。

（5）效果：经过数据清洗、归类和定义处理后，该电商公司成功获取了商品库存数据、进销存等重要指标，实现了库存数据的有效管理和优化，为业务决策提供了有力的支持和重要参考，同时也为公司的业务发展提供了更高效和精准的支持。

四、标注数据审核

1. 标注数据审核的知识内容

标注数据审核是训练机器学习和深度学习模型的关键步骤之一，也是保证模型准确度和可用性的重要环节之一。因此在指导四级/中级工解决标注数据审核问题时，应包含以下知识（表 4-42）。

表 4-42　标注数据审核知识

知识点	知识内容
1. 数据审核标准	数据审核是指在数据采集、处理、转换、存储等过程中，对数据进行审核、检查和验证的过程。数据审核旨在确保数据的准确性、完整性、一致性和合法性，以便在数据使用和输出时提供高质量的决策依据。数据审核的标准有数据准确性标准、数据完整性标准、数据一致性标准、数据合法性标准、数据时间性标准
2. 数据审核方法	在数据审核中，也需要采用专门的审核方法和比较工具。常用的方法包括逐行比对、采样比对、逻辑分析、数据可视化、自动分析等。特别是使用自动分析工具，可以更快速地处理数据的质量问题，提高数据审核的效率和准确性
3. 数据审核工具使用知识	数据审核工具是专门用来辅助数据审核和数据质量管理的软件工具。介绍数据审核工具的使用知识：理解数据审核的工作原理和流程、选择适合的数据审核工具、数据准备、进行数据审核、显示和分析审核结果、数据质量报告和反馈

通过以上培训内容，四级/中级工可以掌握标注数据审核的全部流程，从标注规范到数据审核，以确保标注数据质量的准确性和一致性。

2. 标注数据审核的指导步骤

进行标注数据审核的指导步骤需要考虑标注数据的质量评估、准确性和一致性审核、标注工具的使用和审核、数据结果分析和应用、标注数据管理和维护等多方面，需要保证标注数据的正确性和一致性，提高标注数据的质量和准确性，并通过数据分析和应用来发现和改进标注数据错误，不断提高标注数据的准确性和一致性，以达到数据分析和应用的最优效果。

（1）确定标注数据类型和标注目标。在进行标注数据审核前，需要明确标注数据类型和标注目标，包括标注数据的质量、准确性、一致性等方面的要求。

（2）标注数据的质量评估。对标注数据进行质量评估，包括人工审核、自动审核、组合审核等方法，以保证标注数据的质量。

（3）标注数据的准确性和一致性审核。对标注数据进行准确性和一致性审核，包括制定标准、误差分析和异常处理等方法，以提高标注数据的准确性和一致性。

（4）标注工具的使用和审核。在标注数据审核过程中，需要掌握常用的标注工具和审核工具，以及其使用方法和审核标准。

（5）数据结果分析和应用。对标注数据进行结果分析和应用，包括数据可视化、数据分析、数据建模等方法，以挖掘标注数据的价值和提高数据处理效率。

（6）标注数据管理和维护。对标注数据进行管理和维护，包括标注数据的存储、备份和维护，以及标注流程和标注标准的更新和优化方法。

（7）持续迭代和改进。在整个标注数据审核过程中，需要持续迭代和改进，通过数据结果分析和应用来发现和改进标注数据错误，并不断提高标注数据的准确性和一致性。

3. 标注数据审核的常见问题及解决办法

在标注数据审核中，四级／中级工需要具备较高的数据管理和质量控制能力，在标注数据审核过程中，需要根据标准进行快速、准确地标注和审核数据，并能随时处理数据审核过程中出现的问题，保障数据质量和完整性，提高计算机算法的学习和优化能力。标注数据审核常见问题及解决办法见表4-43。

表4-43　标注数据审核常见问题及解决办法

常见问题	解决办法
1. 标注不一致或错误	检查标注规则和标注要求，并分析导致标注不一致或错误的原因。对于标注不一致的情况，可以通过交叉验证和重新标注等方法解决；对于标注错误的情况，可以重新标注、修正标注，或者增加更多的标注数据进行训练
2. 标注数据量不足	可以考虑增加数据量，通过数据扩充等方法增加标注数据量；也可以考虑增加专业人员的标注量，扩大标注规模
3. 标注数据的质量较低	需要采用质量控制方法，包括标注规范化、标注员培训和审核机制等，以提高标注数据的质量和准确性
4. 标注数据的方差过大	需要采用标注平衡策略，平衡不同标注员和标注样本之间的权重和影响；采用多专家标注策略，提高标注数据的准确性和可信度
5. 标注数据没有覆盖全部场景	需要实现数据多样性，加强数据收集和扩充，选择覆盖更全面的数据场景作为训练数据，以提高模型的泛化能力和适应性

4. 标注数据审核案例分析

【**例 4-8**】对某电商商品图像标注数据的审核

情景描述：某电商平台需要进行商品图像识别，需要标注一万件商品的图像数据，并对标注数据进行审核。

案例分析：

（1）标注任务分配：将标注任务分配给多个经过培训和测试的标注员，按照标注规则和标注要求进行标注。

（2）标注数据审核：对标注数据进行人工审核，检查标注数据的准确性、一致性和规范性，对于存在标注错误或不一致的情况，重新标注或者要求标注员进行数据更正。

（3）标注数据质量控制：对标注数据进行质量控制，包括标注规范化、标注员培训和审核机制等方面进行改进，以提高标注数据的质量和可靠性。

（4）标注数据扩充策略：为了增加标注数据的量，采用数据扩充方法，如数据增强等方式，增大样本数据规模，提高分析和训练的准确率。

（5）标注数据去重：对重复的标注数据进行去重操作，并对重复度较高的标注数据加强审核，确保标注数据的准确性和稳定性。

（6）效果：通过上述的标注数据审核方案，该电商平台成功标注了一万件商品图像数据，并对数据进行了审核，最终得到了标注精度高、数据质量好的标注数据集，为机器学习模型训练和图像识别模型的研发提供了有力的支持和保障。

参 考 文 献

［1］陈友洋．数据分析方法论和业务实战［M］．北京：电子工业出版社，2022．

［2］武卫东，盛鹏勇，李建，等．人工智能训练师基础 上册［M］．北京：清华大学出版社，2022．

［3］赵溪，苏钰，子任．客服域人工智能训练师［M］．北京：清华大学出版社，2021．

［4］刘鹏，张燕．数据标注工程［M］．北京：清华大学出版社，2019．

［5］俞永飞，丁俊美，盛楠，等．数据标注技术［M］．北京：中国水利水电出版社，2022．

［6］余平，陈文杰，徐宏英，等．人工智能数据处理［M］．北京：电子工业出版社，2022．

［7］华为公司数据管理部．华为数据之道［M］．北京：机械工业出版社，2020．

［8］朱骞．TP通信科技公司济南分公司培训体系优化设计［D］．济南：山东大学，2021．

［9］孟迎辉．《行政管理学》课程的实践教学方法［J］．沈阳师范大学学报（社会科学版），2014（4）．

［10］林骥．数据可视化的方法、工具和应用［OL］．https：//mp.weixin.qq.com/s/9QMJGFdvEZFIHAFDSjciiQ．

［11］云小蜜人工智能训练师认证课程［OL］．https：//edu.aliyun.com/course/799？spm=5176.8764728.aliyun-edu-course-tab.1.6ff59b57LbAamm&previewAs=guest&redirectStatus=0.